职业技能培训入门系列

图解钳工入门

主　编　谷定来
副主编　吴　哲　宋　光
参　编　刘　帅　孙东锋　李　石　王吉祥

机械工业出版社

您想快速掌握钳工技能吗？您想知道减速机、变速器是怎么由一个个零件装配成的吗？请打开本书寻找答案吧！这是一本带您轻松认知钳工知识的图解读物。

本书采用工厂实际生产中生动的实例图片，图解了钳工的基本知识和基本技能，使得枯燥乏味的专业知识变得图文并茂、直观易学，激发您的学习兴趣，让您轻松地了解并掌握钳工知识和技能。本书共分8个模块，内容包括钳工必备的基本知识、钳工认知、钳工操作的基本技能、钻床、攻螺纹和套螺纹、综合实训、典型零件的装配与维修、钳工必备的相关知识。

本书非常适合钳工自学，还可作为职业技能培训学校和技校、职业技术学校的实习教材，同时还可供相关专业的大学生、工程技术人员和管理人员了解钳工知识使用。

图书在版编目（CIP）数据

图解钳工入门/谷定来主编. —北京：机械工业出版社，2017.5

职业技能培训入门系列

ISBN 978-7-111-56602-1

Ⅰ.①图… Ⅱ.①谷… Ⅲ.①钳工-图解 Ⅳ.①TG9-64

中国版本图书馆CIP数据核字（2017）第080462号

机械工业出版社（北京市百万庄大街22号 邮政编码100037）

策划编辑：何月秋 责任编辑：何月秋 王彦青

责任校对：刘 岚 封面设计：马精明

责任印制：孙 炜

北京玥实印刷有限公司印刷

2017年6月第1版第1次印刷

169mm×239mm · 14.5印张 · 277千字

0001—3000册

标准书号：ISBN 978-7-111-56602-1

定价：39.00元

凡购本书，如有缺页、倒页、脱页，由本社发行部调换

电话服务	网络服务
服务咨询热线：010-88361066	机工官网：www. cmpbook. com
读者购书热线：010-68326294	机工官博：weibo. com/cmp1952
010-88379203	金书网：www. golden-book. com
封面无防伪标均为盗版	教育服务网：www. cmpedu. com

前　言

钳工是机械装配和修理作业的重要工种之一，因常在钳工台上用台虎钳夹持工件而得名。随着机械工业的发展，有了各种先进的加工方法，但仍然有很多工作需要钳工完成。钳工专业也相应地进行了细化，如普通钳工、划线钳工、修理钳工、装配钳工、模具钳工、钣金钳工等。无论哪一种钳工，都需要掌握如下的基本操作技能，包括工件图样的识读、零件的测绘（测量）、划线、锯削、锉削、錾削、钻孔、扩孔、锪孔、铰孔、攻螺纹、套螺纹、刮削、研磨、矫正、弯曲、铆接、钣金下料及装配等。

许多人只是粗略地知道一点钳工操作，有鉴于此，从普及科学常识的角度出发，依据我国制造业的现状及用工单位的实际需求，编写了这本通俗易懂的《图解钳工入门》。全书共分 8 个模块，内容包括钳工必备的基本知识、各种设备工具的使用方法。本书用了较多的工厂里实际加工产品的照片和学生专业实习的照片，突出实用的基本理论和基本技能，图文并茂，使读者更加容易了解各种设备及其操作方法。

本书由锦西工业学校谷定来主编，其中模块 2、3、4 由宋光、吴哲编写，其余各模块均由谷定来编写。刘帅、孙东锋、李石、王吉祥参与了部分编写工作。在编写过程中，各位老师、有关工厂的领导及师傅们给予了大力的支持和热情的帮助，在此一并表示衷心感谢。

如果您通过看图片了解并掌握了一些钳工的知识和技能，那我们就会非常欣慰，这也正是编写这本培训读物的初衷吧。

编　者

目　录

模块1

钳工必备的基本知识

阐述说明

一个好的钳工，必须具有良好的职业道德，高超的操作技能，熟知安全操作知识。保证在工作过程中做到“三不”原则：不伤害自己，不伤害他人，不被他人伤害。钳工主要从事机床与设备的安装、维修，模具的安装与调试。需要掌握一定的机械识图知识、金属材料知识、本工种的各项基本操作技能，才能加工出合格的产品。

• 项目1　职业道德 •

1. 道德

道德是社会意识形态之一，是人们共同生活及其行为的准则和规范。

2. 职业道德

职业道德是道德的一部分，它是指人们在从事某一职业时，应遵循的道德规范和行业行为规范。

3. 职业道德修养

从业人员自觉按照职业道德的基本原则和规范，通过自我约束、教育、磨炼，达到较高职业道德境界的过程。职业道德可以从以下几方面培养：

1）热爱本职工作，对工作认真负责。

2）遵守劳动纪律，维护生产秩序。劳动纪律和生产秩序是保证企业生产正常运行的必要条件。必须严格遵守劳动纪律，严格执行工艺流程，使企业生产按预定的计划进行。

劳动纪律和生产秩序包括工作时间、劳动的组织、调度和分配、技术操作规程。必须严格按照产品的技术要求、工艺流程和操作规范进行生产加工。

3）相互尊重，团结协作。进行设备的调试及维修时，需要钳工与起重工、吊车工、车工、气割工、热处理等工种合作，经过多道工序才能完成。每个车间、工段、班组的各个工种要完成相应的工作后，才能完成设备的调试与维修，如图1-1～图1-5所示。这就需要协调好车间、工段、班组、工种之间的关系，为相关工种及工序创造有利条件和环境，达到一种“默契”的配合，否则将会影响设备的质量和使用寿命。

图1-1　两个钳工合作对称刮削下箱体端面

图1-2　清理刮削端面后涂抹红丹粉

图1-3　多人配合研磨箱体以便确定要刮研的部位

图1-4　多人配合安装电线、轴承、压盖

图1-5　两人用铜棒对称敲打压盖到装配位置

4）钻研技术，提高业务水平。过硬的业务能力，是做好本职工作的前提，要努力提高自己的技术水平，不能满足于现状。

项目2　安全防护知识

1. 预防为主

钳工调试与维修经常变换地点，作业面较大，涉及的设备种类较多，有各种车床、剪板机、卷板机、弯管机、转罐机、气割机、焊接设备、吊车等，如图1-6和图1-7所示。

图1-6　钳工维修大型转罐机

图1-7　钳工维修牛头刨床

严格按操作规程操作是维修设备的必要前提。如果操作者缺乏必要的安全操作知识，或者违反操作规程，会引发各种不幸事故，造成设备的损坏和人员伤亡。

2. 个人安全知识

1）工作时必须按操作要求穿戴劳保用品，如安全帽、工作服、手套、口罩、眼镜（防止飞溅物损伤眼睛），防止工作过程中压伤、划伤、烫伤，如图1-8和图1-9所示。

图1-8　用电铣子铣孔（戴眼镜及手套）

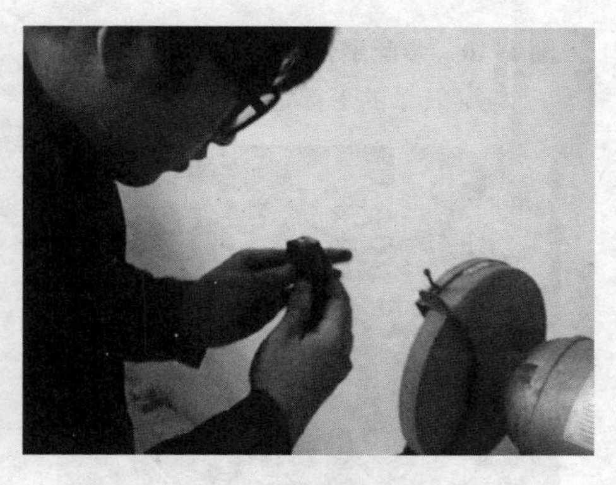

图1-9　用砂轮机刃磨刀具（戴眼镜，禁止戴手套）

2）工作场地的通风和照明良好，防止有害粉尘和有毒气体侵入人体，造成危害。在密闭的容器或舱室内维修操作时，除做好照明和通风（用风泵强制通风）以外，要有专人在容器外监护以防意外。

3）登高维修时需系好安全带，安全带应高挂低用，这样人体下落时可减少落差，更好地保障人身安全。

4）进行大型设备的装配与维修时，与他们配合的有吊车工、冷作钣金工、起重工，部件较重、作业面大。要注意自己的安全、同伴的位置是否安全，加工及吊运（吊钩的位置正确且挂牢）的过程是否有不安全的因素（因为每个车间里都有几组人在同时施工，互相间有干涉）。装配聚合釜前部的转子轴需要吊起转子，如图 1-10 所示。在其下部依次放置几节工装（图中转子下部一节工装，其左侧还有一节工装），才能保证转子轴的同轴度、转子轴与转子端面的垂直度。

5）电是各种设备运行的能源，各种设备应有可靠的保护接零或保护接地，防止意外。使用移动照明灯的电源电压 <36V，灯泡要有专用防护罩，防止灯泡损坏后电极外露引起触电事故。若用电设备出现故障，操作者不能擅自处理，应报告给维修车间，由钳工对机械部分检修及更换零件，如图 1-11 所示；由维修电工完成电路维修，如图 1-12 和图 1-13 所示。这就是各尽其职，严格遵守操作规程。

图 1-10　装配聚合釜前部的转子轴（转子的下部是工装）

图 1-11　钳工检修及更换电泵

图 1-12　电工查找车床的按钮下部接线情况

图 1-13　查找车床开关柜处接线

项目3　钳工必备的识图知识

1. 正投影及三视图的投影规律

（1）正投影的基本知识

1）投影法的概念。投射线通过物体向选定的投影面投射得到图形的方法称为投影法。所得到的图形称为投影（投影图），得到投影的平面称为投影面。

2）绘制机械图样时采用正投影法（投射线垂直投影面），所得到的投影即正投影，如图1-14所示。

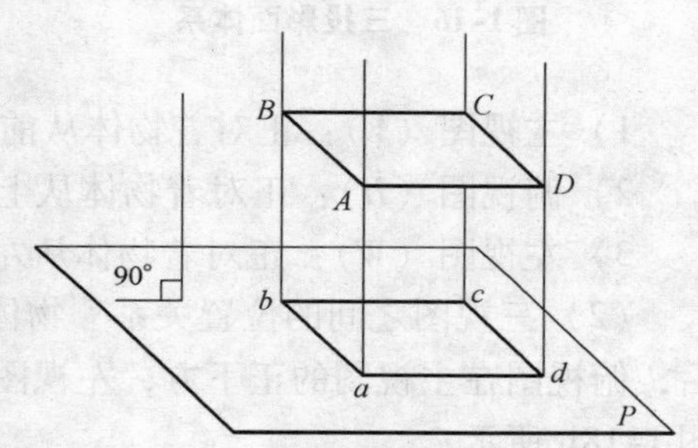

图1-14　正投影

（2）正投影的基本性质

1）显实性。平面（或直线）与投影面平行时，其投影反映实形（或实长）的性质，称为显实性，如图1-15a所示。

2）积聚性。平面（或直线）与投影面垂直时，其投影为一条直线（或点）的性质，称为积聚性，如图1-15b所示。

3）类似性。平面（或直线）与投影面倾斜时，其投影变小（或变短），但投影的形状与原来形状相类似的性质，称为类似性，如图1-15c所示。

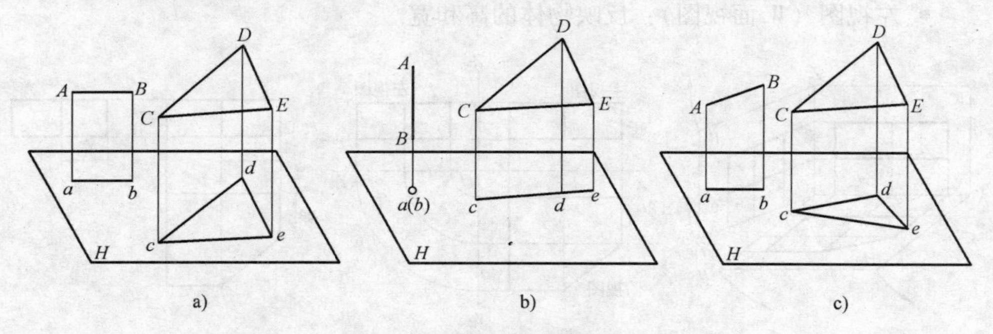

图1-15　正投影的基本性质

a）显实性　b）积聚性　c）类似性

2. 三视图

（1）三视图的形成　物体放在图1-16所示的三投影面体系中，向*V*、*H*、*W*三个投影面进行正投影得到物体的三视图，如图1-17所示。物体的正面投影（*V*）为主视图，水平投影（*H*）为俯视图，侧面投影（*W*）为左视图。为了画图方便，将三投影面展开方法，如图1-18a所示。

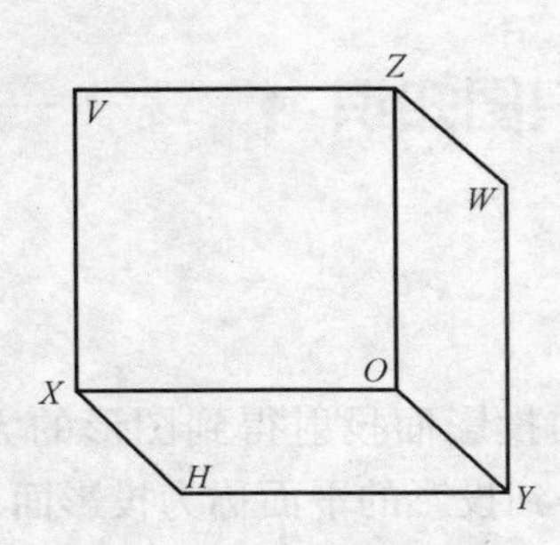

图 1-16　三投影面体系

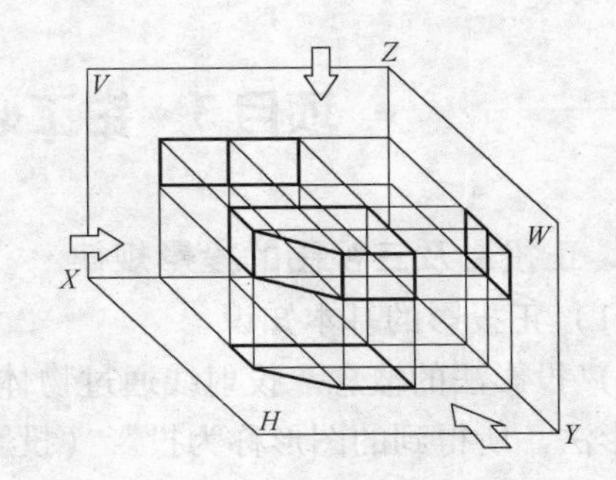

图 1-17　三视图的形成

1）主视图（*V*）：正对着物体从前向后看，得到的投影；

2）俯视图（*H*）：正对着物体从上向下看，得到的投影；

3）左视图（*W*）：正对着物体从左向右看，得到的投影。

（2）三视图之间的位置关系　物体的三视图不是相互孤立的，主视图放置好后，俯视图在主视图的正下方，左视图在主视图的正右方。三视图的位置关系如图 1-18b 所示。

（3）三视图之间的尺寸关系

1）物体的一面视图只能反映物体两个方向的尺寸，如图 1-18c 所示。

- 主视图（*V* 面视图）：反映物体的长和高；
- 俯视图（*H* 面视图）：反映物体的长和宽；
- 左视图（*W* 面视图）：反映物体的高和宽。

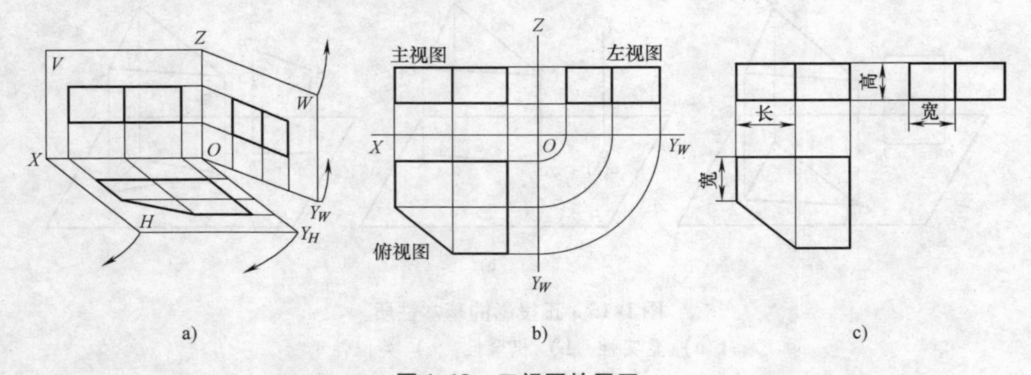

图 1-18　三视图的展开

2）三视图之间有以下的“三等”关系：

- 主视图与俯视图长对正；
- 主视图与左视图高平齐；
- 俯视图与左视图宽相等。

物体的投影规律“长对正，高平齐，宽相等”是画图及看图时必须遵守的规律。

3. 点、线、面的投影

（1）点的投影

1）空间点用大写字母表示（如图1-19a中S点），点S在H、V、W各投影面上的正投影，分别表示为s、s'、s''，如图1-19b所示。投影面展开后得到图1-19c所示的投影图。

2）点、线、面是构成空间物体的基本元素，识读物体的视图，必须掌握点、线、面的投影。

（2）点的投影规律　由图1-19c所示的投影图可看出点的三面投影有如下的规律：

1）点的V面投影和H面投影的连线垂直于OX轴，即$ss' \perp OX$（长对正）。

2）点的V面投影和W面投影的连线垂直于OZ轴，即$s's'' \perp OZ$（高平齐）。

3）点的H面投影到OX轴的距离等于其W面投影到OZ轴的距离，$ss_X = Os_{Y_H} = Os_{Y_W} = s''s_Z$（宽相等）。

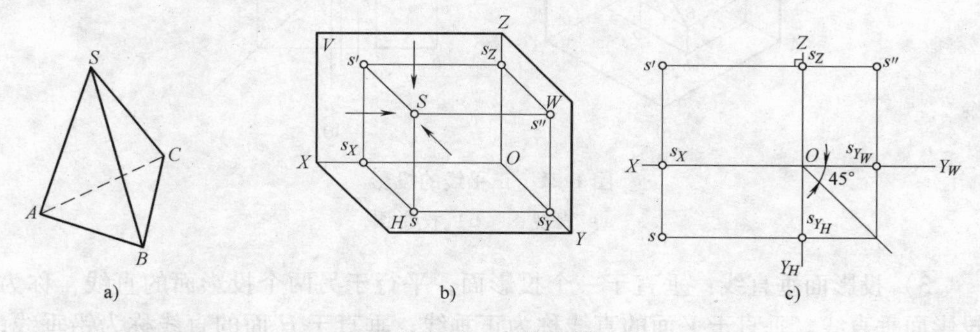

图1-19　点的投影

a）空间点　b）点在各投影面的正投影　c）投影面展开

（3）直线的投影　由直线上任意两点的同面投影来确定，图1-20所示为线段两端点A、B的三面投影，连接两点的同面投影得到的ab，$a'b'$，$a''b''$，就是直线AB的三面投影。直线的投影一般仍为直线。

1）一般位置直线：对三个投影面都倾斜的直线称为一般位置直线。图1-20所示的AB就是一般位置直线，其投影特性为“三面投影均是小于实长的斜线”。

2）投影面平行线：平行于一个投影面，与另两个投影面倾斜的直线称为投影面平行线。平行于V面的直线称为正平线；平行于H面的直线称为水平线；平行于W面的直线称为侧平线。其投影特性为“平行面上投影为实长线，其余两面是短线”，图1-21所示为正平线的投影。

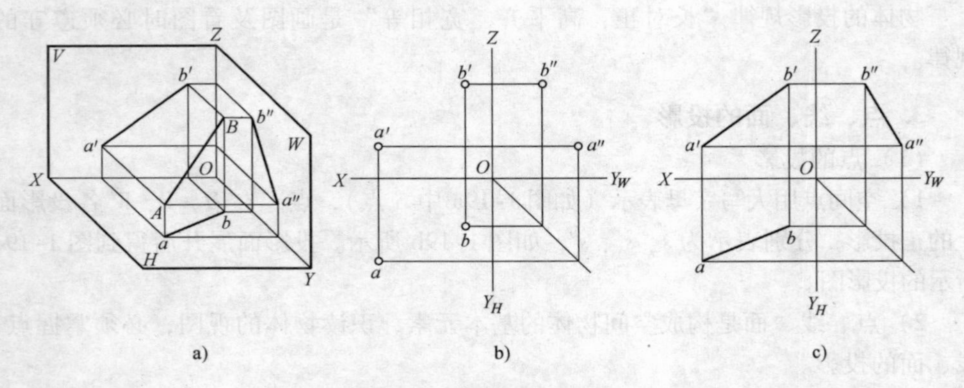

a)　　　　b)　　　　c)

图 1-20　直线的三面投影

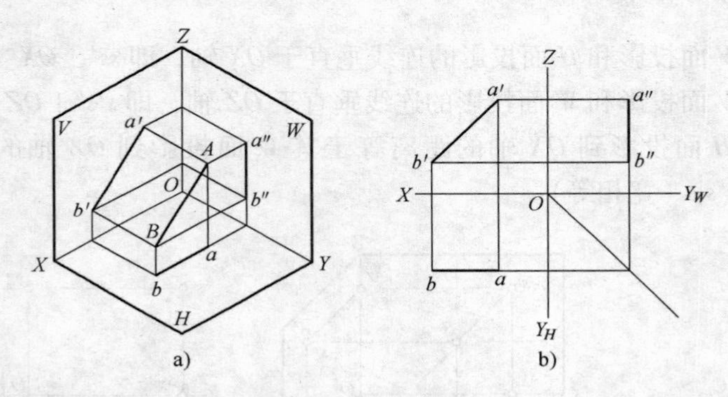

a)　　　　b)

图 1-21　正平线的投影

a）直观图　b）投影图

3）投影面垂直线：垂直于一个投影面，平行于另两个投影面的直线，称为投影面垂直线。垂直于 V 面的直线称为正垂线；垂直于 H 面的直线称为铅垂线；垂直于 W 面的直线称为侧垂线。其投影特性为“垂直面上投影为点，其余两面是实长线”，图 1-22 所示为铅垂线的投影。

（4）平面的投影　平面的投影仍以点的投影为基础，先求出平面图形上各顶点的投影，然后将平面形上的各个顶点的同面投影依次连接。如图 1-23 所示，平面形的投影一般仍然为平面形。

1）一般位置平面：对三个投影面都倾斜的平面称为一般位置面。其投影特性为“三面投影均是与空间平面形类似的平面形”，如图 1-23c 所示。

2）投影面垂直面：垂直于一个投影面，与另两个投影面倾斜的平面。垂直于 V 面的称为正垂面；垂直于 H 面的称为铅垂面；垂直于 W 面的称为侧垂面。其投影特性为“垂直面的投影是线段，另两个投影面均是与空间平面形类似的平面形”，图 1-24 所示为铅垂面的投影。

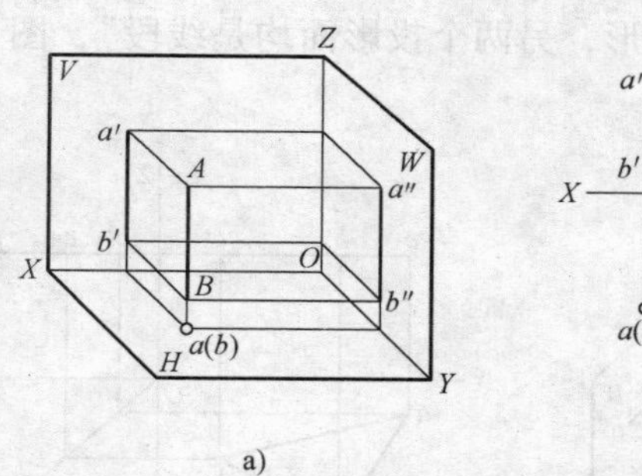

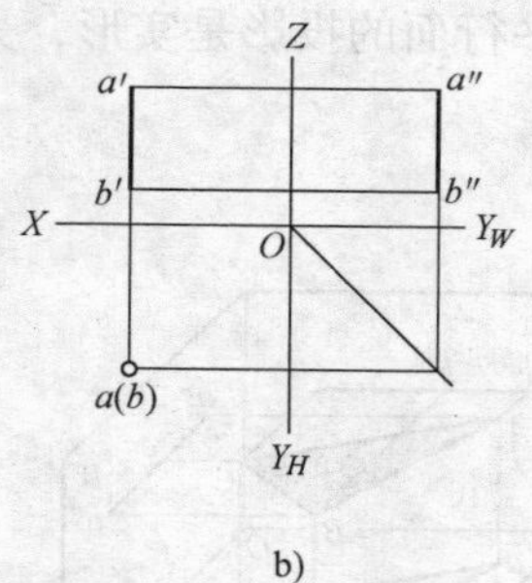

图1-22　铅垂线的投影

a）直观图　b）投影图

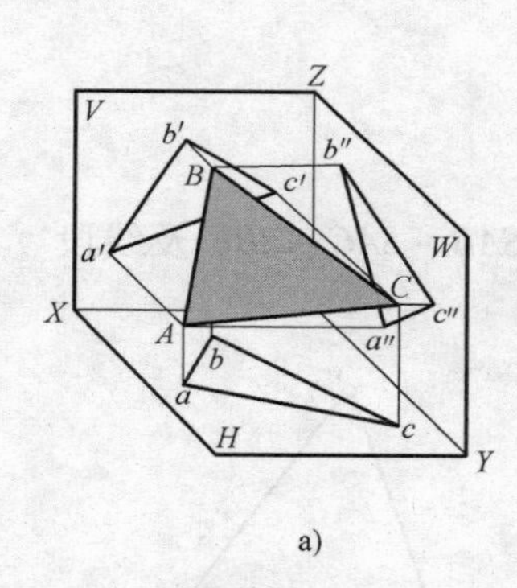

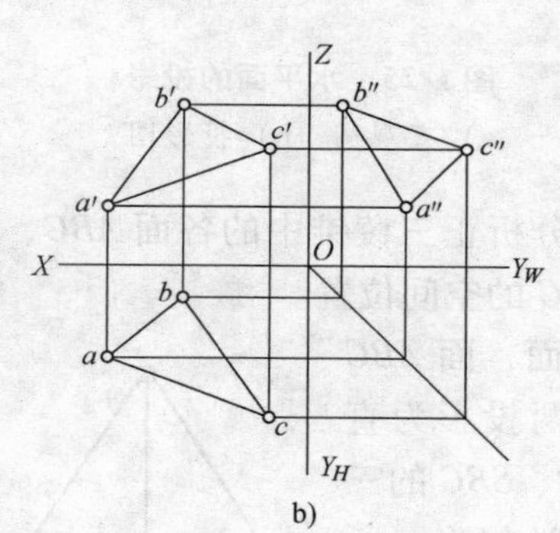

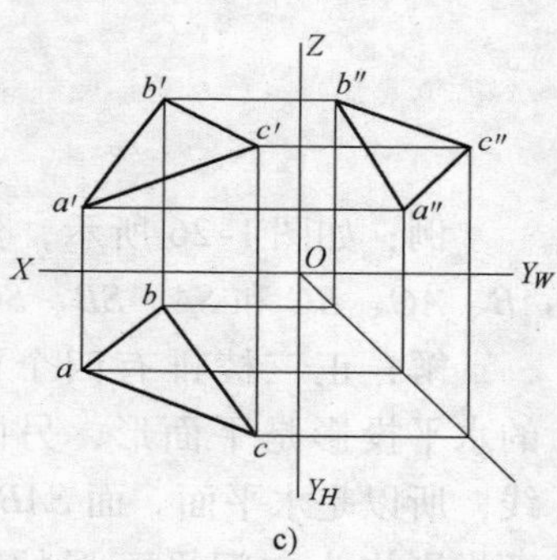

图1-23　平面形的投影

a）直观图　b）点的投影　c）面的投影

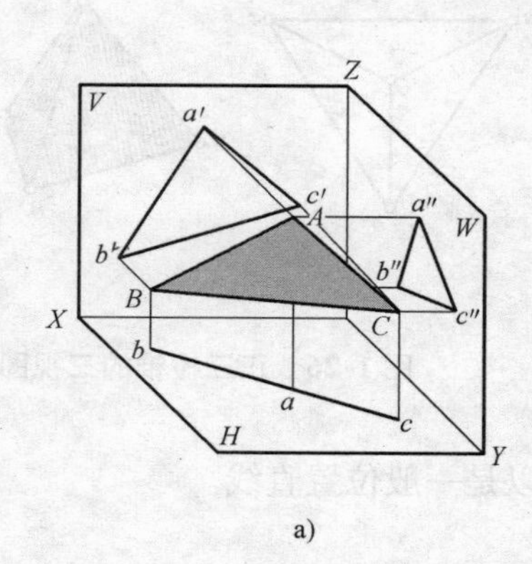

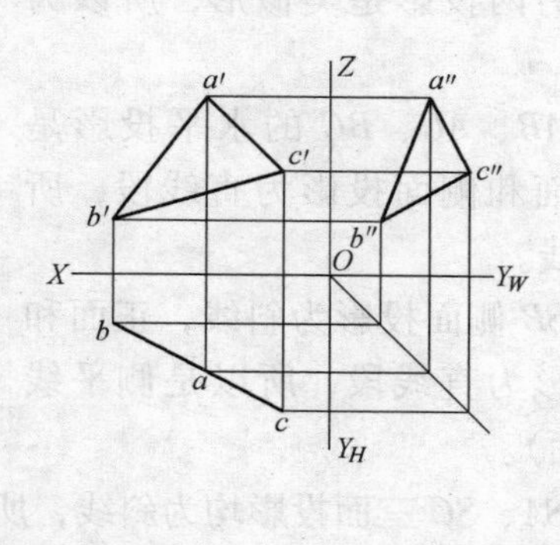

图1-24　铅垂面的投影

a）直观图　b）投影图

3）投影面平行面：平行于一个投影面，垂直于另两个投影面的平面。平行于V面的称为正平面；平行于H面的称为水平面；平行于W面的称为侧平面。其投影特性为“平行面的投影是实形，另两个投影面均是线段”，图1-25所示为水平面的投影。

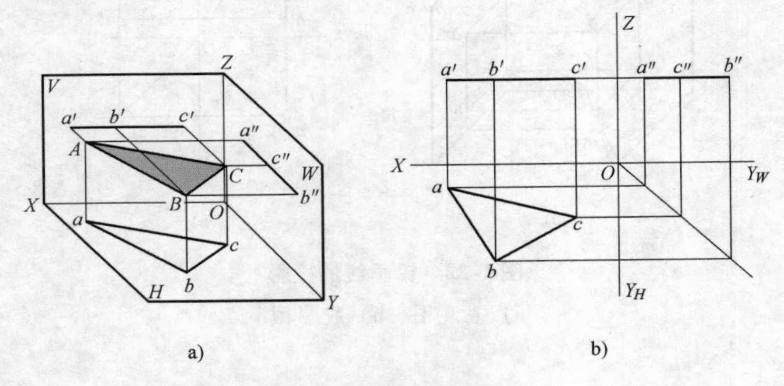

图1-25　水平面的投影

a）直观图　b）投影图

例：如图1-26所示，分析正三棱锥中的各面 *ABC*、*SAB*、*SAC*、*SBC* 及线段 *AB*、*AC*、*BC* 和 *SA*、*SB*、*SC* 的空间位置。

解：正三棱锥有四个面，面 *ABC* 的水平投影是平面形，另两投影为直线，所以是水平面。面 *SAB*、*SBC* 的三面投影均为空间平面形的类似形，所以为一般位置面。面 *SAC* 侧面投影是一斜线，另两投影是类似形，所以为侧垂面。

线段 *AB*、*AC*、*BC* 的水平投影是斜线，正面和侧面投影为直线段，所以为水平线。

线段 *SB* 侧面投影为斜线，正面和水平面投影为直线段，所以是侧平线（*SB*//*W* 面）。

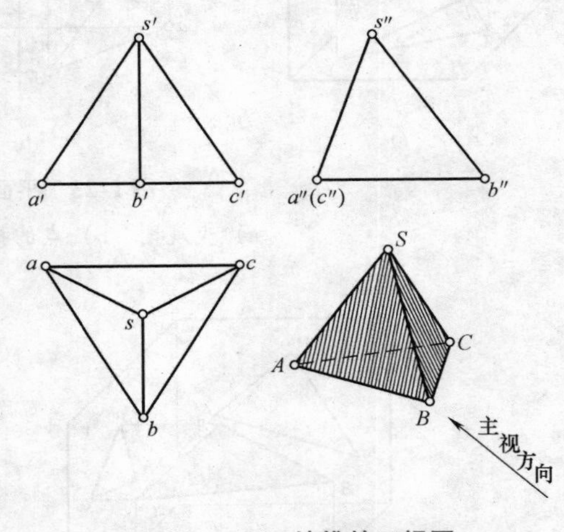

图1-26　正三棱锥的三视图

线段 *SA*、*SC* 三面投影均为斜线，所以是一般位置直线。

4. 组合体三视图的读图方法

（1）形体分析法　将反映形状特征比较明显的视图按线框分成几部分，然后通过投影关系，找到各线框在其他视图中的投影，分析各部分的形状及它们之间的相互位置，最后综合起来想象组合体的整体形状。主要适用于叠加类组合体视图的识读。

例：轴承座三视图的识读

识读步骤：a→b→c→d→e，如图 1-27 所示。

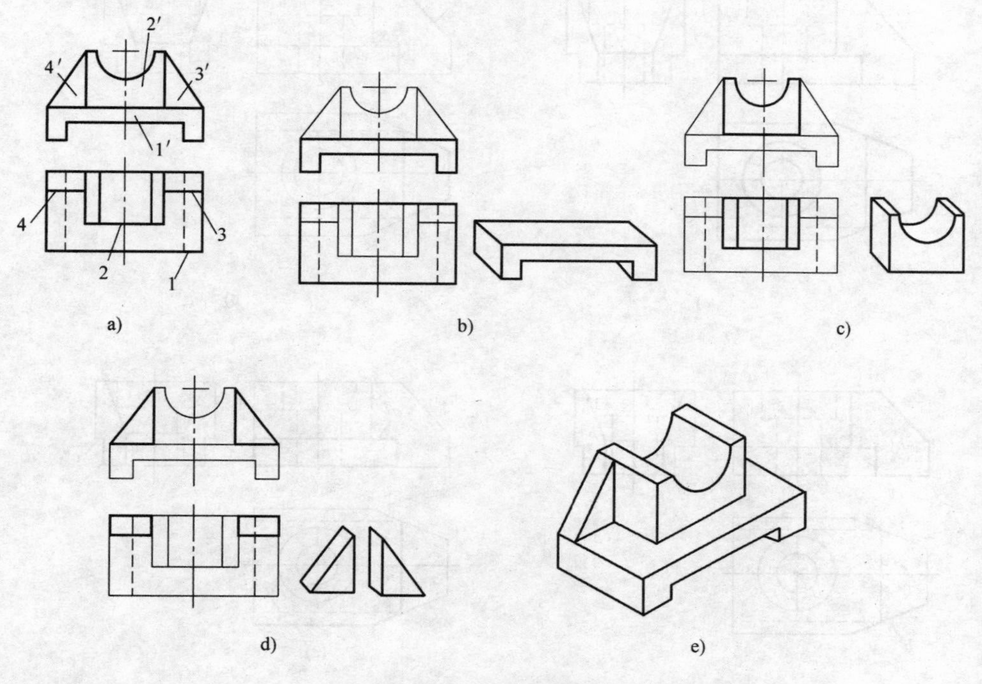

图 1-27　轴承座的看图方法

a）轴承座的主、俯视图　b）分析 1 想出底板形状　c）分析 2 想出上部形状
d）分析 3、4 想出肋板形状　e）综合后想出轴承座的整体形状

（2）线面分析法　运用投影规律，将物体表面分解为线、面等几何要素，通过识别这些要素的空间位置形状，进而想象出物体的形状。适用于切割类组合体视图的识读。

1）首先依据压块的三视图（见图 1-28a）进行“简单化”的形体分析，三个视图基本轮廓都是矩形（只切掉了几个角），因此它的“原型”是长方体。

2）垂直面（一面的投影是线段，另两面是类似形）切割形体时，要从该平面投影积聚成直线的视图开始看起，然后在其他两视图上依据线框找类似形（边数相同、形状相似）。

主视图左上方的缺角是用正垂面 A 切出的，该面在各视图的投影，如图 1-28b 所示。俯视图左端的前后切角是分别用两个铅垂面 B 切出的，该面在各视图的投影，如图 1-28c 所示。俯视图下方前后缺块，分别是用正平面和水平面切出的，面 C、面 D 在各视图的投影，如图 1-28d 所示。

3）“还原”切掉的各角和缺块，A、B、C、D 各面的情况，如图 1-28e 所示。

4）综合后想出压块的整体形状，如图 1-28f 所示。

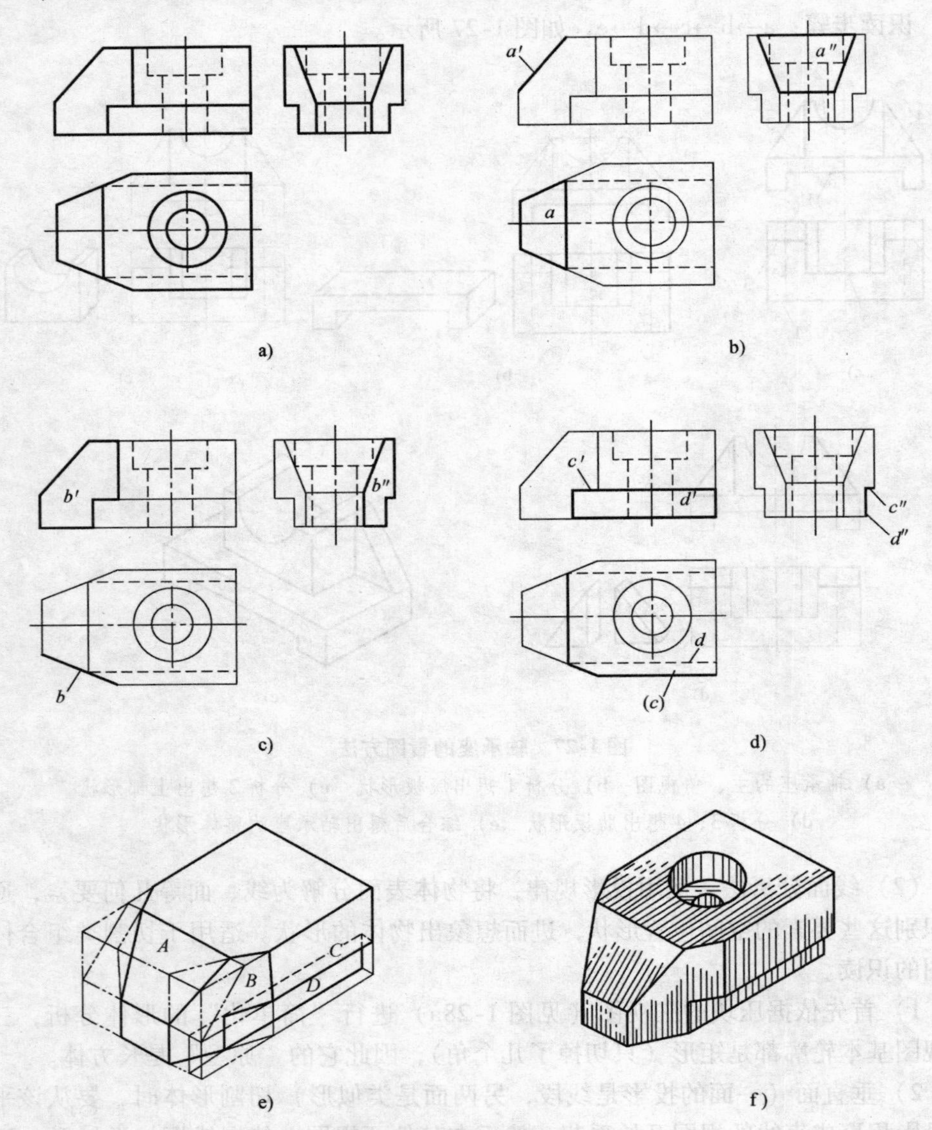

图 1-28　压块的看图方法

a）压块的三视图　b）正垂面的三面投影　c）分析 *B* 面投影　d）分析 *C* 面和 *D* 面投影　e）*A*、*B*、*C*、*D* 面空间位置　f）综合想出压块的立体图

5. 剖视图

机件的内部结构形状复杂，视图中的投影出现较多虚线，如图 1-29a 所示，为了使得机件内部结构表达更清楚，则采用剖视图的方法。

（1）剖视图　假想用剖切平面剖开机件，将处在观察者和剖切平面之间的部分移去，如图1-29b、图1-29c所示。而将其余部分向投影面投射所得的图形，称为剖视图，简称剖视，如图1-29d所示。

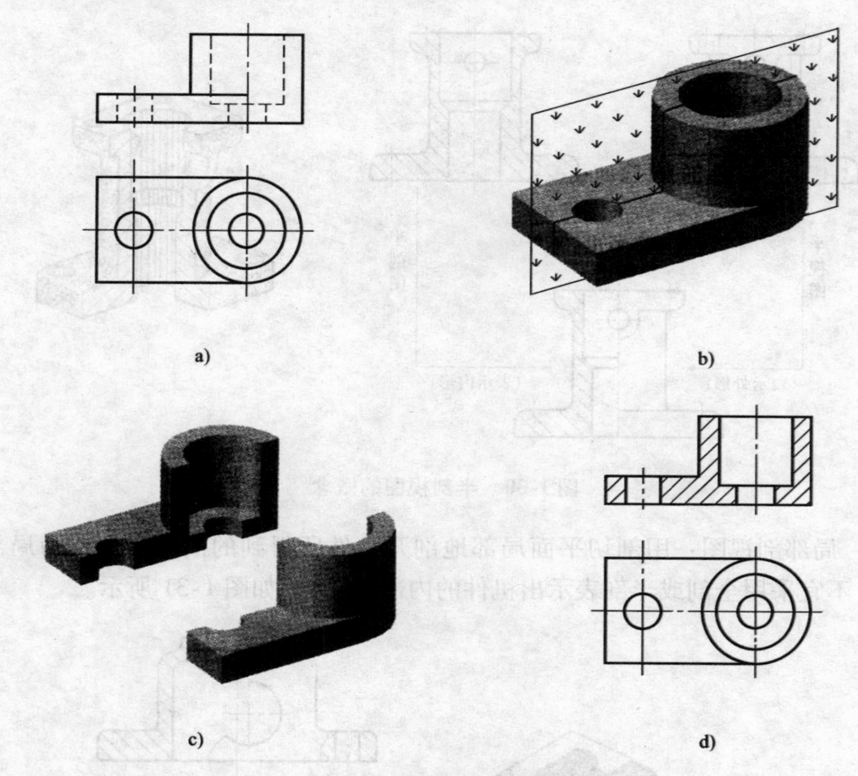

图1-29　剖视图的形成

a）机件视图　b）剖切机件　c）移去剖切面与观察者之间的部分　d）剖视图

（2）剖视图的画法

1）剖切位置适当，剖切平面应尽量多地通过所要表达的内部结构，如孔的中心线或对称平面，且平行于基本投影面（*V*面、*H*面、*W*面）。

2）内外轮廓画全。被剖切平面剖到的内部结构和剖切平面后面的所有可见轮廓线都要画全。除特殊结构外，剖视图中一般省略虚线投影。

3）剖面符号要画好。剖切平面剖到的实体结构应画上剖面符号。金属材料的剖面符号是与水平方向成45°的相互平行、间隔均匀的细实线。

4）与其相关的其他视图要保持完整。因为剖切是假想的，所以其他视图仍要按完整机件绘制。

（3）剖视图的种类

1）全剖视图：用剖切面完全剖开机件得到的剖视图称为全剖视图（见图1-29d）。

2）半剖视图：当物体具有对称平面时，在垂直于对称平面的投影面上投射所得的图形，以对称中心线为界，一半画成剖视图，另一半画成视图，这种剖视图称为半剖视图，如图1-30所示。

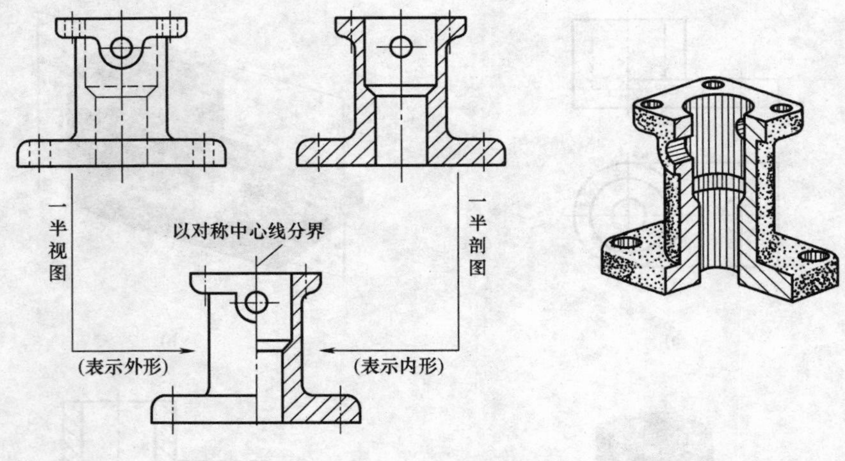

图1-30　半剖视图的概念

3）局部剖视图：用剖切平面局部地剖开机件所得到的剖视图，称为局部剖视图（不宜采用全剖或半剖表示出机件的内部结构），如图1-31所示。

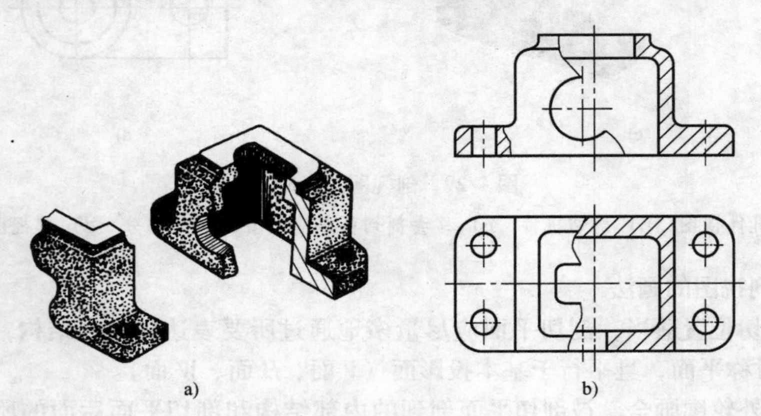

图1-31　局部剖视图
a）立体图　b）剖视图

（4）剖切方法

1）旋转剖：用几个相交的剖切平面（交线垂直于某一基本投影面）剖开机件的方法称为旋转剖。画此类剖视图时，应将剖到的结构及其有关部分先旋转到与选定的投影面平行，再投射，如图1-32所示。

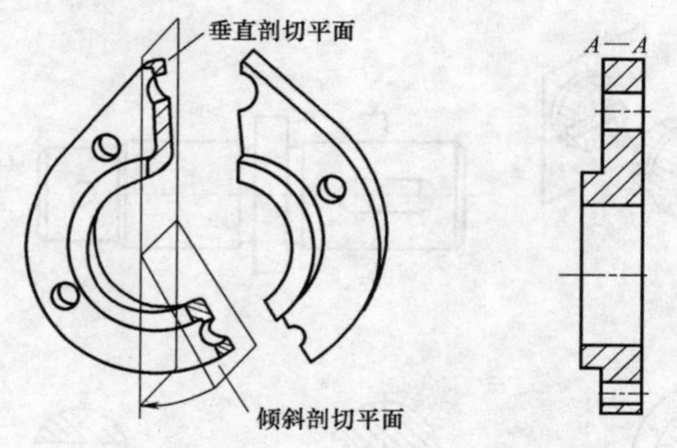

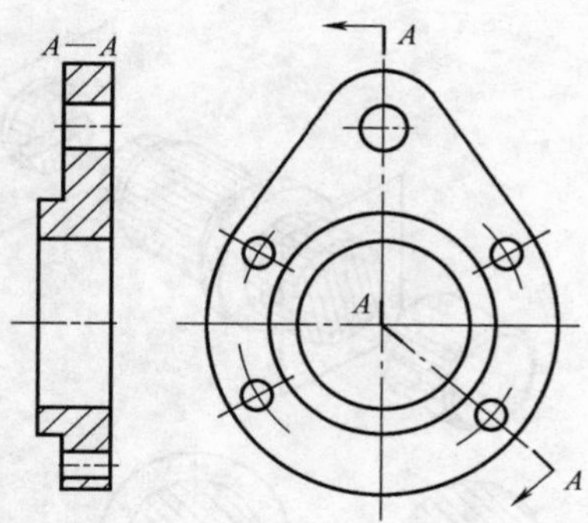

图1-32　旋转剖

2）阶梯剖：用几个与基本投影面平行的剖切平面，剖开机件的方法称为阶梯剖，如图1-33（平行 V 面）所示。

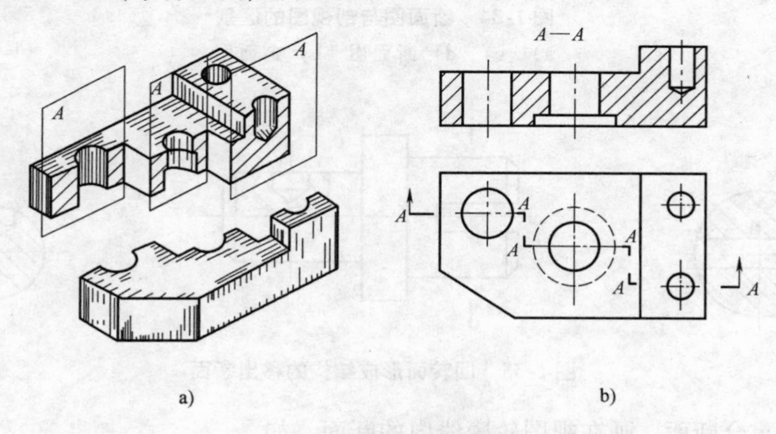

图1-33　阶梯剖
a）立体图　b）剖视图

6. 断面图

假想用剖切面将物体的某处切断，仅画出该剖切面与物体接触部分的图形，称为断面图，简称断面（需要表达机件某处断面形状时），如图1-34所示。

1）移出断面。画在视图轮廓之外的断面，如图1-34、图1-35所示。轮廓线用粗实线绘制，尽量配置在剖切线的延长线上，必要时也可配置在其他适当位置。若剖切平面通过由回转面形成的孔或凹坑的轴线时，这些结构按剖视绘制，如图1-34d所示；当剖切平面通过非圆孔时，这些结构按剖视绘制，如图1-36所示。由两个或多个相交的剖切平面剖切得出的移出断面，中间一般应断开，如图1-37所示。

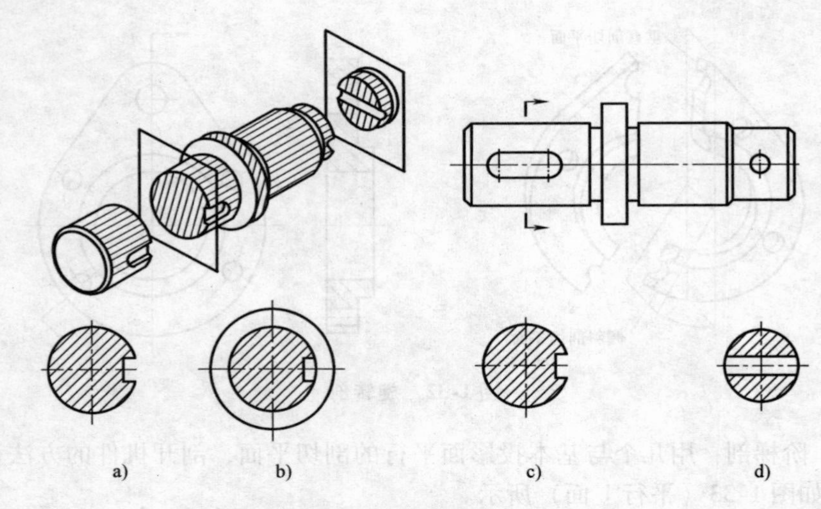

图 1-34　断面图与剖视图的区别

a)、c)、d) 断面图　b) 剖面图

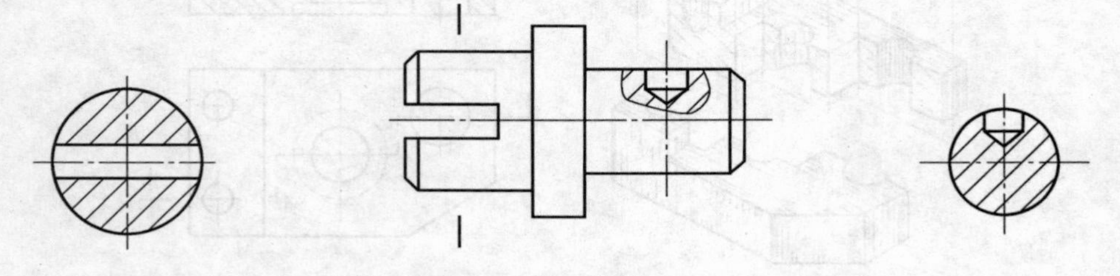

图 1-35　回转面形成结构的移出断面

2）重合断面。画在视图轮廓线内的断面，如图 1-38 ~ 图 1-40 所示。重合断面的轮廓线用细实线绘制。当视图中的轮廓线与重合断面的图形重叠时，视图中的轮廓线仍须完整地画出不间断，如图 1-39 所示。

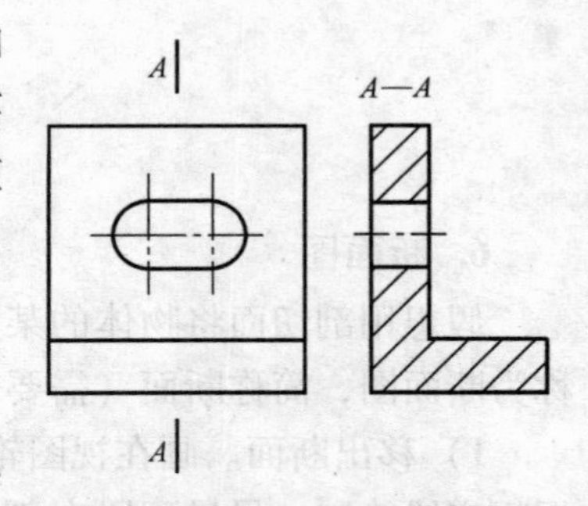

图 1-36　非圆通孔的断面图

7. 局部放大图

将机件的部分结构用大于原图形所采用的比例（与原图形的比例无关）画出的图形，称为局部放大图，如图 1-41 所示。目的是使机件上细小的结构表达清楚，便于绘图时标注尺寸和技术要求。

8. 相同结构的简化画法

1）相同结构孔的画法：标明数量及孔的直径，如图 1-42 所示。

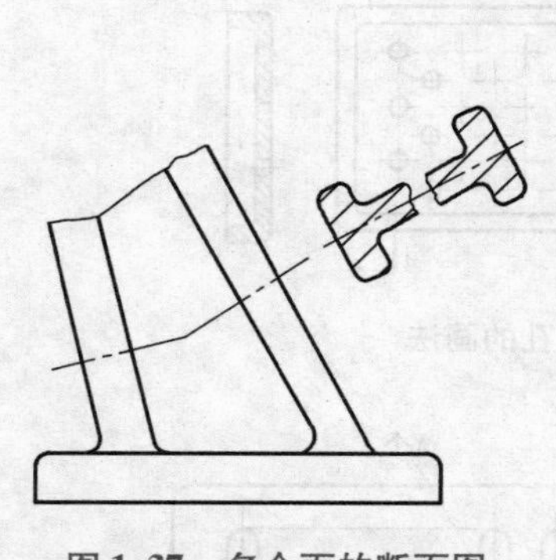

图 1-37　多个面的断面图

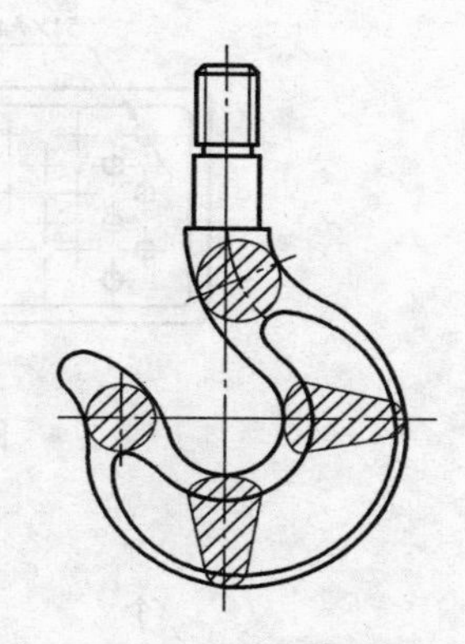

图 1-38　吊钩重合断面

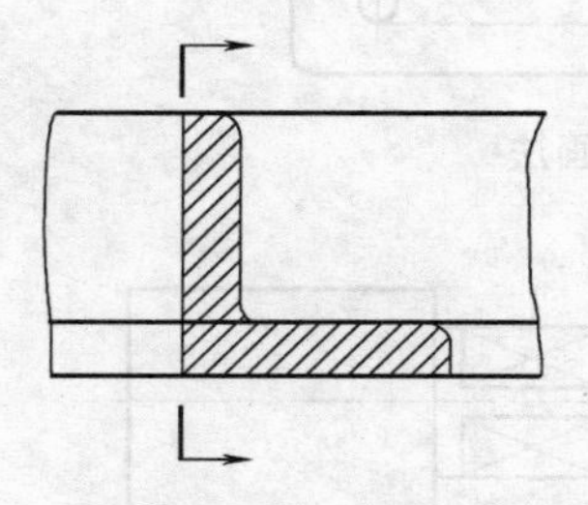

图 1-39　角钢的重合断面

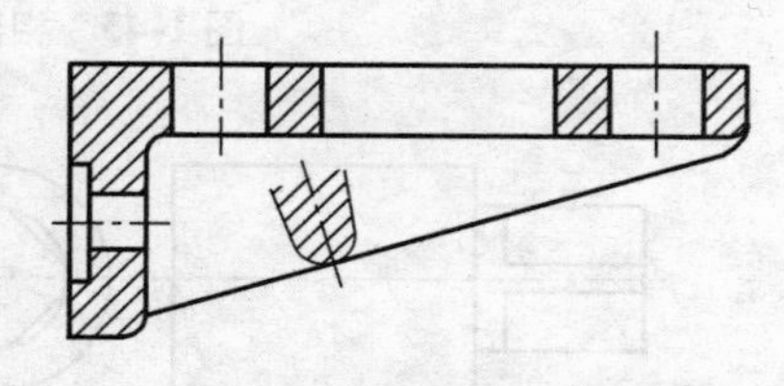

图 1-40　肋板的重合断面

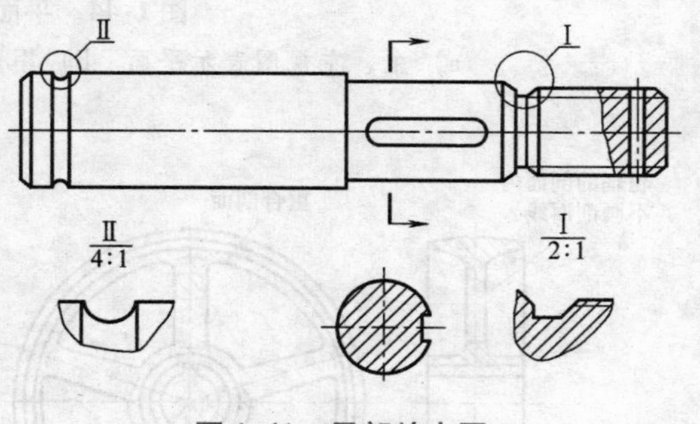

图 1-41　局部放大图

2）相同齿或槽结构的画法：要标明数量，如图 1-43 所示。

3）平面的示意画法：是用两条相交的细实线来表示平面，如图 1-44b所示。

4）肋板、轮辐等结构的画法：机件上的肋板、轮辐、薄壁等结构，如纵向剖切都不画剖面符号，而且用粗实线将它们与其相邻结构分开，如图 1-45 所示。当零件回转体上均匀分布的肋板、轮辐、孔等结构不在剖切平面上时，可将这些结构旋转到剖切平面上画出，如图 1-46 所示。

9. 识图要点总结

了解构件剖视图的画法，识图时准确地判断形体是由哪些面、线组成；先在头脑中想出构件的形状，然后进行加工及装配。识图的关键是对线段类型的判断，必须牢固掌握。

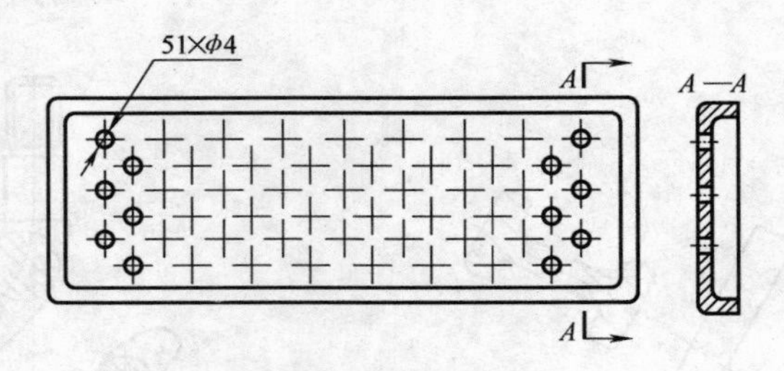

图 1-42　相同孔的画法

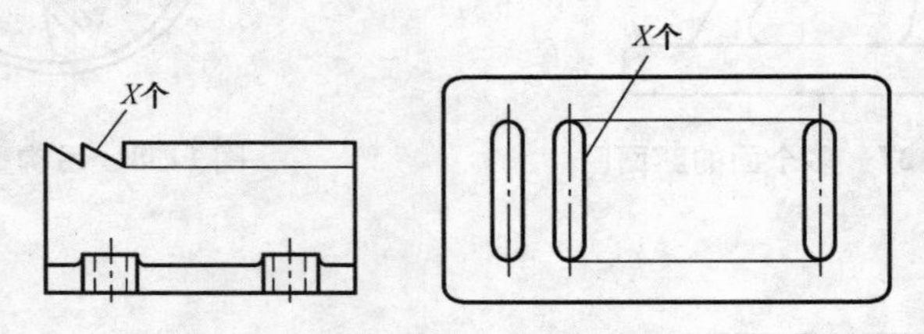

图 1-43　相同齿槽结构的画法

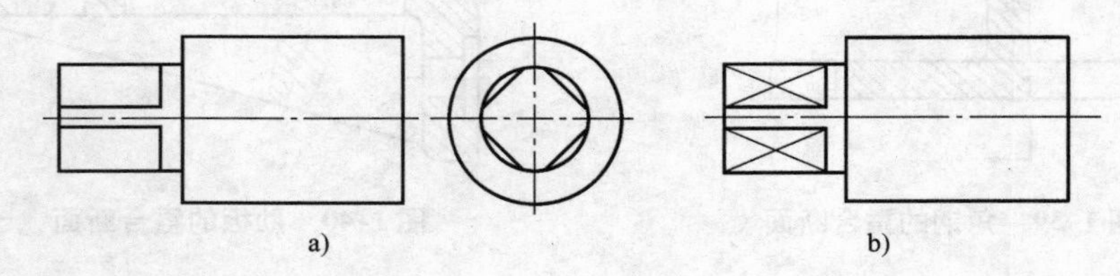

图 1-44　平面的画法

a）主、左视图表示平面　b）用两条相交的细实线表示平面

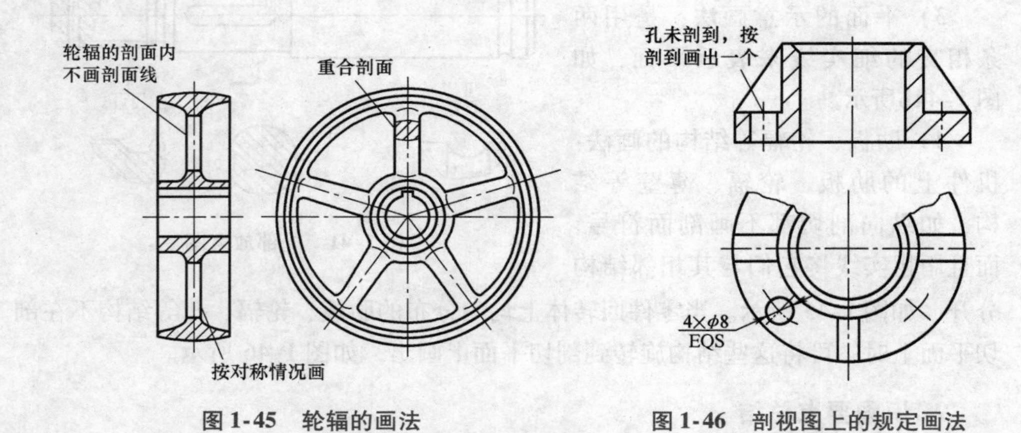

图 1-45　轮辐的画法　　　　图 1-46　剖视图上的规定画法

垂直线有两面的投影为实长，平行线有一面的投影为实长，如图 1-47、图 1-48 所示。

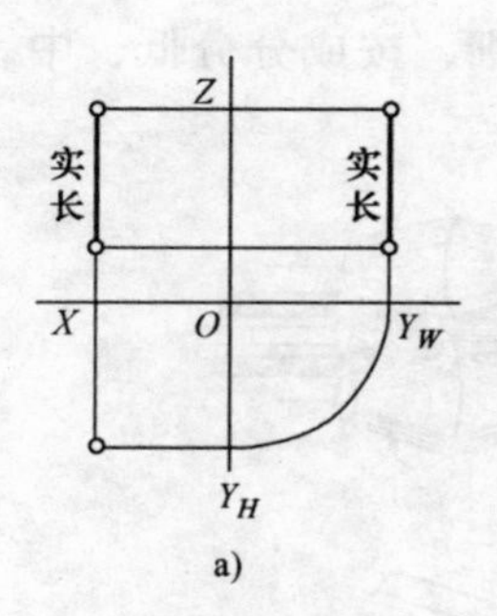

a)

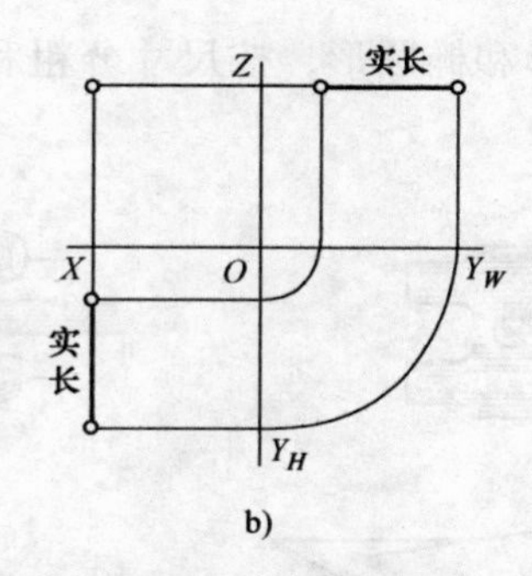

b)

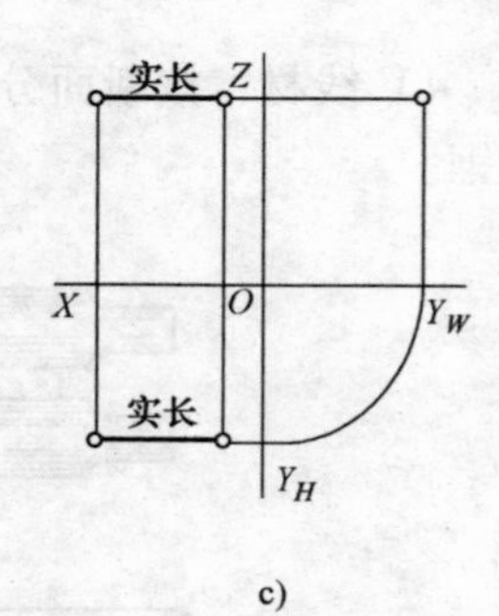

c)

图1-47　垂直线的投影

a）铅垂线　b）正垂线　c）侧垂线

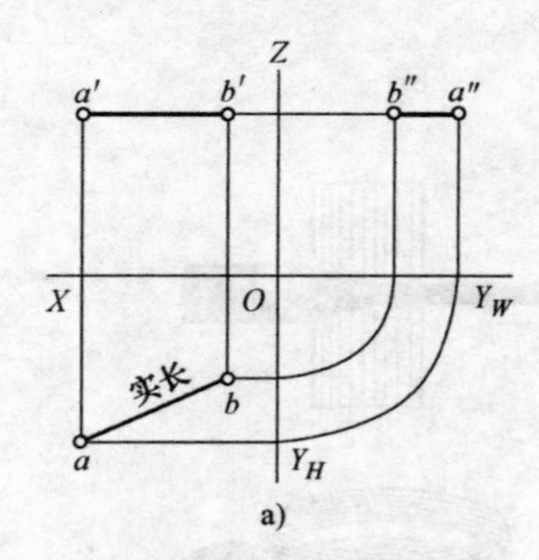

a)

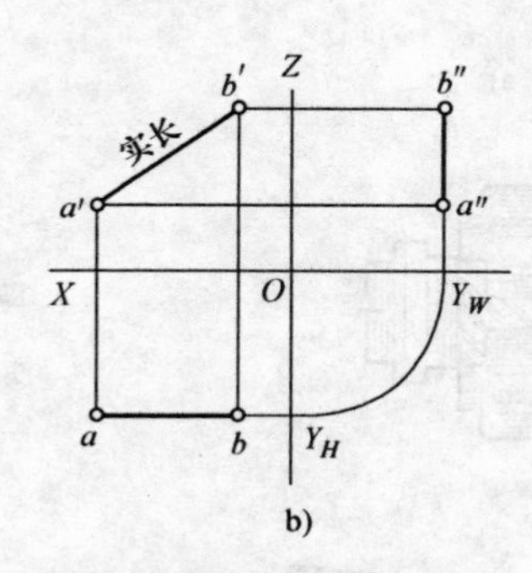

b)

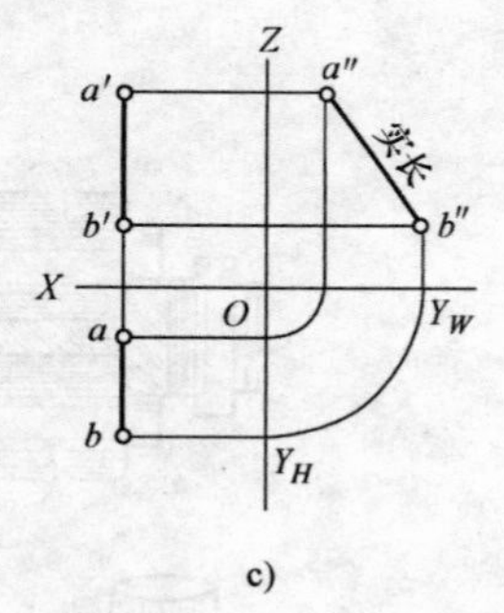

c)

图1-48　平行线的投影

a）水平线　b）正平线　c）侧平线

项目4　钢材的基本知识

阐述说明

钳工是对回转体零件，如轴、齿轮、特形面进行装配，要了解钢材的性能及重量计算，钢材的分类、牌号，看懂图样上材料的牌号、各种热处理的名词；了解产品的原材料是怎么来的，钢在冶炼后，少部分制成锻件，大部分轧制成各种钢材，如图1-49所示。

1. 钢材的分类

1）板材：包括冷轧钢板、热轧钢板，标记为$\delta \times B \times L$（厚度×宽度×长度）。

2）管材：包括无缝钢管、有缝钢管，标记为$D \times \delta \times L$（外径×厚度×长度）。

3）型材：有简单断面型钢（圆钢、方钢、角钢）和复杂断面型钢（槽钢、工字钢）。

4）线材：按断面分圆形和椭圆形，按尺寸分粗和细，按成分分低、中、高碳钢。

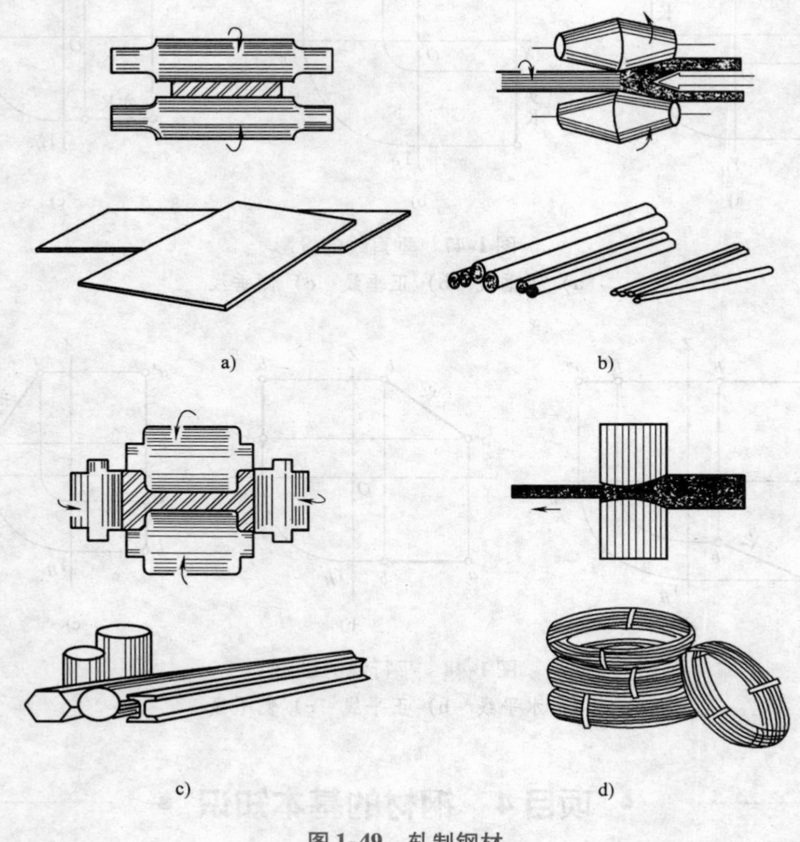

图 1-49　轧制钢材

a）板材　b）管材　c）型材　d）线材

2. 钢材重量的计算

1）重量的计算公式：

$$m = A\rho L$$

式中　m——钢材的重量，单位为 t、kg；

A——钢材的截面积，单位为 m^2；

ρ——金属的密度，单位为 kg/m^3，碳钢为 $7.85\times10^3 kg/m^3$，铝为 $2.73\times10^3 kg/m^3$；

L——钢板的长度，单位为 m。

2）圆面积的计算公式：

$$A = \pi R^2$$

式中　A——圆面积，单位为 m^2；

　　π——圆周率；

　　R——圆的半径，单位为 m。

3）圆周长的计算公式：

$$L = 2\pi R$$

式中　L——圆周长，单位为 m；

　　π——圆周率；

　　R——圆的半径，单位为 m。

例：有一钢圈，外径为 1200mm，内径为 1000mm，厚度为 50mm，求重量。

解：
$$m = \frac{7.85 \times 10^3 \times \pi \times (1.2^2 - 1^2) \times 0.05}{4} \text{kg} = 136\text{kg}$$

3. 钢材的感性认识

（1）槽钢　槽钢的断面形状如图 1-50 所示，h 为槽钢的高度，b 为腿宽，d 为腰厚，δ 为平均腿厚，r 为内圆角半径，r_1 为边端圆角半径。槽钢主要用来作柱、梁、框架，制造汽车的底盘，以及用于受力大的结构，可以将槽钢成对地组合使用。

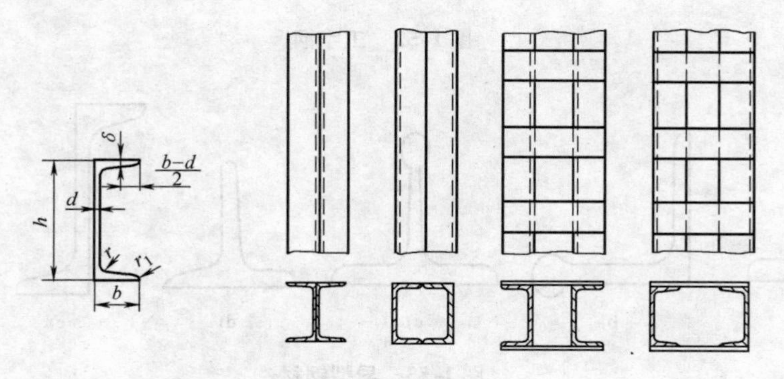

图 1-50　槽钢

（2）角钢　角钢分为等边角钢和不等边角钢两大类，其断面形状如图 1-51 所示。主要用来制造圈、框架和其他轻型钢结构，在受力大的场合，可以将角钢组合使用。

（3）工字钢　工字钢的断面形状如图 1-52 所示。h 为工字钢的高度，b 为腿宽，d 为腰厚，通常用来作立柱、框架、横梁。

（4）异型钢　异型钢材是为了某些结构的特殊需要而轧制的，如图 1-53 所示，图 1-53a 所示是钢轨，图 1-53b 所示是造船用的球缘角钢，图 1-53c 所示是造船用的球缘丁字钢，图 1-53d、e 所示是建筑用的丁字钢和乙字钢，图 1-53f 所示是异型槽钢。

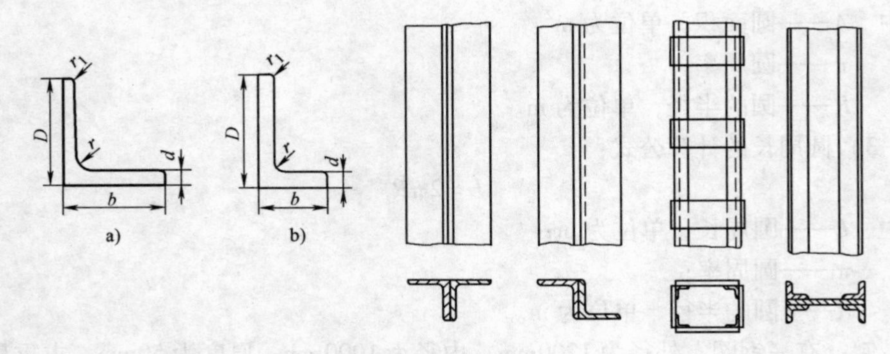

图 1-51　角钢

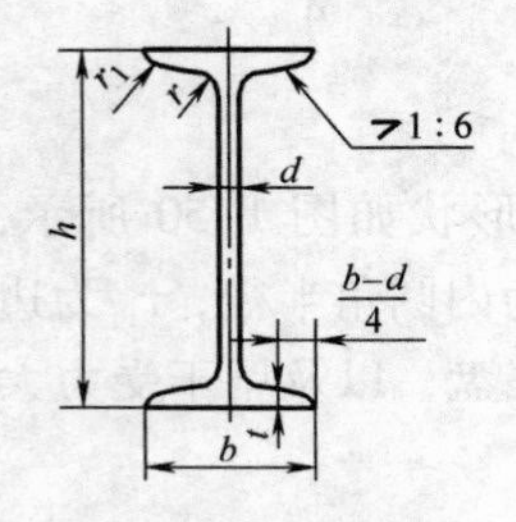

图 1-52　工字钢

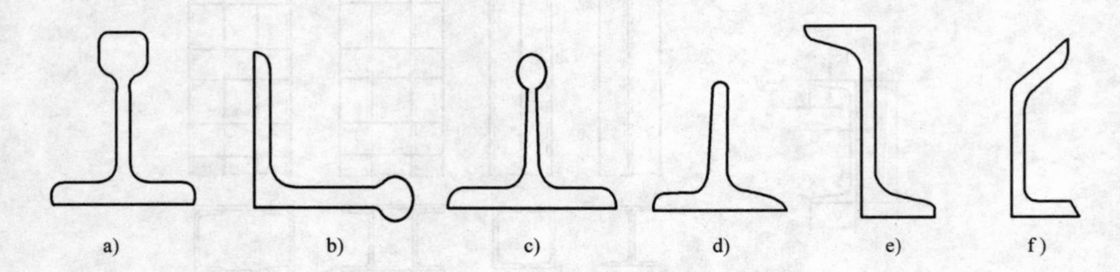

图 1-53　异型钢材

a）钢轨　b）球缘角钢　c）球缘丁字钢　d）建筑用丁字钢　e）建筑用乙字钢　f）异型槽钢

（5）模压型钢　模压型钢如图 1-54 所示，是为了某些结构的特殊需要而轧制的，应用于大型厂房、交易市场、车棚及建筑围挡板等。它可以制成各种形状，质量轻，但刚度大、强度好。

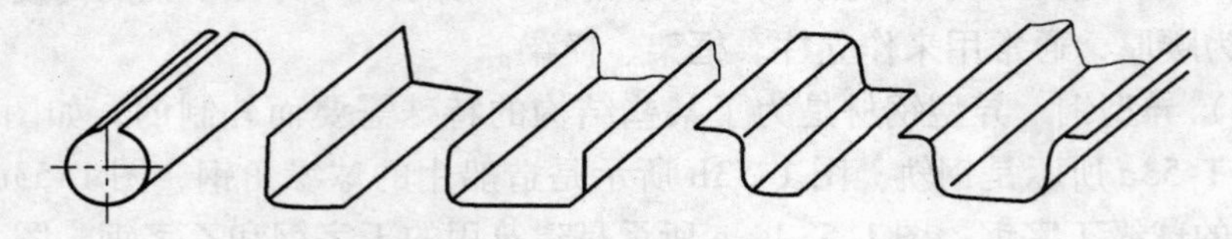

图 1-54　模压型钢

（6）钢结构　用成形材料（板材、管材、型材）作为坯料，经加工后形成的构件称为钢结构。它可以全部是成形材料组成，也可以是成形材料为主，和铸件或锻件组合装焊而成。

（7）钢结构的特点　具有较高的强度和刚度，较低的结构重量，材料允许拼接，利用率高，可以制成各种复杂的结构。设计的灵活性大，不同的部位可以选择性能不同的材料，加工余量小。

（8）加工成形　在原材料上画出零件的轮廓，用气割、冲裁、剪切或等离子弧切割等方法，把零件从原材料上切割下来，成为坯料，将坯料用手工或机械加工成符合图样要求的尺寸和形状。

（9）装配连接　装配连接是将零件按设计图样的要求组装成部件或产品，并用焊接、铆接、胀接或螺纹联接等方法连成整体。

4. 钢的分类

（1）钢的定义　碳的质量分数大于 0.0218%，小于 2.11% 的铁碳合金称为钢。

钢中除含有铁、碳元素外，还含有硅、锰、硫、磷等元素。硅、锰是钢中的有益元素，能提高钢的强度；硫、磷是钢中的有害元素，使钢变脆。钢具有高硬度和高韧度及良好的工艺性能，因而应用广泛。

（2）钢的分类

1）按化学成分分类

- 碳素钢
  - 低碳钢　$w(C)<0.25\%$
  - 中碳钢　$w(C)=0.25\%\sim0.6\%$
  - 高碳钢　$w(C)>0.6\%$
- 合金钢
  - 低合金钢　合金元素总的质量分数<5%
  - 中合金钢　合金元素总的质量分数为5%~10%
  - 高合金钢　合金元素总的质量分数>10%

2）按质量分类

- 普通碳素钢　$w(P)<0.045\%$，$w(S)<0.055\%$
  P、S 的含量在钢中有限制
- 优质碳素钢　$w(P)<0.04\%$，$w(S)<0.04\%$
  用两位数字表示，例：45
- 高级优质碳素钢　$w(P)<0.035\%$，$w(S)<0.03\%$
  两位数字加 A 表示，例：T13A

3）按用途分类

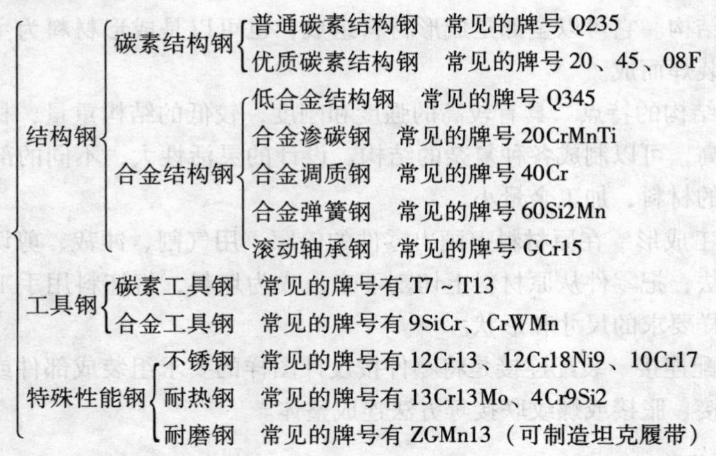

- 结构钢
  - 碳素结构钢
    - 普通碳素结构钢　常见的牌号 Q235
    - 优质碳素结构钢　常见的牌号 20、45、08F
  - 合金结构钢
    - 低合金结构钢　常见的牌号 Q345
    - 合金渗碳钢　常见的牌号 20CrMnTi
    - 合金调质钢　常见的牌号 40Cr
    - 合金弹簧钢　常见的牌号 60Si2Mn
    - 滚动轴承钢　常见的牌号 GCr15
- 工具钢
  - 碳素工具钢　常见的牌号有 T7～T13
  - 合金工具钢　常见的牌号有 9SiCr、CrWMn
- 特殊性能钢
  - 不锈钢　常见的牌号有 12Cr13、12Cr18Ni9、10Cr17
  - 耐热钢　常见的牌号有 13Cr13Mo、4Cr9Si2
  - 耐磨钢　常见的牌号有 ZGMn13（可制造坦克履带）

5. 钢的力学性能指标

金属材料具有承受载荷而不被破坏的能力，这种能力就是材料的力学性能。金属表现出来的强度、塑性、硬度、冲击韧度、疲劳极限等特征，就是力学性能指标。载荷会以不同的方式作用于金属材料，使材料发生各种变形（见图 1-55），所以材料的强度有抗压强度、抗拉强度、抗扭强度、抗剪强度、抗弯强度。通常以抗拉强度代表材料的强度指标，它是用拉伸试验机对标准试样（见图 1-56）进行轴向拉伸，直至拉断，用测得的数据绘制出应力-应变曲线（见图 1-57），来计算材料的强度和塑性。用硬度试验机来检测硬度，冲击试验机检测材料的韧度。

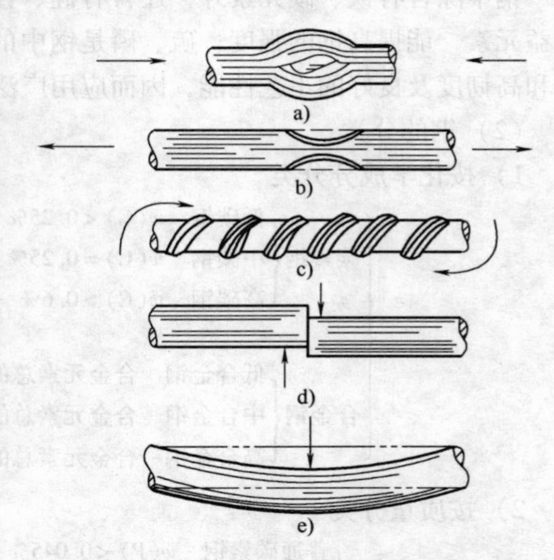

图 1-55　金属材料的变形形式

a）压缩　b）拉伸　c）扭曲　d）剪切　e）弯曲

（1）强度　金属材料在静载荷（大小不变或变化很慢）的作用下，对变形和破坏的抵抗能力，称为强度。

1）屈服强度。屈服强度是指当金属材料呈现屈服现象时，在试验期间发生塑性变形而力不增加时的应力。若材料无明显的屈服现象，规定试样产生 0.2% 塑性变形时的应力作为屈服强度。

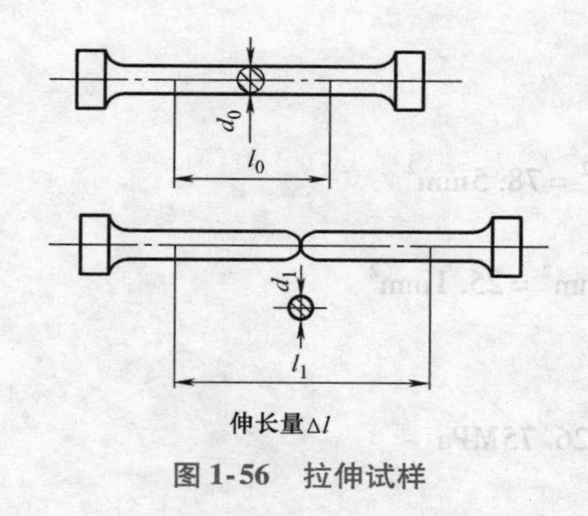

图1-56　拉伸试样

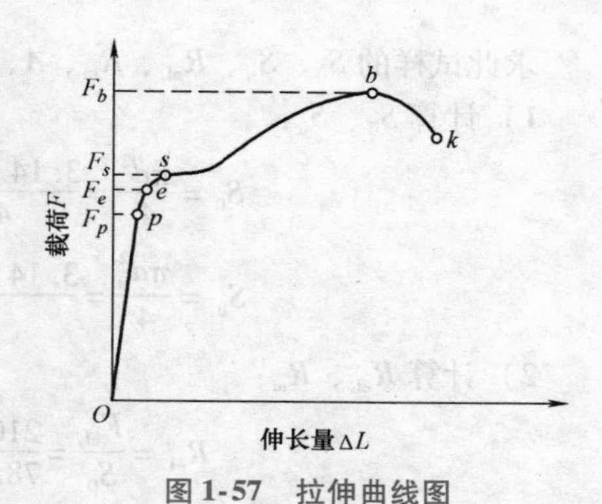

图1-57　拉伸曲线图

$$R_{eL}=\frac{F_{eL}}{S_0}$$

式中　R_{eL}——试样的下屈服强度，单位为MPa；

F_{eL}——试样屈服时的最小载荷，单位为N；

S_0——试样原始横截面积，单位为m^2。

2）抗拉强度。与材料断裂前所能承受最大力相对应的应力称为抗拉强度。

$$R_m=\frac{F_m}{S_0}$$

式中　R_m——试样的抗拉强度，单位为MPa；

F_m——试样在试验中承受的最大力，单位为N。

（2）塑性　材料受力后在断裂之前产生不可逆永久变形的能力称为塑性。

1）伸长率A：试样拉断后，原始标距的伸长量与原始标距之比的百分率。

$$A=\frac{L_u-L_0}{L_0}\times100\%$$

式中　A——伸长率；

L_u——试样拉断后的标距长度，单位为m；

L_0——试样原始标距长度，单位为m。

2）断面收缩率Z：试样拉断后，试样横截面积的最大缩减量与原始横截面积比值的百分率。

$$Z=\frac{S_0-S_u}{S_0}\times100\%$$

式中　Z——断面收缩率；

S_0——试样原始横截面积，单位为m^2；

S_u——试样拉断后缩颈处的横截面积，单位为m^2。

例：有一直径$d=10mm$，$L_0=100mm$的低碳钢试样，拉伸试验时测得

$F_{eL}=2.1\times10^3N$，$F_m=2.9\times10^3N$，$d_u=5.65mm$，$L_u=138mm$

求此试样的 S_0、S_u、R_{eL}、R_m、A、Z。

1）计算 S_0、S_u：

$$S_0 = \frac{\pi d^2}{4} = \frac{3.14 \times 10^2}{4}\text{mm}^2 = 78.5\text{mm}^2$$

$$S_u = \frac{\pi d_u^2}{4} = \frac{3.14 \times 5.65^2}{4}\text{mm}^2 = 25.1\text{mm}^2$$

2）计算 R_{eL}、R_m：

$$R_{eL} = \frac{F_{eL}}{S_0} = \frac{2100}{78.5}\text{MPa} = 26.75\text{MPa}$$

$$R_m = \frac{F_m}{S_0} = \frac{2900}{78.5}\text{MPa} = 36.94\text{MPa}$$

3）计算 A、Z：

$$A = \frac{L_u - L_0}{L_0} \times 100\% = \frac{138 - 100}{100} \times 100\% = 38\%$$

$$Z = \frac{S_0 - S_u}{S_0} \times 100\% = \frac{78.5 - 25.1}{78.5} \times 100\% = 68\%$$

（3）硬度　硬度是材料抵抗变形，特别是压痕或划痕形成的永久变形的能力。

硬度值用试验法得到，有布氏硬度试验法（见图 1-58）、洛氏硬度试验法（测量时洛氏硬度值直接在硬度计表盘读取）和维氏硬度试验法（见图 1-59）。常用五种硬度标尺的试验条件和适用范围见表 1-1。

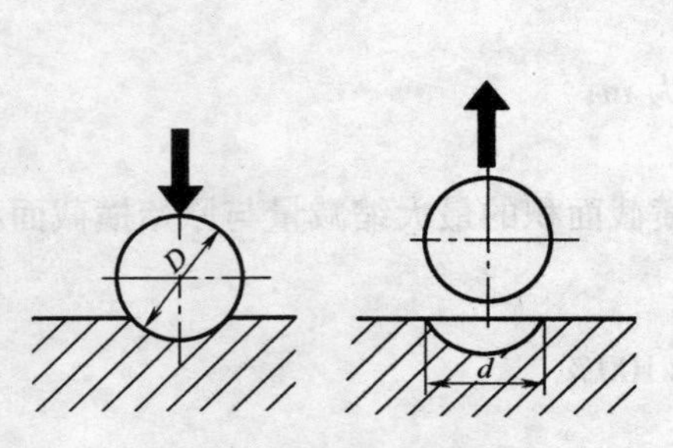

图 1-58　布氏硬度试验法

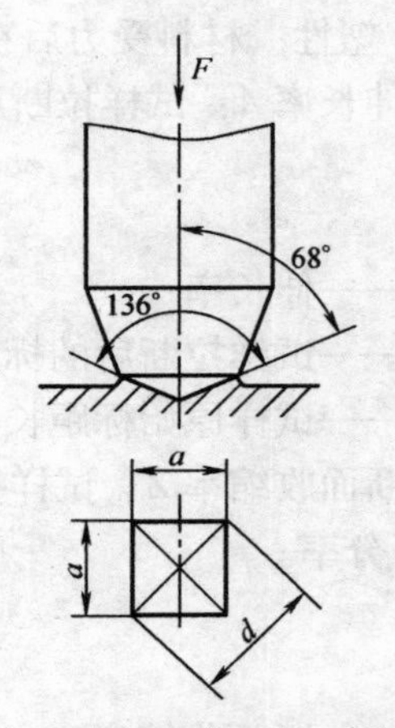

图 1-59　维氏硬度试验法

表 1-1　常用五种硬度标尺的试验条件和适用范围

硬度标尺	压头类型	总试验力/(×9.8N)	硬度有效范围	应用举例
HBW	硬质合金球	30～1000	95～654HBW	有色金属、退火、正火钢

（续）

硬度标尺	压头类型	总试验力/（×9.8N）	硬度有效范围	应用举例
HRC	120°金刚石圆锥体	150	20～67HRC	淬火钢
HRB	ϕ1.588mm 钢球	100	25～100HRB	退火钢、铜合金等
HRA	120°金刚石圆锥体	60	60～85HRA	硬质合金、表面淬火钢
HV	136°正四棱锥体	30	10～1000HV	范围大，很软、很硬的金属

例1：170 HBW10/1000/30 表示用直径为10mm 的压头，在1000kgf（9800N）试验力的作用下，保持30s 时测得的布氏硬度值是170。

例2：600 HBW1/30/20 表示用直径为1mm 的压头，在30kgf（294N）试验力的作用下，保持20s 时测得的布氏硬度值是600（若保持时间10～15s 可以不标）。

例3：45 HRC 表示用C 标尺测得的洛氏硬度值是45。

例4：640 HV30 表示用30kgf（294N）试验力，保持时间10～15s 测得的维氏硬度值是640。

（4）冲击韧度　金属材料抵抗冲击载荷的作用而不被破坏的能力，称为冲击韧度。

1）一次性打击试验，如图1-60 所示。

2）多次冲击试验：工件受大能量一次性冲击破坏的情况少，常用多次冲击试验来检验强度和塑性，如图1-61 所示。

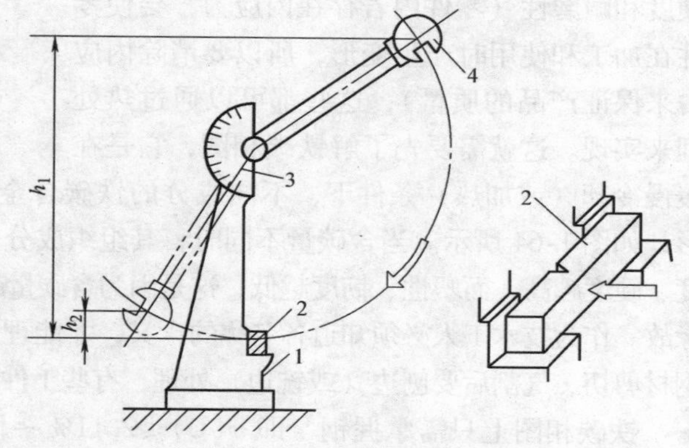

图1-60　冲击试验原理

1—支座　2—试样　3—指针　4—摆锤

3）冲击试验的目的是检验材料的内部缺陷，温度对检测的数值有影响，低温时钢铁材料的韧度下降，容易变脆（碳钢的转变温度是－20℃），所以，材料的韧脆转变温度越低越好，如图1-62 所示。

（5）疲劳极限（σ_D）　疲劳极限为应力振幅的极限值，在这个值以下，被测试样能承受无限次的应力周期变化。如曲轴、连杆、齿轮、弹簧等工件受交变循环应力（见图1-63），必须要检测疲劳极限的数值。提高工件疲劳极限的方法如下：

1）设计时工件的边缘有圆角，避免有尖角和突起，避免应力集中。

2）细化材料的内部晶粒、减少材料的内部缺陷。

3）加工时降低工件表面粗糙度、减少表面伤痕。

4）工件表面进行淬火、涂层等热处理。

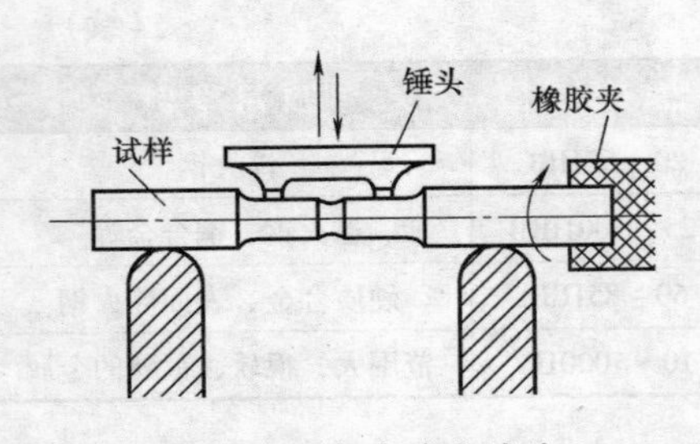

图 1-61　多次冲击试验

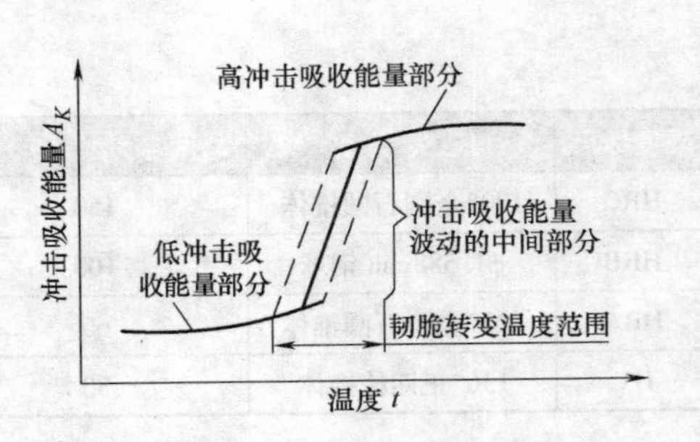

图 1-62　韧脆转变温度

6. 铁碳相图及钢的热处理

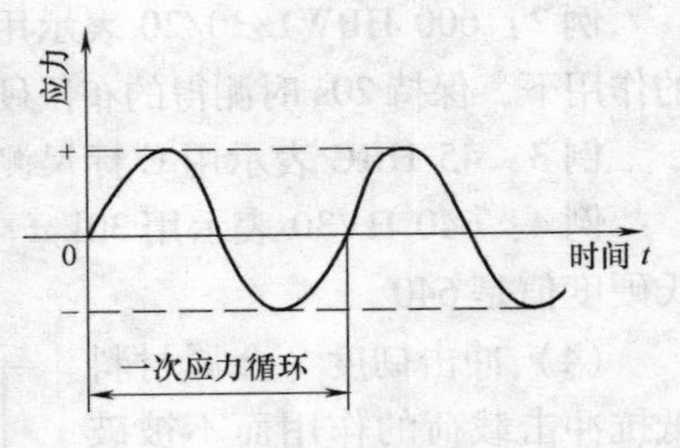

图 1-63　对称交变循环应力

加工的图样上有各种热处理方法的名称，机械制造过程中，大部分零部件都要进行热处理，因为零件在加工过程中需要降低硬度，提高塑性，改善切削加工性能，使用时需要提高硬度和耐磨性（零件内若存在内应力，会使零件在加工和使用时产生变形，所以要消除内应力来保证产品的质量），这些都可以通过热处理来实现。这就需要先了解铁碳相图，它是在缓慢冷却（或加热）条件下，不同成分的铁碳合金的状态或组织随温度变化的图形，如图 1-64 所示。当含碳量不同时，其组织成分也不同。含碳量越高，材料的强度、硬度越高，而塑性、韧度越低，这是因为含碳量越高，钢中硬而脆的 Fe_3C 越多的缘故。作为技术工人必须知道各名称的含义，才能理解上下工序的联系，明白为什么钢材剪切、气割后要刨边（或铣边）处理，有些工件装焊后要进行整体退火处理等。

铁碳相图上只需掌握钢，即 $w(C) \leqslant 2.11\%$ 一段（$>2.11\%$ 的是铸铁），需要知道的符号、组织、性能如下：

L——液态金属（在 *ACD* 线以上，金属加热超过其熔点）。

A——奥氏体，单相的奥氏体组织，强度低、塑性好，钢材的锻造温度选此区域。

F——铁素体，塑性、韧性好，强度、硬度低。

Fe_3C——渗碳体，硬度大，脆性大，塑性和韧性几乎为零。

P——珠光体，F 与 Fe_3C 的混合物，力学性能是两者的综合，强度较高，有一定的塑性，硬度适中。

Ld——莱氏体，A 与 Fe_3C 的混合物，硬度高，塑性差。

在生产过程中，铁碳相图可以作为选材、锻造及热处理的依据：

1）一般结构件→要求塑性好、焊接性好、强度低、硬度低→选用低碳钢，$w(C) < 0.25\%$。

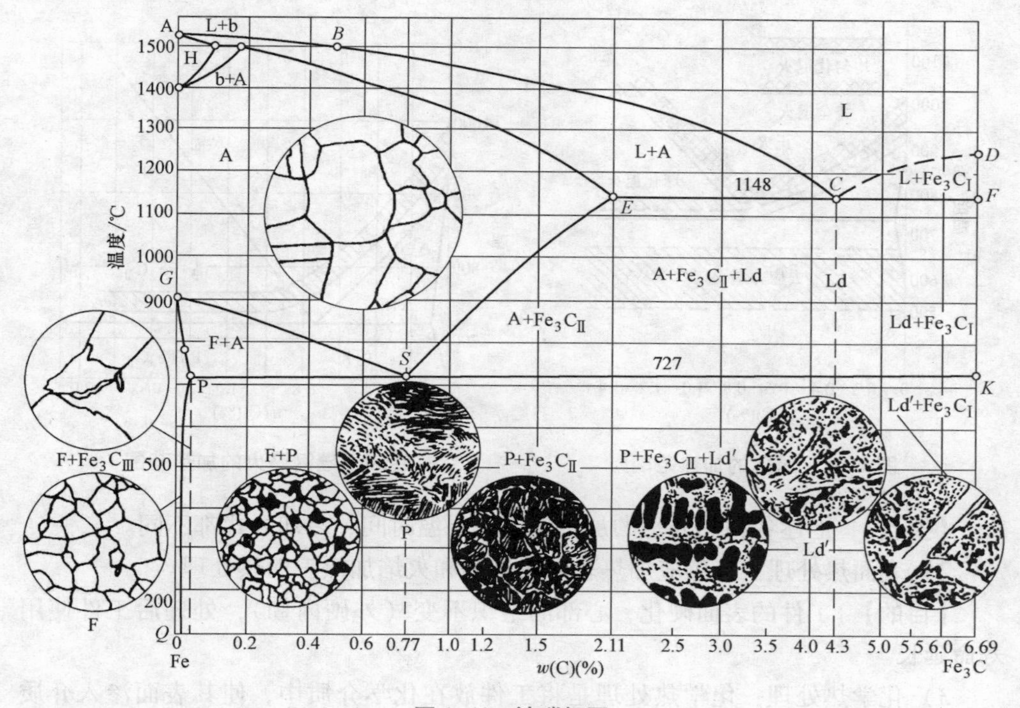

图1-64　铁碳相图

2）汽车曲轴、机床主轴→要求有良好的综合力学性能→选用中碳钢，w(C) = 0.25% ~6%。

3）刀具（车刀、钻头）→要求有较高的硬度和耐磨性→选用高碳钢，w(C) >6%。

（1）钢的热处理　固态钢加热到一定的温度，保温一定的时间，然后进行冷却的操作称为钢的热处理。其目的是细化晶粒、改善内部组织、得到所需要的力学性能。

（2）热处理的种类

1）整体热处理

- 退火　固态钢加热、保温、随炉缓慢冷却，降低钢的硬度（见图1-65）
- 正火　固态钢加热、保温、在空气中冷却，处理后的硬度值比退火后的硬度值高
- 淬火　固态钢加热、保温、快速冷却。提高钢的硬度及耐磨性（见图1-66）（在水中或油中冷却快速得到马氏体或下贝氏体）
- 回火　去除工件淬火后的内应力，淬火后必须进行回火处理。回火分低温、中温、高温回火三种（刀具、量具）
- 调质　淬火以后再高温回火的操作称为调质处理（曲轴、齿轮）

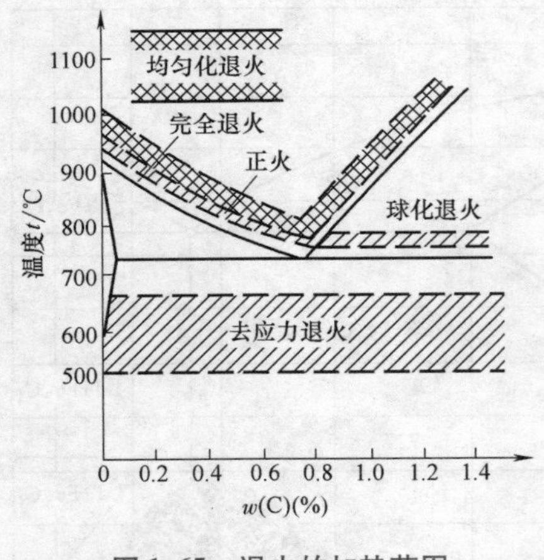

图 1-65　退火的加热范围

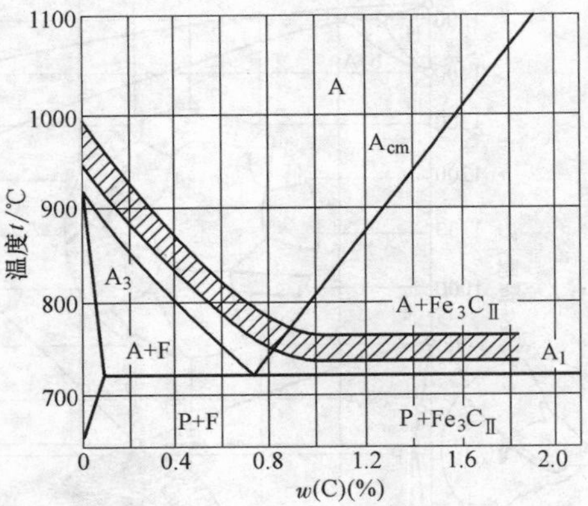

图 1-66　碳钢淬火的加热范围

【要点】　上述各种热处理的加热温度、保温时间、冷却方式都不同。

2）表面热处理：有感应加热表面热处理和火焰加热表面热处理。

【目的】　工件的表面硬化，心部的组织不变（外硬内韧），处理后工件使用寿命延长。

3）化学热处理：化学热处理是将工件放在化学介质中，使其表面渗入介质的操作过程（渗碳、渗氮、碳氮共渗）。

【目的】工件表面硬度、耐磨性高，但心部仍然是原来的高强度、高韧性。

（3）热处理实例

1）退火：大型箱体及离心式通风机壳体，焊接后须进行退火，以消除焊接应力。减速机箱体镗削及大型法兰车削后，要进行去应力退火，如图 1-67、图 1-68 所示。

图 1-67　大型箱体及离心式通风机壳体退火消除焊接应力

图 1-68　减速机箱体及大型法兰退火消除加工产生的应力

2）调质：形状复杂的轴要进行调质处理，即淬火与高温回火相结合的热处理工艺，如图 1-69 所示。因为其工作过程时承受各种载荷，必须具有良好的综合力学性能（高强度、良好的塑性和韧度）。

3）淬火：内齿及外齿零件按工艺要求进行淬火处理，可提高其强度、硬度、耐磨性。首先要将零件加热到要求的温度，保温一定的时间，然后开启炉门，小车沿轨道从炉子驶出；热处理工指挥吊车将吊箱放到小车旁，迅速用长钩铲把零件钩入吊箱（注意同类零件放置一起，不能把零件钩偏落入吊箱外），吊箱装满后，要迅速开动小车，把剩下的工件放回炉中保温，如图1-70、图1-71所示。

图1-69 轴车削后进行调质处理

图1-70 迅速用长钩铲把零件钩入吊箱

吊箱内所装的是合金钢工件，需要用油淬火，油的冷却能力较低，可避免工件体积和组织剧烈转变而产生很大的内应力，从而减小工件的变形及开裂。指挥吊车将吊箱放到油池内，刚放入机油池内时，高温的工件会引燃机油，这时用长钩铲钩住铁链让油箱在油池内来回晃动，火苗就会熄灭，冷却后吊起控油，送到炉中去回火，如图1-72～图1-74所示。

图1-71 把剩余的工件迅速送回炉中保温

图1-72 指挥吊车将吊箱放置到油箱内

图1-73 高温的工件刚浸入机油箱时会燃起火焰

图1-74 吊起冷却后的工件停留片刻使箱内机油控干净

4）回火：钢淬火后的组织主要是马氏体和残余奥氏体，这些组织处于不稳定状态，会向稳定组织转变，从而使工件变形甚至开裂，因此，淬火后的工件需要进行回火处理才能稳定组织，消除内应力，避免工件变形及开裂，获得所需要的强度、硬度和韧度。外形结构不同的工件，回火温度可以相同。若回火的温度不同，就需要把相同要求的工件分类，开启几个炉子进行回火，如图1-75和图1-76所示。在电炉控制柜的面板上设置加热温度及保温时间，然后冷却到室温。淬火钢回火后，其硬度有所降低。

图1-75　几个外齿零件送入炉中回火（设置加热温度及保温时间）

图1-76　小车将箱体及所装内齿零件送入另一个炉中回火

5）复杂零件淬火：轴套的外圆柱表面需要较高的硬度，将圆钢的底部焊接托板，把轴套穿入圆钢；按工艺要求向轴套内部灌入黄泥，敲击、摇晃圆钢，使黄泥充实到圆钢内部；这样加热轴套时，其内部温度低于外部温度（外部温度达到淬火要求而内部未达到），淬火后轴套内外部都可获得所需的力学性能，如图1-77所示。

将钢筋插入圆钢上部的孔中，吊链系在钢筋上。打开炉门，小车沿轨道驶出。此时的电炉因为刚完成一批零件的淬火，还有较高的温度。钢筋既可防止轴套在吊运的过程中震荡，又能让人离烧红的垫板远一些，如图1-78所示。为防止受热不均，工件要放置到垫板上面的耐火砖上。放稳轴套后，撤去钢筋（见图1-79），关上炉门，在电炉控制柜的面板上设置加热温度及保温时间。

图1-77　轴套内部灌入黄泥（降低内部加热时的温度）

图1-78　扶持钢筋吊运轴套

轴套完成加热及保温后，按下启动按钮，打开炉门，向吊链的孔内穿入钢筋，如图 1-80 所示。指挥吊车将轴套运送到油池的上方，如图 1-81 所示。

图 1-79 放稳轴套后撤去钢筋

图 1-80 轴套加热后准备吊运

轴套刚放入机油池会燃起火苗，这时用铁钩挂住吊链晃动轴套，使其快速冷却，才能达到所需的力学性能。轴套内部灌的黄泥已经烧结，内部的冷却速度较慢，这样轴套外部得到马氏体组织，硬度高，内部组织中含有铁素体，其硬度小于外部硬度，如图 1-82 所示。轴套冷却后吊起，静止几分钟，让其上面的机油流回油池，如图 1-83 所示。

图 1-81 轴套吊运到油池的上方

图 1-82 晃动吊链使轴套在机油中快速冷却

轴套放置到小车的垫板上，与法兰及减速机箱体一起送到电热炉中回火，提高炉子的利用率及节约电能，如图 1-84 所示。关闭炉门后，在电炉控制柜的面板上设置加热温度及保温时间，如图 1-85 所示。

图 1-83 轴套静止吊起让机油流回油池

6）工件氮化：将需要渗氮的工件作为阴极，真空室炉罩的外壳为阳极，真空室中通入氨气，在阴阳极之间通以高压直流电，氨气被电离，氨离子以较高的速度轰击并渗入工件表面，扩散后形成氮化层。氮化装置如图 1-86、图 1-87 所示。

图 1-84　轴套、法兰及减速机箱体一起回火

图 1-85　设置热处理参数

图 1-86　真空炉阳极罩

图 1-87　真空氮化炉

渗氮用于处理重要和复杂的精密零件，如机床丝杠、主轴、镗杆、排气阀等。以减速机的输入轴、输出轴、联轴器的内齿为例，如图 1-88 所示。这些工件的工艺路线为：锻造→退火→粗车→调质→插齿、滚齿、精车→去应力退火→粗磨→渗氮→精磨。

渗氮后可提高内齿表面、轴上人字齿轮表面的硬度、耐磨性及疲劳极限。

将待渗氮的工件摆放到真空炉内的圆盘上，先大后小，零件之间要有合理的间隙，这样才能保证工件表面的渗氮层均匀，如图 1-89、图 1-90 所示。

指挥吊车将阳极罩吊运到圆盘的上方，外壳上设有观察孔、壳身上有通入氨气的接口，外壳下端面镶密封橡圈。两人须配合密切，扶持罩壳，观察壳体内壁与工件间的距离，让罩子缓慢下降，如图 1-91 所示。其下部的卡销与平台边缘相应的位置对正，保证罩子与圆板之间的密封圈发挥作用。

阳极罩吊放到圆板上后，检查安放的位置后将两者紧固，并接好地线，如图 1-92 所示。

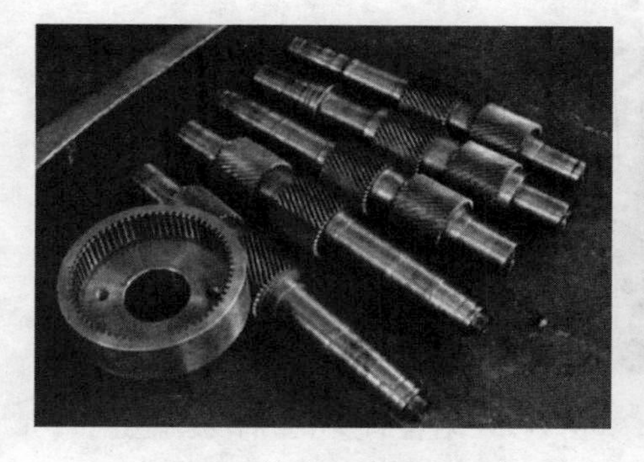

图1-88　待渗氮的内齿和轴

图1-89　在平台上先摆放较大工件

图1-90　检查零件的摆放位置和间隙

图1-91　指挥吊车安装阳极罩

将氨气输送管连接到阳极罩相应的接口处，如图1-93所示。

图1-92　接好阳极罩的地线

图1-93　安装氨气输送管

管道及真空泵与操作台的下部相连，启动真空泵，抽出壳室内的空气，让室内形成真空，如图1-94所示。

真空炉旁边是控制操作室，控制面板的仪表盘上面有各种按钮，控制氨气量、两极间电压、真空室的温度、负压等，按工件的热处理要求设置好各参数，如图1-95所示。

7. 常用的黑色金属和有色金属牌号

钢铁称为黑色金属，其他金属元素构成的金属称为有色金属。产品的图样上

图 1-94　启动真空泵，抽出真空炉内的空气

图 1-95　在控制操作室的仪表盘上设置好各参数

有材料的牌号，作为产品的制造者，要能识别牌号，知道牌号中数字的含义。

（1）钢的各种牌号及用途

1）普通碳素结构钢：普通碳素结构钢常见的牌号为 Q235AF，表示屈服强度为 235MPa 的 A 级沸腾钢。具体含义如下：

Q——屈服强度代号；

235——屈服强度值为 235MPa；

A——质量等级是 A 级（共有 A、B、C、D 四级，从 A 到 D 依次提高）；

F——沸腾钢（脱氧方法有 F、b、Z、TZ，依次是沸腾钢、半镇静钢、镇静钢、特殊镇静钢）。

普通碳素结构钢用于制造一般结构，如制造工件装配时所需的调整垫板，就采用材料 Q235-B，用立铣床装夹加工而成。工件的加工图样、铣削的加工过程如图 1-96、图 1-97 所示。

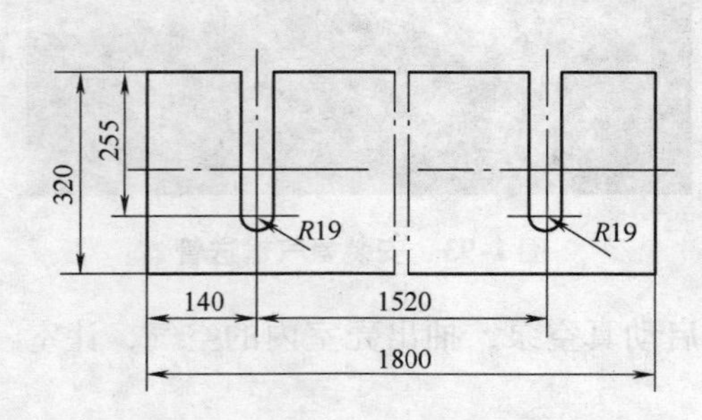

图 1-96　垫板的加工图样（材料 Q235—B）

图 1-97　垫板装夹在铣床上铣槽

2）优质碳素结构钢：

① 10F 表示平均 w(C) 为 0.10% 的优质碳素结构钢中的沸腾钢。结构钢的钢号用两位数字表示，是该钢平均 w(C) 的万分数（10 × 0.01% = 0.10%）。看懂钢板上材料牌号、尺寸的标记是一个技术工人应具备的常识，如图 1-98 所示。

图1-98　钢板上的牌号和标记

规格 10×2200×8600：

钢板的厚度 10mm，宽度 2200mm，长度 8600mm。

材料 09MnTiDR：

09 是两位数字，这是结构钢。碳的质量分数为所示数字的万分之一，即 09×0.01%=0.09%。

锰（Mn）、钛（Ti）是材料中含的合金元素，因为符号后没有标数字，说明合金元素的质量分数<1.5%。

D 是汉语拼音“低”的拼音字头，表示低温钢板。

R 是汉语拼音“容”的拼音字头，表示容器钢板。

也就是该材料制造的压力容器可以在低温状态下使用，可以在严寒环境下工作。

② 08～25 钢是低碳钢，用于制造压力容器、小轴和销子；30～55 钢是中碳钢，用于制造曲轴、连杆和齿轮，如图1-99、图1-100 所示；60 钢以上的牌号是高碳钢，用于制造弹簧和板簧。

图1-99　中碳钢的锻件原材料

图1-100　加工后的内外齿工件

③ 碳素工具钢：常见的碳素工具钢的牌号为 T7～T13，[w(C)：0.7%～1.3%]，工具钢均为高碳钢，例如 T12A 表示平均 w(C) 为 1.2% 的高级优质碳

素工具钢，用于制造锯条、锉刀等（12×0.1%=1.2%）。

④ 合金工具钢：合金工具钢主要是在碳素工具钢的基础上添加了合金元素。

用一位数字表示钢号，数字表示平均 $w(C)$ 的千分数，当 $w(C) \geq 1.0\%$，则不予标出（避免与结构钢的钢号混淆），例如9SiCr表示平均 $w(C)$ 为0.9%的合金工具钢（Si、Cr未标数值，说明各元素的质量分数均小于1.5%）。Cr12MoV平均 $w(C) \geq 1.0\%$，$w(Cr)$ 为12%，Mo、V的质量分数均小于1.5%。

⑤ 特殊性能钢：特殊性能钢与合金工具钢的表示方法相同。

20Cr13表示平均 $w(C)$ 为0.2%，平均 $w(Cr)$ 为13%的不锈钢；06Cr19Ni10表示平均 $w(C)$ 为0.03%~0.1%；008Cr30Mo2表示平均 $w(C) < 0.03\%$ [$w(C) > 0.0218\%$]，与化学介质接触的材料，如聚合釜的搅拌轴、搅拌叶片、换热器的内部管道等，要采用不锈钢材质制造，如图1-101~图1-103所示。

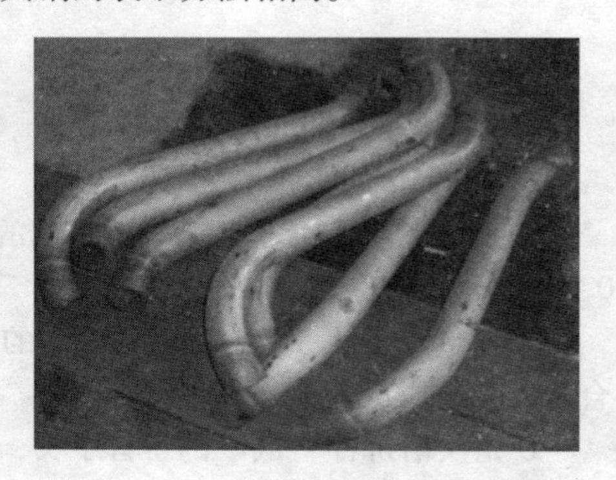

图1-101　镗削不锈钢弯曲管子的坡口

⑥ 高速（风、锋、白）钢：高速钢常见的牌号为W18Cr4V，用于制造车刀及钻头，其热处理的方法是淬火+三次回火。

图1-102　用不锈钢弯曲的管子（20Cr13）

图1-103　采用30Cr13材质加工的搅拌浆叶片

⑦ 滚动轴承钢：牌号为GCr15的滚动轴承钢，用于制作精密量具，牌号为GCr15SiMn的用于制作大型轴承。滚动轴承钢具有高硬度、高耐磨性、高的疲劳极限、足够的韧度和耐蚀性，它可以用于制造轴承的内外圈和滚动体，如图1-104所示，还可以用来制造刀具、模具和量具。

⑧ 耐磨钢：常用耐磨钢的牌号为ZGMn13，用于制造坦克履带、防弹钢板。

⑨ 调质钢：调质钢是中碳钢及合金结构钢，它可以进行淬火 + 高温回火的热处理。通常用来制造重要的结构零件，如采用材料 35CrMnA 车削工程螺栓，如图 1-105所示。

图 1-104　用 GCr15SiMn 制造的钢球和内圈

图 1-105　用材料 35CrMnA 车削的工程螺栓

（2）铸铁的各种牌号及用途

1）灰铸铁：常见的牌号为 HT200，用于制造汽车发动机的缸体（见图 1-106）及缸套、变速箱、机床的床身（HT 表示灰铸铁，200 表示最小抗拉强度为 200MPa）。

2）球墨铸铁：常见的牌号为 QT700-2，常用来制造汽车发动机的曲轴、凸轮轴、各种管道的阀门（见图 1-107）（QT 表示球墨铸铁，700 表示最小抗拉强度为 700MPa，2 表示断后伸长率）。

图 1-106　6 缸发动机灰口铸铁缸体

图 1-107　铸铁阀门

3）蠕墨铸铁：常见的牌号为 RuT420（RuT 表示蠕墨铸铁，420 表示最小抗拉强度为 420MPa），常用于制造汽车使用的制动盘、飞轮，如图 1-108 所示。

4）可锻铸铁：常见的牌号为 KTB350-04，用于制造弯头、三通管件（KT 表示可锻铸铁，B 表示白心，350 表示最小抗拉强度为 350MPa，04 表示断后伸长率）。

5）合金铸铁：合金铸铁是在普通铸铁的基础上添加了一些合金元素，使其耐磨、耐热、耐腐蚀。

（3）有色金属的各种牌号

1）铜和铜合金的种类及牌号：在金属材料中，铜和铜合金的应用范围仅次于钢铁。铜的硬度低，钳工在装配时用铜锤对工件进行敲击和矫正，如图 1-109 所示。铜和铜合金一般可以分为纯铜、黄铜、青铜、白铜。

图 1-108　曲轴后部铸铁飞轮

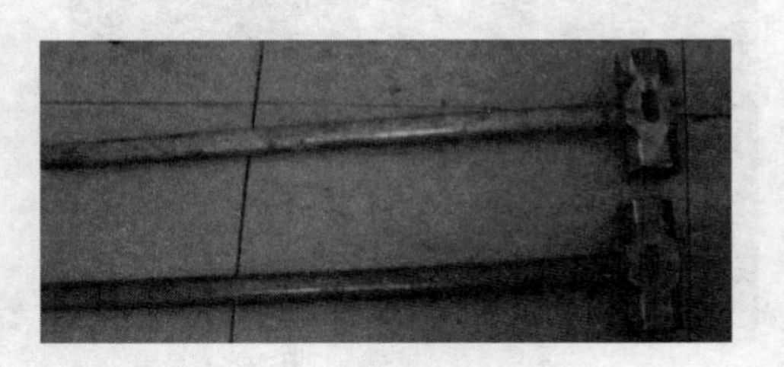
图 1-109　用于敲击和矫正的铜大锤

① 纯铜常见的牌号有 T1、T2、T3，号越大则纯度越低。

② 黄铜一般可分为普通黄铜（铜 + 锌）和特殊黄铜（铜 + 锌 + 其他元素），特殊黄铜又分为铝黄铜、锰黄铜和铅黄铜等。

普通黄铜常见的牌号有 H70 [$w(Zn) = 30\%$，用来制造弹壳，又称弹壳黄铜]，特殊黄铜常见的牌号有 HAl59、HMn58、HPb59 等。

③ 青铜一般分为锡青铜和特殊青铜，特殊青铜又称为无锡青铜，包括铝青铜、铍青铜、硅青铜等。锡青铜常见的牌号有 QSn4-3，特殊青铜常见的牌号有 QAl7、QBe2、QSi3-1 等。

④ 白铜一般分为普通白铜和特殊白铜，特殊白铜又分为锰白铜、锌白铜等。普通白铜常见的牌号为 B5，特殊白铜常见的牌号为 BMn3-12、BMn15-20。

以上铜和铜合金都可以进行压力加工，还有铸造铜合金，常见的牌号有 ZCuZn38。

2）滑动轴承合金的种类及牌号：

① 锡基轴承合金：常见的牌号有 ZSnSb12Pb10Cu4。

② 铅基轴承合金：常见的牌号有 ZPbSb16Sn16Cu2。

③ 铝基轴承合金：常见的牌号有 ZAlSn6Cu1Ni1。

④ 铜基轴承合金：常见的牌号有 ZCuPb30。

【要点】 牌号的标记：Z（铸造）+ 基体 + 主加元素 + 辅助元素，其后的数字为该元素的平均质量分数（%），锡基和铅基轴承合金统称巴氏合金。上述四种轴承合金都可以用来做滑动轴承（即通常所说的汽车曲轴、连杆上的轴瓦。机器运转时，轴与轴瓦之间形成油膜，可保持旋转件间的润滑）。

（4）粉末冶金　粉末冶金是指金属与金属，或金属与非金属在压形后烧结，

获得材料或零件的方法。工艺过程是用球磨机粉碎金属并混合，然后压制成形去烧结，最后进行热处理及切削加工。

粉末冶金主要用于制造刀具、耐磨件、模具和耐热件。

常见的用粉末冶金方法制造的硬质合金有以下三种：

1）钨钴类硬质合金：常见的牌号有K20，$w(\mathrm{Co})=8\%$，用于加工铸铁及有色金属。

2）钨钴钛类硬质合金：常见的牌号有P10，$w(\mathrm{TiC})=15\%$，用于加工碳素钢、合金钢。

3）通用硬质合金：常见的牌号有M20，用于加工不锈钢、耐热钢、高锰钢、铸铁及普通合金钢。

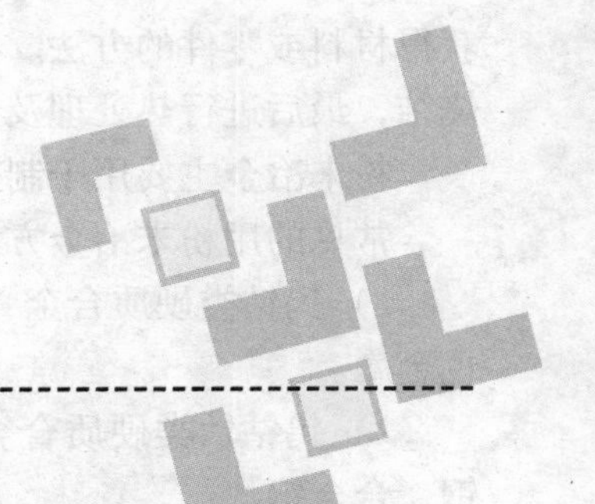

模块2

钳工认知

阐述说明

工欲善其事，必先利其器，作为一个技术娴熟的钳工，应正确识读图样，使用画线工具，熟练操作本专业的设备、工具、量具，才能进行零件的检测和加工。

项目1 钳工常用工具简介

钳工常用的工具名称、实物图、使用说明和注意事项见表2-1。

表2-1 钳工常用的工具名称、实物图、使用说明和注意事项

名称	实物图	使用说明	注意事项
锤子		锤子的锤头有金属和非金属，常用的金属锤头有钢锤和铜锤两种，非金属的锤头有橡胶锤、塑胶锤、木锤等。锤子的规格是以锤头的重量来表示，如0.5磅、1磅（1磅≈0.45kg）等	1）使用前检查锤头，如边缘有毛边，要用砂轮或锉刀修磨 2）锤头若有裂纹，要更换锤头 3）锤头与锤柄要紧密连接，防止使用时造成事故 4）依据工件表面的性质，选择锤子，以免损伤工件的表面

（续）

名称	实物图	使用说明	注意事项
螺钉起子		起子是用来旋紧或松开螺钉，常见的有一字起、十字起和双弯头形起子	1）依据螺钉头的宽度选择合适的起子，不合适的旋具无法承受旋转力，还容易损坏钉槽 2）不可将起子当成錾子、撬杠或画线工具使用
呆扳手		用来拧紧或松开固定尺寸的螺栓或螺母，常见的有开口扳手、梅花扳手（眼镜扳手）、梅花开口扳手等。其规格是钳口（开口）的宽度	1）钳口的宽度与螺母宽度适当，以免损伤螺母 2）扳手的钳口若有损伤，要及时更换，以保证安全
活扳手		钳口的尺寸在一定的范围内自由调节，用来拧紧或松开螺母。活扳手的规格是扳手的全长尺寸	1）使用活扳手时，应向活动钳口方向旋转，使固定钳口受主要的力 2）活扳手的钳口宽度与钳柄长度有一定的比例，不可以在钳柄上加套管，这样虽加长力臂，增加使用时的扭力，但会损坏钳口
管扳手		钳口有条状齿，用于拧紧或松开圆管、磨损的螺母或螺栓。管扳手的规格是以扳手全长尺寸标识的	管钳子的钳口宽度与钳柄长度有一定的比例，不可以在钳柄上加套管，这样虽加长力臂，增加使用时的扭力，但会损坏钳口
特殊扳手		为了某种目的而设计的扳手称为特殊扳手。常见的有内六角扳手、T形夹头扳手、面扳手、扭力扳手（公斤扳手）	钳口的宽度与螺母宽度适当，以免损伤螺母

（续）

名称	实物图	使用说明	注意事项
夹持用手钳	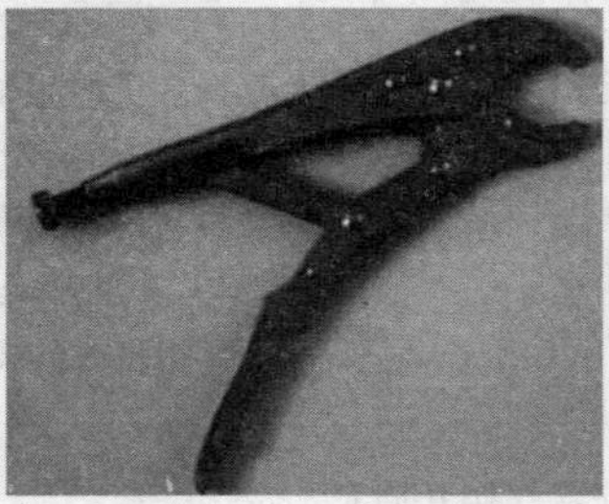	夹持用手钳的主要作用是夹持材料或工件	依据工件的性质合理选择手钳
钻头		用于对工件钻孔	使用前检查钻头，按钻孔的要求，用砂轮进行修磨
钻头夹		用于夹持直柄钻头（<13mm）	使用钻头夹装夹钻头
钥匙		拧紧或松开夹套上的大圆锥齿轮，控制钻头夹中的三个夹爪伸出或缩进，钻头直柄被夹紧或放松	与钻头夹外圈的齿牙配合，顺时针转动卡爪收缩，逆时针旋转卡爪松开
丝锥及绞手	  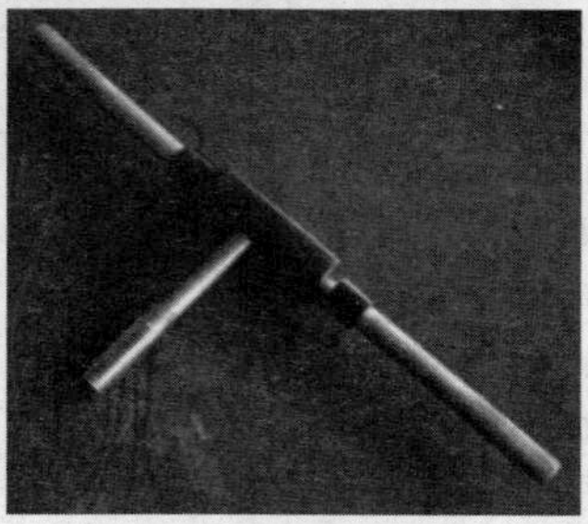	丝锥用于在工件的孔中切削出内螺纹 绞手用于夹持丝锥	攻螺纹时，丝锥的轴线与轴的轴线要重合，每旋转1~2圈，要退回半圈排屑。可以向丝锥上刷切削油，便于顺利攻螺纹

（续）

名称	实物图	使用说明	注意事项
板牙及板牙架		用于圆钢或管子的外部切削外螺纹 依据加工要求，选取相应的板牙装入板牙架中，拧紧架上的螺钉将板牙定位	板牙的端面要与圆钢的轴线（或管子）垂直 套螺纹要加润滑机油，延长板牙使用寿命

• 项目2　钳工常用量具简介 •

钳工常用的量具名称、实物图、使用说明和注意事项见表2-2。

表2-2　钳工常用的量具名称、实物图、使用说明和注意事项

名称	实物图	使用说明	注意事项
钢直尺		用来测量工件的长、宽、高等尺寸，常见的规格有150mm、300mm、400mm、500mm、1000mm、2000mm	不用时水平放置或悬挂，不能将钢直尺弯曲，以免测量时超差
游标卡尺		游标卡尺可以直接测量出工件的内外径、长、宽、高、孔的深度、两孔轴线间的距离	采用正确的测量方法，如测量工件外径时，卡尺要与工件的轴线垂直，按住游标的推柄向前缓慢推进，让游标的量爪轻轻地卡住工件的外径
千分尺		千分尺属精密量具，它比较灵敏，精度比游标卡尺高，用来测量工件上精度要求较高的尺寸	夹紧被测物体，转动螺母，使棘轮测力装置空转后读数 避免视觉误差，即保持眼睛从相同的位置、方向读标尺数值

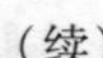

名称	实 物 图	使 用 说 明	注 意 事 项
百分表		钳工用百分表检验机床的精度，测量工件的尺寸、形状及形位公差。汽修工用百分表检测汽车发动机内部曲轴及凸轮轴轴颈磨损情况	测量时，表盘对着人的方向，容易读数 测头要与被测量面垂直 测杆在压入0.3～0.5mm的状态下使用
万能游标量角器		万能游标量角器也叫角度尺。用来测量工件的内外角度。按测量精度有2′和5′两种，其测量值的误差范围分别为±2′和±5′，测量的范围是0°～320°	1）检查各部件，然后对零位 2）测量时，松开螺帽，移动主尺座作粗调整，再转动游标背面的手把作精细调整，直到使角度尺的两测量面与被测工件的工作面密切接触为止。然后拧紧螺帽读数
量块		量块是长度尺寸的标准，用来对量具和量仪校正检验、对精密机床进行调整安装	尽量用最少的组合得出需要的尺寸 要正确使用量块，取出需要的量块后，用布沾上汽油把防锈油擦掉，然后用清洁的布擦净；用光学平行平晶检查测量面干涉条纹状态后，把擦拭好的量块相互成90°研合，组合成需要的尺寸
塞尺		塞尺也叫厚薄规，用来检验工件两结合面之间的间隙大小	塞尺使用前必须先清除塞尺和工件上的污垢与灰尘。使用时可用一片或数片重叠插入间隙，以稍感拖滞为宜。测量时动作要轻，不允许硬插，也不允许测量温度较高的零件

（续）

名称	实物图	使用说明	注意事项
90°角尺		角尺用来检验零部件的垂直度以及作划线的辅助工具。常见的有90°角尺和铸铁宽座角尺	铸铁直角尺主要用于工件直角的检验和划线，在安装和调修设备时，检验零件或部件有关表面的垂直度
刀口形直尺	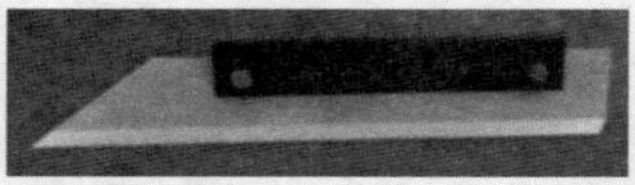	刀口形直尺用于检验工件的直线度和平面度误差	测量面上不应有影响使用性能的锈蚀、碰伤、崩刃等缺陷

• 项目3 钳工常用设备简介 •

钳工常用的设备名称、实物图、特点及用途见表2-3。

表2-3 钳工常用的设备名称、实物图、特点及用途

常用设备名称	实物图片	特点及用途
钳台		钳台又称钳工台或台案，主要用来安装台虎钳。台案多为长方形，其长、宽尺寸由工作需要而定，高度一般以800~900mm为宜
台虎钳		台虎钳是用来夹持工件的通用夹具。在钳台上安装台虎钳时，必须使固定钳身的钳口工作面处于钳台的边缘之外，台虎钳必须牢固的固定在钳台上，两个固定螺钉要拧紧
砂轮机		砂轮机主要用来磨削各种刀具或工具，如修磨样冲、划针、钻头、刮刀、磨削錾子等，也可修磨工件的毛刺或焊疤

（续）

常用设备名称	实物图片	特点及用途
台式钻床		钻孔时，拨动手柄使主轴上下移动，以实现进给和退刀 台式钻床转速高，使用灵活，效率高，适用于较小零件的钻孔。由于其转速较高，故不适宜进行锪孔和铰孔加工
立式钻床		通过操纵手柄，使进给变速箱沿立柱导轨上下移动，从而调节主轴至工作台的距离。钻大型工件时，可将工作台拆除，将工件直接固定在底座上加工 立式钻床适宜加工小批量的中型工件。由于主轴变速和进给量调整范围较大，因此可进行钻孔、锪孔、铰孔和攻螺纹等加工
摇臂钻床		摇臂钻床操作灵活省力，钻孔时，摇臂可沿立柱上下升降和绕立柱在360°范围内回转。主轴变速箱可沿摇臂导轨作较大范围的移动，便于钻孔时找正。摇臂和主轴变速箱的位置调整结束后，必须锁紧，防止钻孔时产生摇晃而发生事故。可在大型工件上钻孔或在同一工件上钻多孔
分度头		分度头用于将工件分成任意等分的机床附件，利用分度刻度环和游标、定位销和分度盘以及交换齿轮，将工件分成任意角度，可将圆周分成任意等分

项目4 钳工相关图样识读及工艺分析

阐述说明

零件图是加工产品的依据，图上有加工件的形状及尺寸，还标有该零件要达到的质量要求，即所说的技术要求。仅仅知道一点机械制图知识是不够的。

1. 图样上形位公差的识读

（1）互换性

1）产品的组成：复杂的机械产品，是由大量的通用与标准零部件所组成，如汽车、飞机、机床。以各种品牌的汽车为例，全车近3万个零件由不同的专业化厂家来制造，品牌的生产厂仅生产少量的零部件，其他零部件将由其他厂家制造并提供。在组装汽车的过程中，需要在同一规格的一批零件中，任取一件就能装配，并能满足汽车使用性能要求。这样品牌的生产厂家则可减少生产费用、缩短生产周期、满足市场用户需求。

2）完全互换：若零件在装配或更换时，不需选择、调整、辅助加工（如钳工修配、磨削、铣削），这种互换称为完全互换（绝对互换）。完全互换的零件制造公差很小，制造困难，成本很高。

3）不完全互换：将零件的制造公差放大，零件加工后，用测量仪器将零件按实际尺寸的大小分为若干组，使每组零件间实际尺寸的差别减小，装配时按相应的组进行（例如，大孔组零件与大孔轴零件相配，小孔组零件与小孔轴零件相配），仅组内的零件可以互换，组与组之间不能互换，称为不完全互换。

4）互换的条件：机器上零件的尺寸、形状和相互位置不可能加工得绝对准确，只要将零件加工后的各几何参数（尺寸、形状和位置）所产生的误差控制在一定的范围内，就可以保证零件的使用功能，实现零件互换。

5）公差：允许零件几何参数的变动量称为公差。它包括尺寸公差、形状公差、位置公差等。公差用来控制加工中的误差，以保证互换性的实现。

（2）形位公差的项目与符号　常见的形状及位置公差的符号见表2-4。

表2-4　形位公差的项目及符号

公差类型	几何特征	符　号	有无基准
形状公差	直线度	—	无

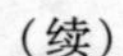
（续）

公差类型	几何特征	符号	有无基准
形状公差	平面度	⏥	无
	圆度	○	无
	圆柱度	⌭	无
	线轮廓度	⌒	无
	面轮廓度	⌓	无
方向公差	平行度	//	有
	垂直度	⊥	有
	倾斜度	∠	有
	线轮廓度	⌒	有
	面轮廓度	⌓	有
位置公差	位置度	⌖	有或无
	同心度（用于中心点）	◎	有
	同轴度（用于轴线）	◎	有
	对称度	⌯	有
	线轮廓度	⌒	有
	面轮廓度	⌓	有
跳动公差	圆跳动	↗	有
	全跳动	⌰	有

（3）图样上常见的技术标注

1）圆度：被测圆柱面或圆锥面在正截面内的实际轮廓偏离其理想形状的程度，如图 2-1 所示。

2）圆柱度：被测圆柱面偏离其理想形状的程度。圆柱度误差的检测方法与圆度误差检测方法基本相同，其标注方法如图 2-2 所示。

3）同轴度：工件被测轴线相对于理想轴线的偏离程度，如图 2-3 所示。

4）圆跳动：被测圆柱面的任一横截面上或端面的任一直径处，在无轴向移动的情况下，围绕基准轴线回转一周时，沿径向或轴向的跳动程度，如图 2-4 所示。

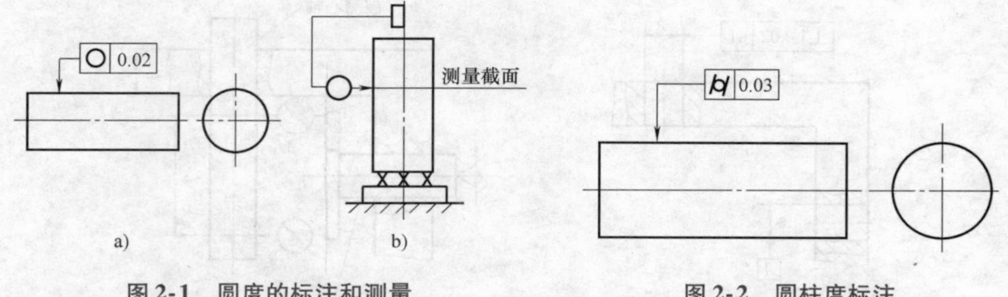

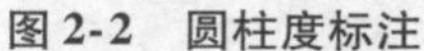

图2-1 圆度的标注和测量
a) 标注 b) 测量方法

图2-2 圆柱度标注

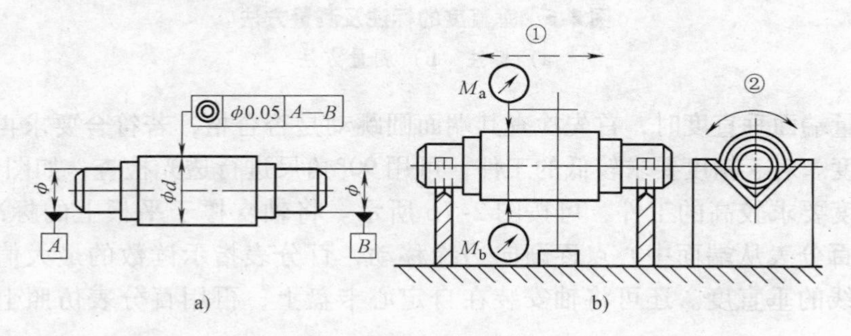

图2-3 同轴度的标注及测量
a) 标注 b) 测量方法

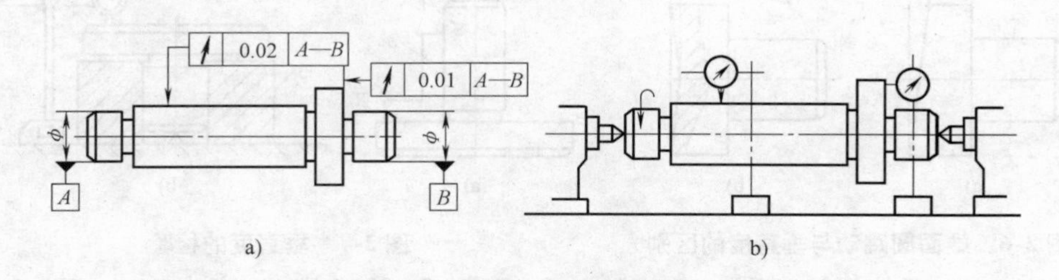

图2-4 圆跳动的标注及测量方法
a) 标注 b) 测量方法

5）垂直度：零件上被测的孔的轴线相对于基准孔 ϕ 轴线 A 的垂直程度，如图2-5所示。

注意端面跳动量与垂直度的区别：

端面圆跳动和端面对轴线的垂直度有一定的联系，端面圆跳动是端面上任一测量直径处的轴向跳动，而垂直度是整个端面的垂直误差，图2-6a所示的工件，由于端面为倾斜表面，其端面跳动量为 Δ，垂直度也为 Δ，两者相等。图2-6b所示的工件，端面为一凹面，端面的跳动量为零，但垂直度误差却不为零。

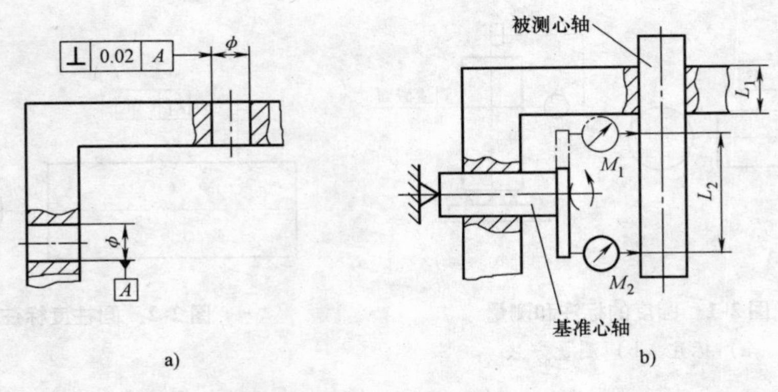

图 2-5　垂直度的标注及测量方法

a）标注　b）测量方法

测量端面垂直度时，首先检查其端面圆跳动是否合格，若符合要求再测量端面垂直度。对于精度要求较低的工件，可用 90°角尺进行透光检查，如图 2-7a 所示。精度要求较高的工件，可按图 2-7b 所示。将轴支撑于平板上的标准套中，然后用百分表从端面中心点逐渐向边缘移动，百分表指示读数的最大值就是端面对轴线的垂直度。还可将轴安装在自定心卡盘上，再用百分表仿照上述方法测量。

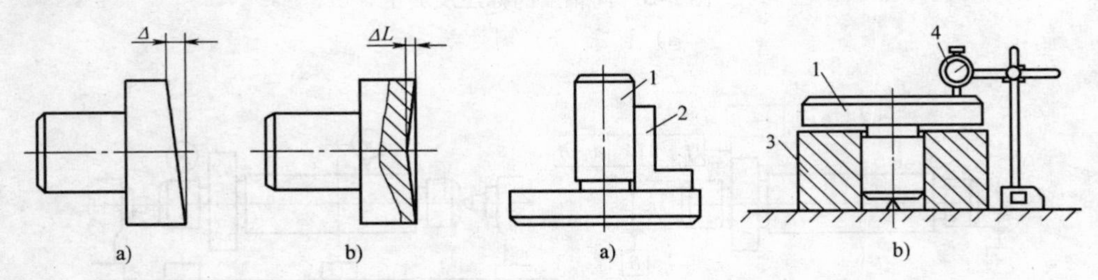

图 2-6　端面圆跳动与垂直度的区别

a）倾斜　b）凹面

图 2-7　垂直度的检验

1—工件　2—90°角尺　3—标准套　4—百分表

2. 相关图样识读

由于零件图是指导零件生产的重要技术文件，因此，它除了有图形和尺寸之外，还必须标有制造该零件时应该达到的一些质量要求，称为技术要求。

技术要求的主要内容有：表面粗糙度、极限与配合、形状和位置公差、材料的热处理方法等。这些内容凡有规定代号的，需用代号直接标注在图上，无规定代号的则用文字说明，一般写在标题栏的上方。

操作工人通过读图了解零件的名称、所用材料和它在机器或部件中的作用，经过分析，想象出零件各组成部分的结构形状和相对位置，从而在头脑中建立起一个完整的、具体的零件形象，对其复杂程度、要求高低和制作方法做到心中有数，以便确定加工过程，下面简要介绍钳工相关图样识读的有关知识。

（1）识读燕尾板零件图（见图2-8）

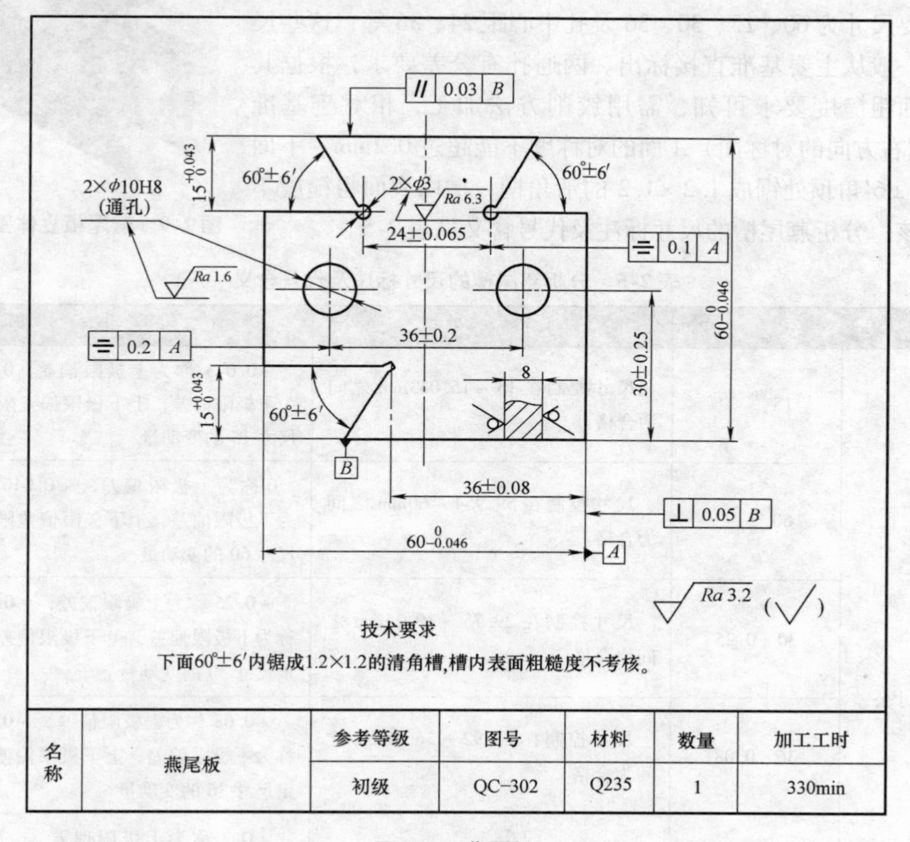

图2-8 燕尾板

1）读零件图的基本要求：

① 了解零件的名称、数量、用途、材料等。

② 读懂图样，想象出零件结构、形状、立体图样等。

2）读零件图的方法与步骤：

① 从标题栏中概括了解零件的名称、材料、数量和用途等，并结合视图初步了解该零件的大致形状和大小。从图的标题栏可知，该零件是燕尾板，材料是Q235，数量1件，大致形状为具有三个角度、两个孔的板形零件。

② 分析图样表达方法，想象零件的结构形状。该零件的大致形状是一个厚度为8mm的燕尾板，在矩形体的三个转角处具有三个60°的角。板料中间对称分布两个直径10mm的孔，燕尾板的立体图如图2-9所示。

③ 分析尺寸和技术要求，找出零件各方向上的尺寸基准，分析定形尺寸、定位尺寸及总体尺寸：了解配合表面的尺寸公差、有关的形位公差及表面粗糙度等。各方向的主要尺寸为60、15、30、36及孔中心距24、36等，这些尺寸一般从主要基准直接标出。两通孔有公差要求，根据其表面粗糙度要求可知，需用铰削方法加工，相对于基准（左右方向的对称面）*A* 面的对称度不能超过0.2mm。下面60°±6′角顶处锯成1.2×1.2的清角槽，槽内表面粗糙度不考核。分析燕尾槽的尺寸标注及代号含义见表2-5。

图2-9 燕尾板立体图

表2-5 分析燕尾槽的尺寸标注及代号含义

项目	代号	含义	说明
尺寸公差	$15^{+0.043}_{0}$	尺寸控制在15～15.043mm之间为合格	+0.043称为上极限偏差，0称为下极限偏差，上下极限偏差限定尺寸15的变动量
	$60^{0}_{-0.046}$	尺寸控制在59.954～60mm之间为合格	0称为上极限偏差，－0.046称为下极限偏差，上下极限偏差限定尺寸60的变动量
	30±0.25	尺寸控制在29.75～30.25mm之间为合格	+0.25称为上极限偏差，－0.25称为下极限偏差，上下极限偏差限定尺寸30的变动量
	36±0.08	尺寸控制在35.92～36.08mm之间为合格	+0.08称为上极限偏差，－0.08称为下极限偏差，上下极限偏差限定尺寸36的变动量
	36±0.2	尺寸控制在35.8～36.2mm之间为合格	+0.2称为上极限偏差，－0.2称为下极限偏差，上下极限偏差限定尺寸36的变动量
	24±0.065	尺寸控制在23.935～24.065mm之间为合格	+0.065称为上极限偏差，－0.065是下极限偏差，上下极限偏差限定尺寸24的变动量
位置公差	⌯ 0.1 A	表示两ϕ3孔的中心平面相对基准*A*（零件左右方向的对称中心面）的对称度为0.1	当被测要素为轴线或中心平面时，则带箭头的指引线应为与尺寸线的延长线重合；当基准要素是轴线或中心平面时，则基准符号中的细实线应与尺寸线对齐
	⌯ 0.2 A	表示两ϕ10H8孔的中心平面相对基准*A*（零件左右方向的对称中心面）的对称度为0.2	

（续）

项目	代号	含义	说明
位置公差	// 0.03 B	表示零件的顶面相对于基准 B（零件的底面）的平行度为0.03	当被测要素为轴线或中心平面时，则带箭头的指引线应为与尺寸线的延长线重合；当基准要素是轴线或中心平面时，则基准符号中的细实线应与尺寸线对齐
	⊥ 0.05 B	零件的右侧面相对于基准 B（零件的底面）的垂直度为0.05	
表面粗糙度	√Ra 1.6	两 ϕ10H8 孔的表面粗糙度要求达到√Ra 1.6	表面粗糙度代号说明了零件上每个表面微观不平的程度。代号中所标注的数值越大，表面越粗糙
	√Ra 3.2	表示除图中标注的以外，其余各表面的粗糙度都达到√Ra 3.2	
	○√	表面用不去除材料的方法获得	

通过以上各项内容综合起来就能够对这个零件建立起一个完整的立体概念。

（2）识读底板零件图（见图2-10）

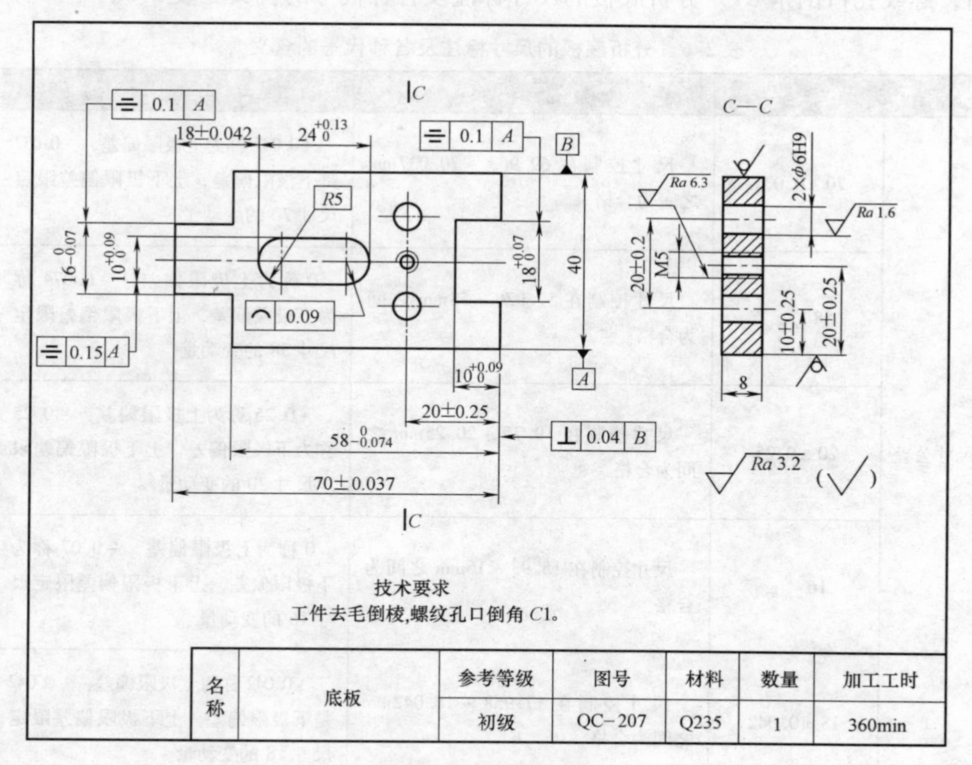

图 2-10 底板零件图

识图的方法及步骤与燕尾板基本相同，概括了解从图中的标题栏可知，该零件是底板，材料是Q235，数量是1件，大致形状为具有一个腰形槽，凸凹肩台、两个通孔和一个螺孔的板形零件。

1）分析表达方法：该零件较简单，所以选用了一个主视图和一个剖视图来表达。

2）分析形体，想象零件的结构形状，该零件的大致形状是一个厚度为8mm的长方形底板。底板上有以上下方向的对称面为基准对称分布的两个孔，上下方向的对称面上有一个螺孔和一个腰形槽。底板立体图如图2-11所示。

图2-11　底板立体图

3）分析尺寸和技术要求：零件长度主要尺寸基准为右侧表面。高度的尺寸基准为板料上下方向的对称面。各方向的主要尺寸为70±0.037、58、16、20±0.25、18±0.042、18×10、10×24、20±0.2、10±0.25等。这些尺寸一般从主要基准直接注出，两通孔有公差要求，据其表面粗糙度要求需用铰削方法获得。通过技术要求可知，零件须去毛刺倒棱角，螺纹孔口倒角*C*1。分析底板的尺寸标注及各种代号的含义见表2-6。

表2-6　分析底板的尺寸标注及各种代号的含义

项　目	代　号	含　义	说　明
尺寸公差	70±0.037	尺寸控制在69.963～70.037mm之间为合格	+0.037称为上极限偏差，－0.037是下极限偏差，上下极限偏差限定尺寸70的变动量
	$58^{\ 0}_{-0.074}$	尺寸控制在57.926～58mm之间为合格	0称为上极限偏差，－0.074称为下极限偏差，上下极限偏差限定尺寸58的变动量
	20±0.25	尺寸控制在19.75～20.25mm之间为合格	+0.25称为上极限偏差，－0.25称为下极限偏差，上下极限偏差限定尺寸20的变动量
	$16^{\ 0}_{-0.07}$	尺寸控制在15.93～16mm之间为合格	0称为上极限偏差，－0.07称为下极限偏差，上下极限偏差限定尺寸16的变动量
	18±0.042	尺寸控制在17.958～18.042mm之间为合格	+0.042称为上极限偏差，－0.042是下极限偏差，上下极限偏差限定尺寸18的变动量

（续）

项目	代号	含义	说明
尺寸公差	10 ±0.25	尺寸控制在9.75～10.25mm之间为合格	+0.25称为上极限偏差，－0.25是下极限偏差，上下极限偏差限定尺寸10的变动量
	$18^{+0.07}_{0}$	尺寸控制在18～18.07mm之间为合格	+0.07称为上极限偏差，0是下极限偏差，上下极限偏差限定尺寸18的变动量
	$10^{+0.09}_{0}$	尺寸控制在10～10.09mm之间为合格	+0.09称为上极限偏差，0是下极限偏差，上下极限偏差限定尺寸10的变动量
	$24^{+0.13}_{0}$	尺寸控制在24～24.13mm之间为合格	+0.13称为上极限偏差，0是下极限偏差，上下极限偏差限定尺寸24的变动量
	20 ±0.2	尺寸控制在19.8～20.2mm之间为合格	+0.2称为上极限偏差，－0.2是下极限偏差，上下极限偏差限定尺寸20的变动量
位置公差	⌒ 0.09	腰形槽R5表面线轮廓度为0.09	当被测要素为轴线或中心平面时，则带箭头的指引线应与尺寸线的延长线重合；当基准要素是轴线或中心平面时，则基准符号中的细实线应与尺寸线对齐
	⌯ 0.15 A	腰形槽中心平面相对基准A（零件上下方向的对称中心面）的对称度为0.15	
	⌯ 0.1 A	表示槽18×10槽中心平面相对基准A的对称度为0.1	
	⌯ 0.1 A	表示零件的凸台相对于基准A的对称度为0.1	
	⊥ 0.04 B	零件的右侧面相对于基准B（零件的顶面）的垂直度为0.04	
表面粗糙度	$\sqrt{Ra\ 1.6}$	两ϕ6H9孔的表面粗糙度要求达到$\sqrt{Ra\ 1.6}$	表面粗糙度代号说明了零件上每个表面微观不平的程度。代号中所标注的数值越大，表面越粗糙
	$\sqrt{Ra\ 6.3}$	螺纹M5的表面粗糙度要求达到$\sqrt{Ra\ 6.3}$	
	$\sqrt{Ra\ 3.2}$	表示除图中标注的以外，其余各表面的粗糙度都达到$\sqrt{Ra\ 3.2}$	
	○√	表面用不去除材料的方法获得	

将上述各项内容综合起来，就能够对底板零件建立起一个完整的总体概念。

3. 加工工艺的确定

对加工图样综合分析后，制定加工工艺、加工工步、准备加工所需的工具。用上述的燕尾板、底板为例，看看分析视图后还需要做哪些工作。

（1）燕尾板　分析燕尾板的视图后，还要了解加工工艺，掌握零件加工的步骤，加工和测量方法，提高锉、锯及钻、铰孔的技能和质量意识。

1）准备所需的工具、量具、刃具见表2-7。

表2-7　制作燕尾板所需的工具、量具、刃具

名称	规格	数量	名称	规格	数量
高度游标卡尺	0~300	1	测量棒	$\phi10\times15$	1
游标卡尺	0~150	1	塞规	$\phi10$	1
外径千分尺	25~50、50~75	各1	麻花钻	$\phi3$、$\phi6$、$\phi9.8$、$\phi12$	各1
万能角度尺	0°~320°	1	手用直铰刀	$\phi10$	1
90°角尺	100×63	1	铰杠		1
锯弓		1	划针		1
锯条		若干	粗扁锉、中扁锉、细扁锉、粗三角锉、细三角锉	150~250	各1
钢直尺	150	1			
锤子		1	软钳口		1副
样冲		1	锉刀刷		1
刀口形直尺	100	1	毛刷		1

2）燕尾板的坯料已铣削了四个表面（上下两表面、两个侧面），上下两表面（厚度表面）不需要钳工加工，铣削的两垂直侧面是作为钳工划线的基准，如图2-12所示。

3）燕尾板加工后的检测评分表见表2-8。

表2-8　燕尾板加工后的检测评分表

项目	序号	考核要求	配分	评分标准	检测结果	得分
锉削	1	$60^{\ 0}_{-0.046}$	8	超差全扣		
	2	$15^{+0.043}_{\ 0}$　（3处）	18	超差1处扣6分		
	3	24±0.065	10	超差全扣		
	4	36±0.08	8	超差全扣		
	5	60°±6′　（3处）	12	超差1处扣4分		
	6	∥ 0.03 B	4	超差全扣		

（续）

项目	序号	考核要求	配分	评分标准	检测结果	得分
锉削	7	⊥ 0.05 B	3	超差全扣		
	8	⌯ 0.1 A	8	超差全扣		
	9	$Re \leq 3.2\mu m$　（10处）	10	超差1处扣1分		
铰削	10	$\phi 10H8$　（2处）	4	超差1处扣2分		
	11	36 ± 0.2	6	超差全扣		
	12	⌯ 0.2 A	6	超差全扣		
	13	$Ra \leq 1.6\mu m$　（2处）	3	超差1处扣1.5分		
其他	14	安全文明生产	违者酌情扣1～10分			

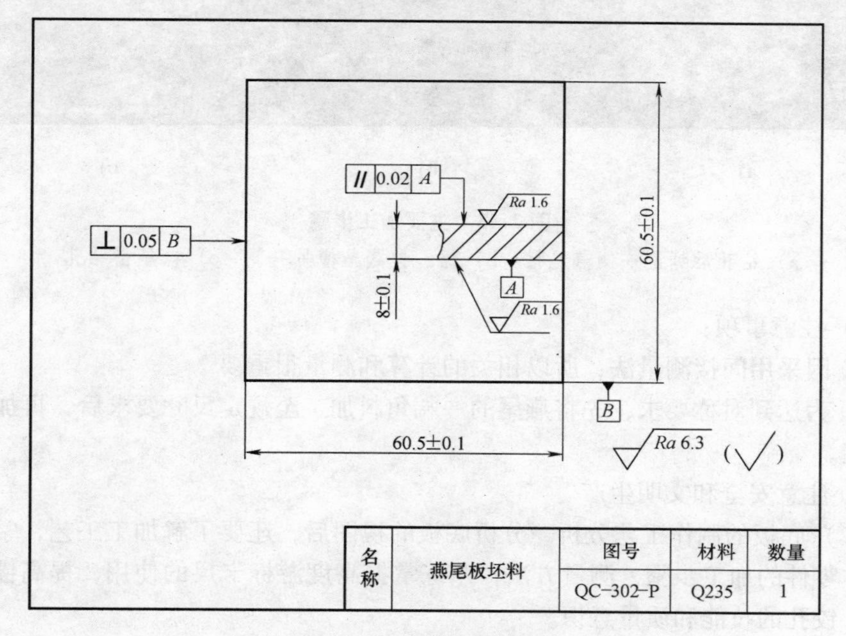

图2-12　燕尾板坯料图

4）主要加工步骤：

① 检查坯料情况，作必要修整。

② 锉削外形尺寸60，达到尺寸和形位公差要求。

③ 按对称形体划线方法划出上燕尾加工位置线，同时划出下燕尾加工线。

④ 钻 $\phi 3$ 工艺孔。

⑤ 锯、锉加工下方左侧60°角，用圆柱间接测量法控制尺寸（36 ± 0.08）mm，达到要求。

⑥ 锯、锉上方对称燕尾一侧60°角，用同样的方法控制燕尾位置，如图2-13a所示。

⑦ 锯、锉另一侧60°角，用两圆柱测量控制尺寸（24 ±0.065）mm，如图2-13b所示。

⑧ 划线、钻、铰2 ×ϕ10H8孔，如图2-13c所示。

⑨ 去毛刺，复检全部精度。

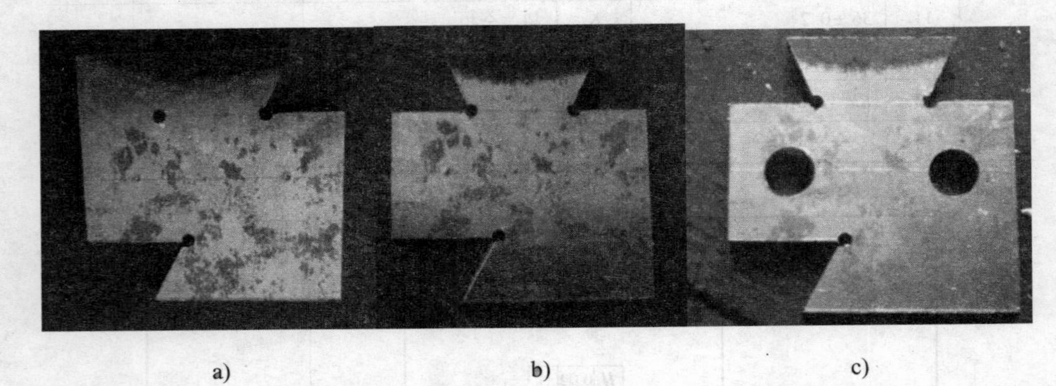

a)　　b)　　c)

图2-13　主要加工步骤

a）钻孔后锯割一侧燕尾槽　b）锯、锉燕尾槽另一侧　c）燕尾槽钻孔

5）注意事项：

① 因采用间接测量法，所以相关的计算和测量很重要。

② 为达到对称要求，先将燕尾的一端角料加工至规定尺寸要求后，再加工另外一端。

③ 注意安全和文明生产。

（2）底板的制作工艺分析　分析底板的视图后，还要了解加工工艺，掌握对称形体零件的加工步骤，测量方法，熟练掌握高度游标卡尺的使用，提高锉、锯及钻、铰孔的技能和质量意识。

1）准备所需的工具、量具、刃具见表2-9。

表2-9　制作底板所需的工具、量具、刃具

名　称	规　格	数量	名　称	规　格	数量
高度游标卡尺	0 ~ 300	1	半径样板	$R7 \sim R14.5$	1
游标卡尺	0 ~ 150	1	光面塞规	ϕ6	1
外径千分尺	0 ~ 25、25 ~ 50、50 ~ 75	各1	麻花钻	ϕ4.2、ϕ5.8、ϕ9.5	各1
90°角尺	100 ×63	1	手用直铰刀	ϕ6	1
刀口形直尺	100	1	铰杠		1

（续）

名　称	规　格	数量	名　称	规　格	数量
锯弓		1	狭錾		
锯条		若干	粗扁锉、中扁锉、细扁锉、中圆锉、整形锉（套）	150～250	各1
钢直尺	150	1			
锤子		1			
样冲		1	软钳口		1副
划针		1	锉刀刷		1
划规		1	毛刷		1

2）底板已铣削了四个表面（上下两表面、两个侧面），上下两表面（厚度表面）不需要钳工加工，铣削的两垂直侧面是作为钳工划线的基准，底板的坯料图，如图2-14所示。

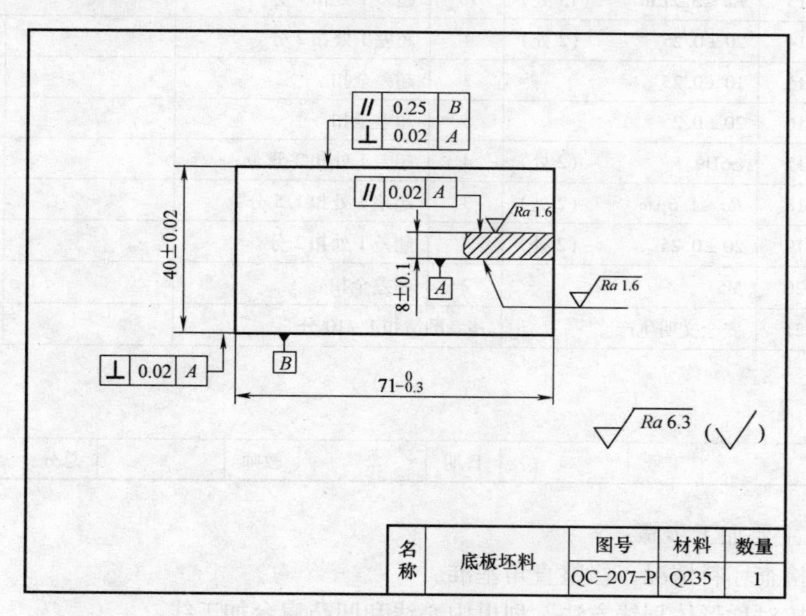

图2-14　底板的坯料图

3）底板加工后的检测评分表见表2-10。

表2-10　底板加工后的检测评分表

项目	序号	考核要求	配分	评分标准	检测结果	得分
锉削	1	70 ±0.037	4	超差全扣		
	2	$16_{-0.07}^{\ 0}$	4	超差全扣		

（续）

项目	序号	考核要求	配分	评分标准	检测结果	得分
锉削	3	$58_{-0.074}^{0}$ （2 处）	6	超差 1 处扣 3 分		
	4	⌯ 0.1 A （2 处）	10	超差 1 处扣 5 分		
	5	18 ±0.042	3	超差全扣		
	6	$24_{0}^{+0.13}$	4	超差全扣		
	7	$10_{0}^{+0.09}$	5	超差全扣		
	8	⌒ 0.09 （2 处）	8	超差 1 处扣 4 分		
	9	⌯ 0.15 A	5	超差全扣		
	10	$18_{0}^{+0.07}$	5	超差全扣		
	11	$10_{0}^{+0.09}$	5	超差全扣		
	12	⊥ 0.04 B	4	超差全扣		
	13	$Ra \leq 3.2\mu m$ （13 处）	13	超差 1 处扣 1 分		
铰削	14	20 ±0.25 （2 处）	4	超差 1 处扣 2 分		
	15	10 ±0.25	2	超差全扣		
	16	20 ±0.2	5	超差全扣		
	17	ϕ6H9 （2 处）	4	超差 1 处扣 2 分		
	18	$Ra \leq 1.6\mu m$ （2 处）	3	超差 1 处扣 1.5 分		
攻螺纹	19	20 ±0.25 （2 处）	4	超差 1 处扣 2 分		
	20	M5	2	超差全扣		
其他	21	安全文明生产	违者酌情扣 1 ~ 10 分			
备注						

姓名		工号		日期		教师		总分	

4）主要加工步骤：

① 检查坯料情况，修整直角基准。

② 按对称形体划线方法，划出中心线和凹凸肩台加工线。

③ 加工外形尺寸 70，达到图样要求。

④ 按对称形体的加工方法分别加工左侧凸台和右侧凹槽，如图 2-15 所示。

⑤ 划出腰形孔与 2 × ϕ6 孔、M5 螺孔的加工线。

⑥ 钻排孔去除余料，锉削加工腰形孔达到图样要求，如图 2-16 所示。

⑦ 钻、铰 2 × ϕ6 孔及攻螺纹，达到图样要求。

⑧ 去毛刺，全面复检。

图2-15 加工凸台及凹槽

图2-16 锉削加工腰形孔

5）注意事项：

① 注意学会有关凸凹肩对称度要求的控制和测量技术。

② 加工腰形孔时，应注意保证圆弧与平面相切，学会控制相关尺寸、形状及位置精度误差的加工技术。

③ 学会表面粗糙度的目测检验要领。

④ 注意安全生产和文明生产。

项目5 钳工划线常识

1. 划线定义

依据图样或实物的尺寸，在毛坯或工件上，用划线工具划出加工轮廓线和点的操作叫划线。

2. 划线种类

（1）平面划线 在一个平面上划线即能满足加工要求的，称为平面划线。

（2）立体划线 在工件几个不同方向的表面上划线才能满足加工要求的，称为立体划线。单件及中小批量生产中的铸、锻件毛坯和形状较复杂的零件；焊接后的大型机座、箱体类工件（焊接后会存在变形，因此预留了加工余量），在切削加工前通常均需要划线。

3. 划线的作用

1）确定工件上各加工面的加工位置和加工余量。

2）可以全面检查毛坯的形状和尺寸是否满足加工要求。

3）坯料上的某些缺陷，可以通过划线时的“借料”方法，起一定的补救作用。

4）若在板料上划线下料，可合理安排和节约使用材料。

4. 划线设备及工具的作用（见表 2-11）

表 2-11　钳工常见的划线工具

名称	图　例	使用常识	使用注意事项
划线平台		划线平台是用来放置需要划线的工件及划线工具，在平台上完成对工件表面的划线过程	1）保持工作面清洁，防止铁屑、沙粒等划伤平台表面 2）平台的工作面要均匀使用，以免局部磨损 3）平台在使用时严禁撞击和用锤敲 4）划线结束后要把平台表面擦净，上油防锈
划线方箱		方箱通常带有 V 形槽并附有夹持装置，用于夹持尺寸较小且加工面较多的工件。通过翻转方箱，能实现一次安装后在几个表面划线的工作	划线方箱主要用于零部件的平行度、垂直度等的检验和划线。方箱是用铸铁或钢材制成的具体 6 个工作面的空腔正方体。各工作面不能有锈迹、划痕、裂纹、凹陷以及影响计量性能的其他缺陷。非工作面应清砂涂漆，棱边倒角
V 形铁		V 形铁主要用于安放轴、套筒等圆形工件，以确定中心并划出中心线	材料为灰口铸铁，应用广泛。用于轴类零件的检验、校正、划线。还可用于检验工件的垂直度、平行度
千斤顶	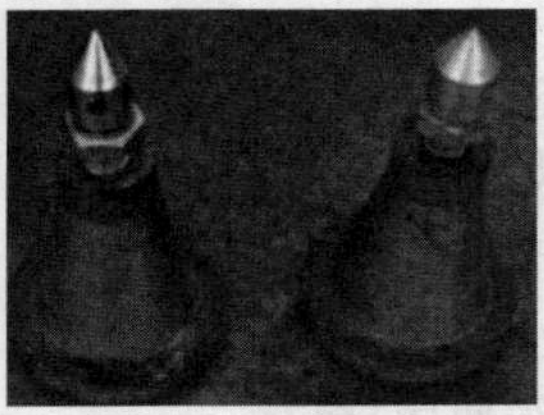	千斤顶有机械顶和液压顶用于支撑较大的或形状不规则的工件，常三个一组使用，其高度可以调节，便于找正	用于对工件的支撑，进行划线或车削加工

（续）

名称	图例	使用常识	使用注意事项
划针		划针一般用弹簧钢或高速钢制成，尖端磨成10°～20°的尖角，经淬火＋回火处理，划针与钢直尺配合使用，用来在工件的表面划线条	1）划线时，针尖要紧靠导向工具的边缘，上部向外侧倾15°～20°的同时，向划线移动方向倾45°～75°角 2）针尖要保持尖锐，划线要尽量一次完成 3）划针不使用时，应按规定妥善放置，以免扎伤自己或造成针尖损坏
划线盘		划线盘用于在划线平台上对工件进行划线或找正工件的位置。使用时一般用划针的直头端划线，弯头端用于对工件的找正	1）划线时，划针应尽量处于水平位置，伸出的部分尽量短些 2）划线盘移动时，底部始终要与划线平台表面贴紧 3）划针沿划线方向与工件划线表面之间保持夹角45°～75°角 4）划线盘用完后，应使划针处于直立状态
划规		用于划圆和圆弧线、等分线段、作垂线、量取尺寸等	1）划规脚应保持尖锐，以保证划出的线条清晰 2）用划规划圆时，作为旋转中心的一脚应加较大的压力，另一脚以较轻的压力在工件的表面上划出圆或圆弧
样冲		用于在工件所划线条上打出样冲眼（弧坑），作为加强界限标志线（检验线）、划圆弧或钻孔时的定位中心	1）冲点时，先将样冲外倾使其尖端对准线的正中，然后再将样冲立直，冲点 2）样冲眼要打在线上，且间距要均匀；在曲线上冲点时，两点间的距离要短些，在直线上的冲点距离可长些，但短直线至少有三个冲点，在线段交叉、转折处必须冲点 3）样冲眼的深浅要适当，薄工件或光滑表面样冲眼要浅，孔的中心或粗糙表面的样冲眼要深些

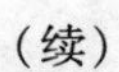
（续）

名称	图　例	使用常识	使用注意事项
高度游标卡尺		高度游标卡尺是精密的量具及划线的工具，它可用来测量高度尺寸，其量爪可直接划线	1）一般限于半成品的划线，若在毛坯上划线，容易损坏其硬质合金的划线脚 2）使用时，应使量爪垂直于工件表面并一次划出，而不能用量爪的两侧尖划线，以免侧尖磨损，降低划线精度
地规		用于大型工件的划线、划圆和圆弧线	计算待划线的尺寸，调整好地规脚的开度，且两脚要位于同一平面内

5. 熟练掌握常用的作图类型（见表2-12～表2-16）

表2-12　平行线与垂直线

类型	作图条件与要求	图　形	作图步骤与方法
平行线的画法	作与已知线段AB相距为d的平行线		1）在AB上任取两点为圆心，以d为半径，作两圆弧 2）作两圆弧的切线CD，则$CD/\!/AB$ 注意：两圆心的距离不宜太近
	过P点作与已知线段AB的平行线		1）以P为圆心，R_1为半径作弧交AB于E点（R_1大于P到AB的距离） 2）以E为圆心，R_1为半径作弧交AB于F点 3）以F为圆心，EP为半径作弧交于G点 4）连接PG，则$PG/\!/AB$

（续）

类型	作图条件与要求	图形	作图步骤与方法
垂直线的画法	作过AB上一点P的垂线	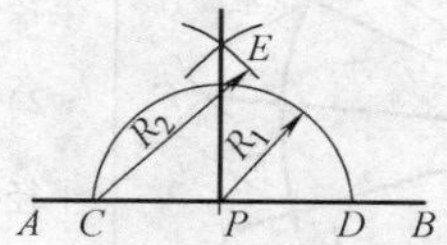 E, R_2, R_1, A, C, P, D, B	1）以P为圆心，适当长度R_1为半径作弧分别交AB于C、D两点 2）分别以C、D为圆心，R_2（$R_2>R_1$）为半径作弧交于E点 3）连接PE，则$PE\perp AB$
	过P点作与已知线段AB的垂线	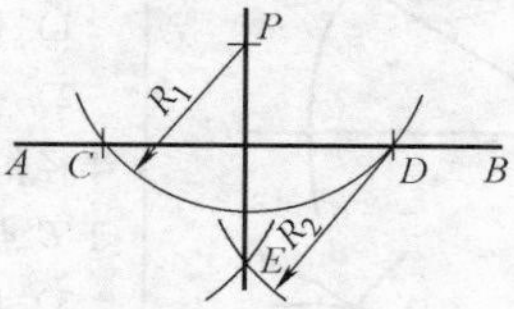 P, R_1, A, C, D, B, R_2, E	1）以P为圆心，适当长度R_1为半径作弧分别交AB于C、D两点 2）分别以C、D为圆心，R_2（$R_2>R_1$）为半径作弧交于E点 3）连接PE，则$PE\perp AB$
	作过AB上一端点B的垂线	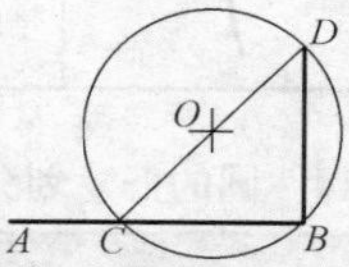 D, O, A, C, B	1）任取线外一点O，并以O为圆心，取$R=OB$为半径作弧交AB于C点 2）连接CO并延长，交圆弧于D点 3）连接BD，则$BD\perp AB$

表2-13 线段及角的等分

类型	作图条件与要求	图形	作图步骤与方法
线段的等分	作线段AB的二等分	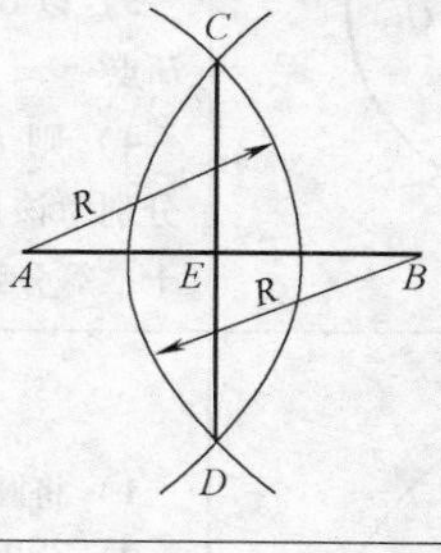 C, R, A, E, R, B, D	1）分别以A、B为圆心，以$R>\frac{1}{2}AB$为半径作弧，两圆弧相交C、D点 2）连接CD，CD交AB于E点，则E点为AB的二等分点
	作线段AB的任意等分（图例为五等分）	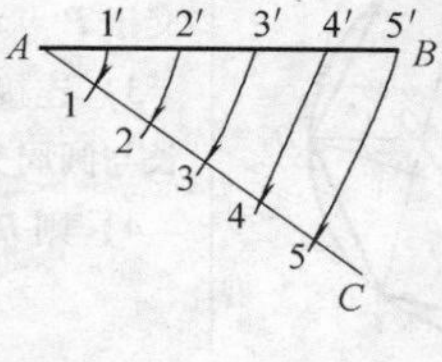 A, 1′, 2′, 3′, 4′, 5′, B, 1, 2, 3, 4, 5, C	1）过AB的一端点A作辅助线AC 2）从A点开始，在AC上截取等距点1、2、3、4、5 3）连接B5，再分别过4、3、2、1点作B5的平行线，分别交AB于4′、3′、2′、1′，则1′、2′、3′、4′为AB的五等分点

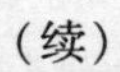
（续）

类型	作图条件与要求	图　　形	作图步骤与方法
角度的等分	作∠ABC的二等分		1）以角顶点B为圆心，适当长度R_1为半径作弧交BA、BC于D、E点 2）分别以D、E为圆心，$R_2>\frac{1}{2}DE$为半径作弧交于F点 3）连接BF，则BF将∠ABC二等分
作已知角	作与已知角∠ABC相等的角		1）作一直线B′C′ 2）分别以B、B′为圆心，适当长R为半径作弧，交∠ABC于D、E点，交B′C′于E′点 3）以E′为圆心，DE为半径作弧，交弧于D′点 4）连接B′D′，则∠A′B′C′=∠ABC

表2-14　圆的任意划分

作图条件与要求	图　　形	作图步骤与方法
将圆三、四、五、六、七、十、十二等分，即作圆的内三角形、四边形、五边形、六边形、七边形、十边形、十二边形		1）过圆心O作两条相互垂直的直径线AB、CD 2）以B为圆心、圆的半径R为半径作弧交圆周于E、F点，连接EF并交AB于G点 3）以G为圆心，GC为半径作弧交AB于H点 4）则EF、BC、CH、BO、EG、HO、CE分别为该圆周的三、四、五、六、七、十、十二等分弦长
将圆任意等分（图中为七等分）即作圆内接七边形		1）将圆的直径AB七等分 2）分别以A、B为圆心，AB为半径作弧交于P点 3）连接P和直径的偶数等分点2′，并延长与圆周交于C点 4）则BC为该圆周的七等分弦长

（续）

作图条件与要求	图形	作图步骤与方法
将半圆弧任意等分（图中为五等分）	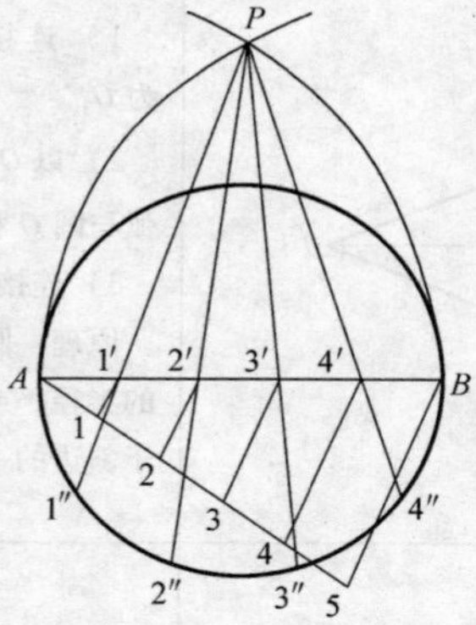	1）将直径 AB 五等分 2）分别以 A、B 为圆心，AB 为半径作弧交于 P 点 3）分别连接 $P1'$、$P2'$、$P3'$，$P4'$，并延长与圆弧交于 $1''$、$2''$、$3''$、$4''$点，即为半圆弧的五等分点

表 2-15　正多边形的画法

作图条件与要求	图形	作图步骤与方法
已知一边长 AB，作正五边形	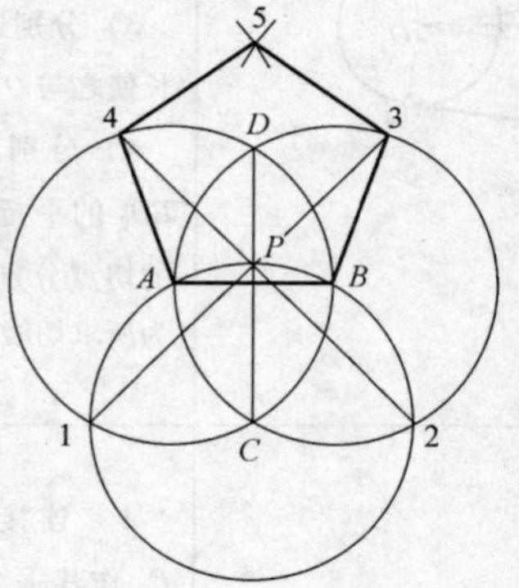	1）分别以 A、B 为圆心，以 AB 为半径做两圆相交于 C、D 两点 2）以 C 为圆心，同样长度为半径作圆，分别交 A 圆于点 1，B 圆于点 2 3）连接 CD 交 C 圆于 P 点，分别连接 $1P$ 并延长交 B 圆于点 3、连接 $2P$ 并延长交 A 圆于点 4 4）分别以 3、4 为圆心，以 AB 长度为半径作弧交于点 5，则以上 A、B、3、4、5 点即为正五边形的顶点
已知一边长 AB，作正六边形	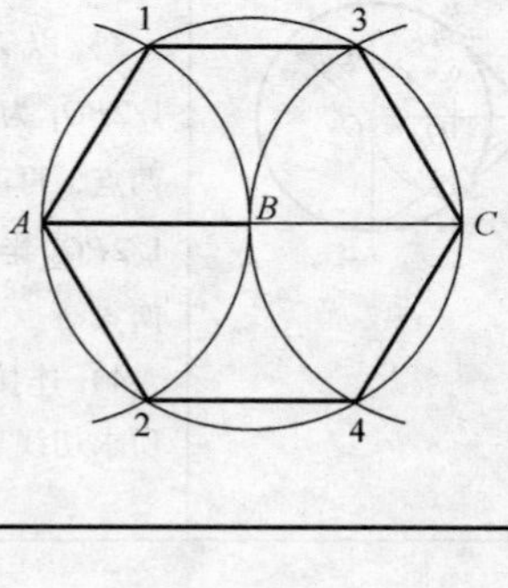	1）延长 A、B 到 C，使 $AB=BC$ 2）以 B 为圆心，AB 为半径作圆 3）分别以 A、C 为圆心，同样的长度为半径作弧，交圆周于 1、2、3、4 点 4）1、2、3、4 以及 A、C 点即为正六边形的顶点

表 2-16　圆内外切线的画法

作图条件与要求	图　　形	作图步骤与方法
从圆外一点 P 作圆的切线		1）连接 OP，并取 OP 的中点为 O_1 2）以 O_1 为圆心，OO_1 为半径作弧与圆 O 相交于 1、2 两点 3）连接 $1P$、$2P$ 即为圆的切线 原理：圆的切线垂直于经过切点的半径，或 30°角所对的直角边等于斜边的一半
两圆的切线（外切）		1）以 O_1 为圆心，（R_1-R_2）为半径作圆 2）连接 O_1O_2，并以 O_1O_2 的中点 O 为圆心作弧与圆 O_1 得 A、B 两交点 3）分别连接 O_1A 和 O_1B，并延长使之与 O_1 相交于 1、2 两点 4）分别过 1、2 两点作 AO_2 和 BO_2 的平行线，且平行线与圆 O_2 的切点分别为 3、4，则 13、24 即为所求切线
两圆的切线（内切）		1）连接 O_1O_2，并分别过 O_1、O_2 作其垂线，与两圆相交得交点 A、B 2）连接 AB 并与 O_1O_2 交于 P 点 3）以 PO_1 的中心 O_3 为圆心，$1/2PO_1$ 为半径作弧交 O_1 圆于 1、2 两点，再以 PO_2 的中心 O_4 为圆心，$1/2PO_2$ 半径作弧交 O_2 圆于 3、4 两点 4）连接 1、4 点和 2、3 点即为所求切线

（续）

作图条件与要求	图形	作图步骤与方法
用半径为 R 的圆弧连接半径为 R_1 的圆弧和一条直线 AB		1）在欲与圆弧相交的一侧作 AB 的平行线，距离为 R 2）以 O_1 为圆心，$R+R_1$ 为半径作弧与平行线相交于 O 点 3）过 O 点先作 AB 的垂线并与 AB 相交于点1，再连接 O、O_1 并与圆弧相交于点2 4）以 O 为圆心，R 为半径作弧连接1、2点，即得所求圆弧
用半径为 R 的圆弧连接两个半径分别为 R_1、R_2 圆弧（内外切）		1）分别以 O_1 和 O_2 为圆心，$R+R_1$ 和 $R-R_2$ 为半径作弧相交于 O 点 2）分别连接 O、O_1 和 O、O_2 并得交点1、2 3）以 O 为圆心，R 为半径作弧连接1、2点即得所求圆
用半径为 R 的圆弧连接两个半径分别为 R_1、R_2 的圆弧（内切）		1）分别以 O_1 和 O_2 为圆心，$R-R_1$ 和 $R-R_2$ 为半径作弧相交于 O 点 2）分别连接 O、O_1 和 O、O_2 并延长得交点1、2 3）以 O 为圆心，R 为半径作弧连接1、2点即得所求圆弧
用半径为 R 的圆弧连接两个半径分别为 R_1、R_2 的圆弧（外切）		1）分别以 O_1 和 O_2 为圆心，$R+R_1$ 和 $R+R_2$ 为半径作弧相交于 O 点 2）分别连接 O、O_1 和 O、O_2 并得交点1、2 3）以 O 为圆心，R 为半径作弧连接1、2点即得所求圆弧

（续）

作图条件与要求	图　形	作图步骤与方法
已知一边长 AB，作正七边形（或九边形、五边形）	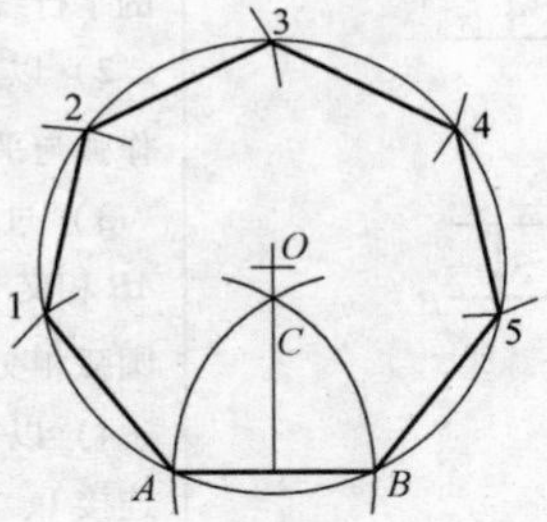	1）分别以 A、B 为圆心，AB 为半径作弧并交于 C 点 2）过 C 作 AB 的垂线 3）在 C 点上方取一点 O，使 $CO=1/6AB$，若作九边形，应使 $CO=1/2AB$，若作五边形，应在 C 点下方取一点 O，并使 $CO=1/6AB$ 4）以 O 为圆心，OA 为半径划圆 5）以 AB 长度为弧长在圆周上截取等分点，并连接各点，即为正七边形
用半径为 R 的圆弧连接两直线	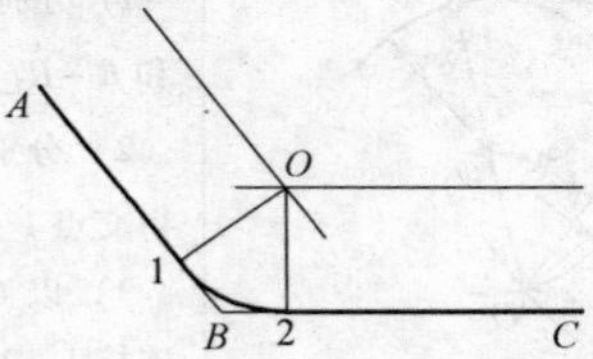 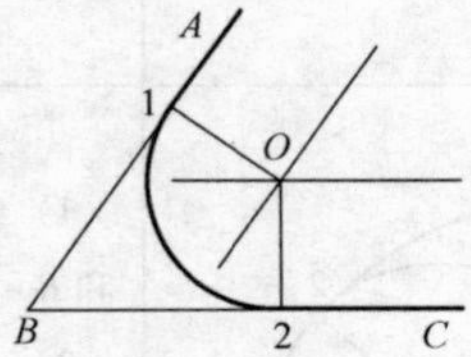	1）分别在两直线角内侧（<180°）作距离为 R 的平行线，两线相交于 O 点 2）过 O 点分别作两直线的垂线，并相交于 1、2 点 3）以 O 为圆心，R 为半径作弧连接 1、2 点即得所求圆弧

• 项目 6　钢材的表示方法 •

几种主要钢材的名称、形状和尺寸的表示方法见表 2-17。

表 2-17　几种主要钢材的名称、形状和尺寸的表示方法

序号	名　称	形　状	尺寸表示方法
1	钢板	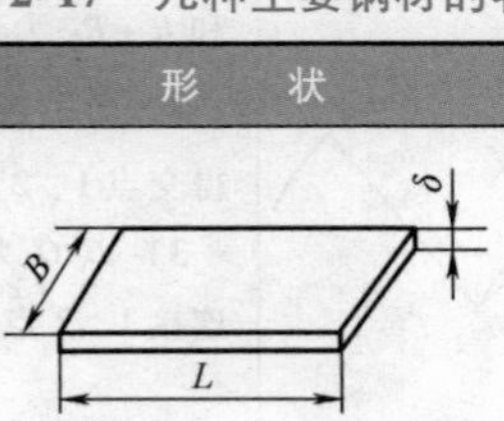	$\delta \times B \times L$（热轧）　冷 $\delta \times B \times L$（冷轧） 例：钢板 10mm × 1000mm × 1200mm 表示厚度为 10mm，宽度为 1000mm，长度为 1200mm

（续）

序号	名　　称	形　　状	尺寸表示方法
2	钢管	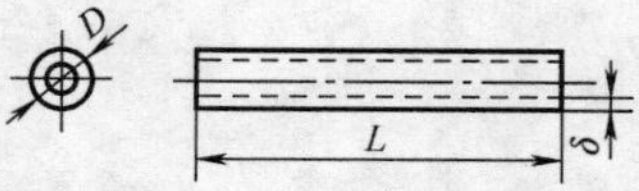	管 $\phi D\times\delta\times L$（热轧）冷管 $\phi D\times\delta\times L$ 煤气管 $\phi D\times\delta\times L$ 例：管 ϕ30mm × 2mm × 5000mm 表示外径为 30mm，壁厚为 2mm，长度为 5000mm
3	圆钢		圆钢 $d\times L$ 例：圆钢 300mm × 2000mm 表示外径为 300mm，长度为 2000mm
4	方钢	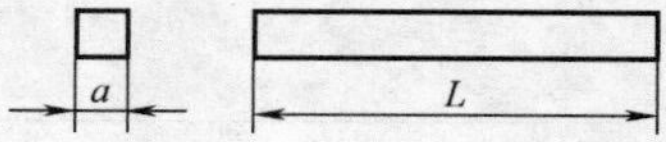	方钢 $a\times L$ 例：方钢 100mm × 500mm 表示边长为 100mm，长度为 500mm
5	六角钢	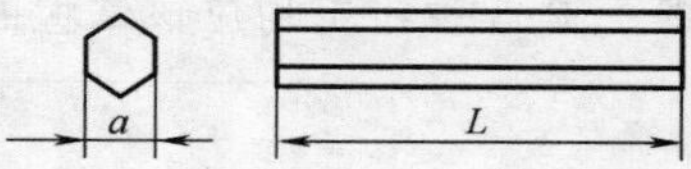	六角钢 $a\times L$ 例：六角钢 80mm × 500mm 表示两平行表面间距离为 80mm，长度为 500mm
6	扁钢	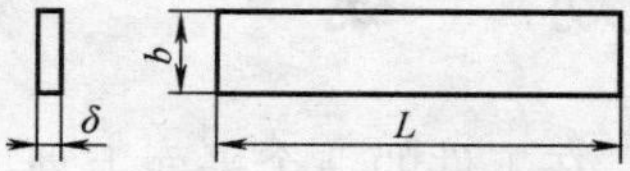	扁钢 $\delta\times b\times L$ 例：扁钢与钢板的标记方法相同
7	角钢		∟ $b\times b\times d-L$（等边）∟ $B\times b\times d-L$（不等边） 例：∟50mm × 50mm × 5mm – 2000mm 表示角钢的边长为 50mm，厚度为 5mm，长度为 2000mm
8	槽钢	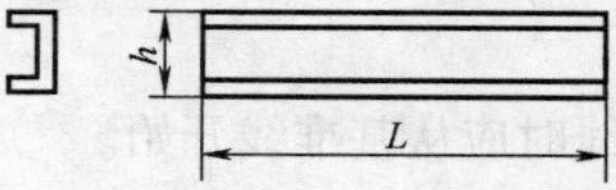	⊏ h-L 例：⊏10-3000 表示槽钢的高度为 100mm，长度为 3000mm
9	工字钢	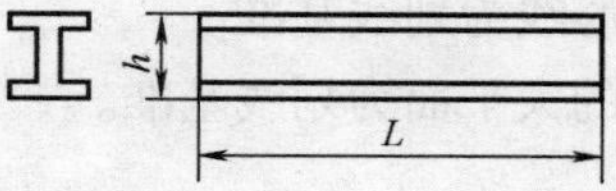	Ⅰ h-L 例：Ⅰ10-3000 表示工字钢的高度为 100mm，长度为 3000mm

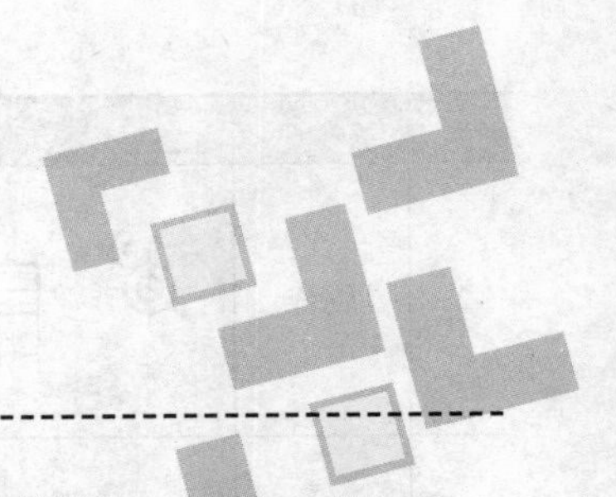

模块3

钳工操作的基本技能

阐述说明

划线、锯割、锉削、錾削、刮削等，是各种钳工均应该掌握的操作技能。

• 项目1　划　线 •

划线分为平面划线和立体划线两种，在工件的一个平面上划出加工界线，称为平面划线。在工件上几个互成不同角度（通常是互相垂直）的表面上划线，称为立体划线。

1. 划线基准及选择原则

1）划线基准：工件上用来确定其他的点、线、面位置而依据的点、线、面。

2）划线基准的选择原则：

① 划线基准应与设计基准一致，划线时应从基准线开始。

② 若工件表面上有已加工表面，以该表面为划线基准。

③ 若工件为毛坯，选取重要孔的中心线为划线基准。

④ 若毛坯上无重要孔，可选较平整的大平面为划线基准。

2. 三种划线基准

1）若零件有两个方向的尺寸，两个互相垂直的平面就是放样基准，每一方向的许多尺寸都是依据基准画出，如图 3-1a 所示。

2）零件两个方向的尺寸与中心线具有对称性，尺寸从两条中心线开始标注，则两条中心线就是这两个方向的放样基准，如图 3-1b 所示。

3）若零件高度方向的尺寸以底为依据，则底就是高度方向的划线基准，长度方向的尺寸对称于中心线，所以中心线是长度方向的放样基准，如图3-1c所示。

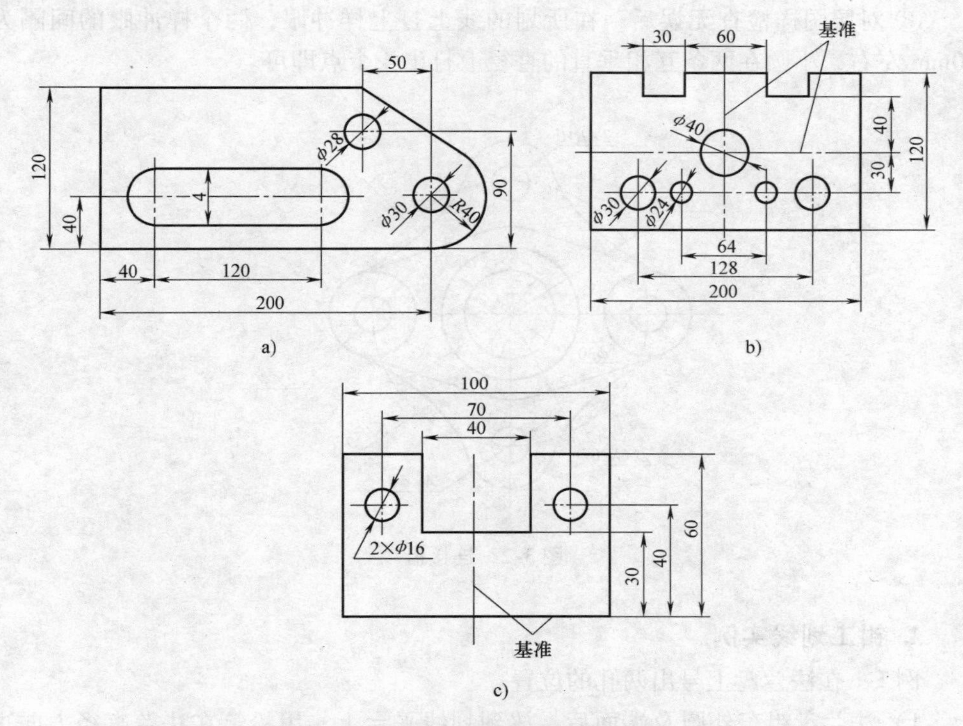

图3-1　三种类型放样基准

a）两个垂直的平面为基准　b）两条中心线为基准　c）以一个平面和一条中心线为基准

3. 连接盘划线练习

1）连接盘的划线图样，如图3-2所示。

2）划线过程：

① 分析图样尺寸、轮廓、划线基准。

② 准备划线工具，在工件的划线表面涂上白粘土。

③ 划出两条互相垂直的中心线，作为基准线。

④ 以两中心线的交点为圆心，打上样冲眼。用划规分别作 $\phi20$、$\phi30$ 的圆；作 $\phi60$ 的点画线圆，与基准线交于4个点；分别以这4个点为圆心作 $\phi8$ 圆，水平位置作 $\phi20$ 圆2个。

⑤ 以两中心线交点为圆心，划上下两段 $R20$ 的圆弧线，作4条切线分别与两个 $R20$ 圆弧线和 $\phi20$ 圆外切。

⑥ 在垂直位置上以 $\phi8$ 圆心为圆心，划两个 $R10$ 半圆。

⑦ 用 $2\times R40$ 圆弧外切连接 $R10$ 和 $2\times\phi20$ 圆弧，用 $2\times R30$ 圆弧外切连接 $R10$ 和 $2\times\phi20$ 圆弧。

⑧ 对照图样检查无误后，在所划的线上打上样冲眼，两个样冲眼的间隔为 30mm 左右，小圆在两条互相垂直的直径上打出 4 个点即可。

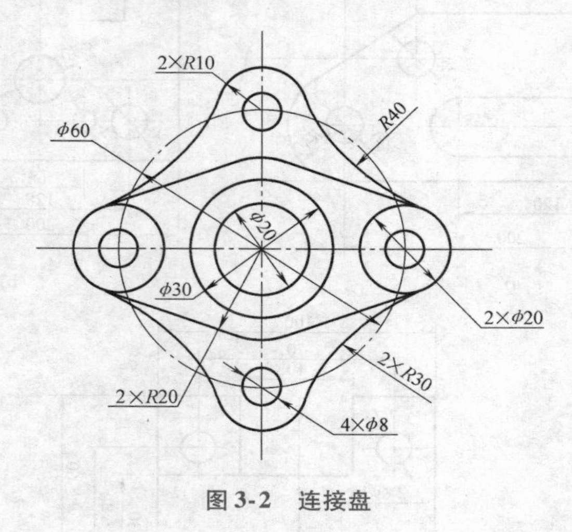

图 3-2　连接盘

4. 钳工划线实例

例 1　在法兰盘上号出两孔的位置。

1）法兰盘粗车外圆及端面后，放到划线平台上，用粉笔在法兰直径方向进行涂抹，这样使划出的线醒目、容易辨认，如图 3-3 所示。将划规的两脚张开到接近于法兰的中心，在中心附近划上圆弧，如图 3-4 所示。

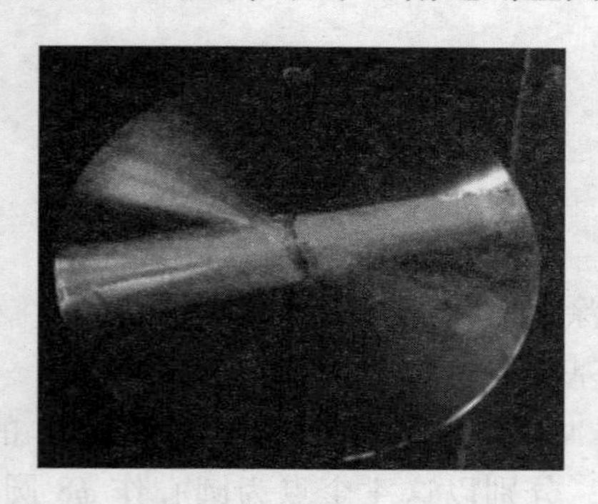

图 3-3　用粉笔沿直径方向涂抹法兰盘

图 3-4　在中心附近划上圆弧

2）旋转 180°同样画上圆弧。再转 90°、180°，法兰盘的中间就完成一个四边形，即“井”字。在这个过程中划规保持同样的开口，这时可以用目测来确

定“井”的中心（如果目测困难，则可调整划规的开口，按同样的顺序划一个比上次更小的“井”来定中心）。将“井”字各边的中点打上样冲眼，“井”字的中心打上样冲眼，“井”字的中心就是法兰盘的中心，如图3-5、图3-6所示。

图3-5 “井”的各边中点及中心打上样冲眼

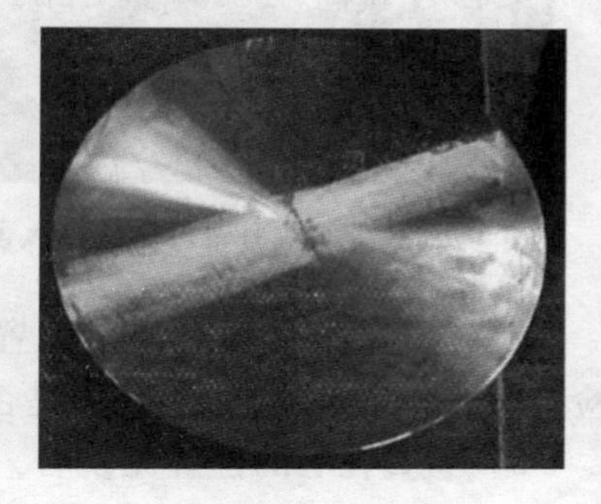

图3-6 法兰盘的中心（“井”中心）

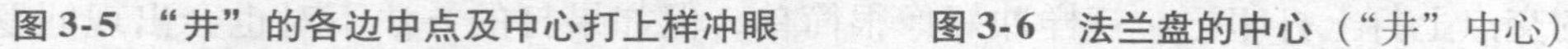

3）利用划针、钢直尺划出法兰的直径，如图3-7所示。

4）钢直尺的边缘压住半个样冲眼，这样划针所划的痕迹就会通过样冲眼。划针与法兰的表面成约60°角，针尖碰到钢直尺与工件的切点。如果角度过大，针尖容易离开钢直尺；角度太小，针尖不容易碰到钢直尺和工件，线就会变粗，如图3-8所示。

图3-7 用钢直尺和划针划出法兰直径

图3-8 正确使用划针

5）划规的一脚卡在中心的样冲眼中，另一脚沿外圆的边缘转动，检验一下法兰的直径，从而判断法兰的中心是否正确，如图3-9所示。

6）依据图样的加工要求，用钢直尺测量好划规的张开尺寸，划规的一脚插在法兰中心的样冲眼中，另一脚在直径上划出两处划痕，两划痕与先前划针所划的直径相交后得到两个交点，这两个交点就是两孔心的位置，如图3-10所示。

图 3-9　测量直径检测中心点

图 3-10　划出直径上两孔的位置

7）对划线后两孔心交点位置进行测量，看一看孔心的尺寸是否改变，这是检验划规的开度在划线过程中是否发生改变，如图 3-11 所示。

8）检查孔心的位置无误后，为了清楚地表示出孔心的位置，要用样冲在线的交点上打上打印记。打样冲好像很简单，但如果打的方法不对也会出现问题。关于样冲的打法，各个工厂有各自习惯的作法，常见的手法是用 5 个手指把住样冲，小拇指接触工件。无论怎样把持，目光都要看着样冲的前端，为了能看清楚，要让样冲从对面朝着你的方向竖立。把样冲的前端放在划好线的交点上，如图 3-12 所示。一定要和工件垂直，然后，先轻轻地敲打一下，移开样冲看看是否准确地打在交点上，如果没有问题，就再用力敲打一下，用力地敲打只能进行一次。

图 3-11　检验两孔心的位置

图 3-12　在孔心上打样冲眼

如果第一次轻打时位置偏了，没有对准交点位置，把样冲的前端放在打偏的印记中，方向指向正确的位置，朝那个方向修正后，再用力一回打好。

9）测量两个样冲眼锥坑中心间的距离，准备划出钻头开孔的位置，如图 3-13 所示。

10）在钢直尺上测量好划规的张开尺寸（钻头的直径），用划规划圆时，要将把持部分握得深一些，如果只用手指拿住把持部分，划线时划规就不稳定。划规时，先划上半圆，然后反转划规，从同一个起点划剩下的半圆。这样，就总是

用大拇指在转动划规的脚，如图 3-14 所示。

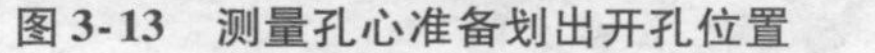

图 3-13　测量孔心准备划出开孔位置

图 3-14　在孔心上划出钻孔的直径

11）对划线的法兰进行检测，确定无误后，将法兰盘放置到待加工区，准备进行下序的钻孔加工，如图 3-15 所示。

例 2　在法兰盘上号出四孔的位置。

1）将待划线的法兰放置在划线平台上，法兰经过上序粗车外圆、端面、内孔。将其表面涂抹白粘土，这样会使划线的表面清晰，如图 3-16 所示。

图 3-15　划线后的法兰送到待加工区

图 3-16　待划线的法兰表面涂抹白粘土

2）待划线法兰的图样，如图 3-17 所示。要求 4 个 $\phi18$ 的孔均布在 $\phi125$ 的圆周上。

3）以外圆为基准，依据法兰的尺寸，调整好划规的开度，划 $\phi125$ 的圆。一手转动法兰，另一手持划规反方向转动。划规的外侧脚贴紧法兰的端面，内侧脚在法兰表面的白粘土上划出痕迹，要注意使两脚一直均匀、连续地相对于圆的中心移动，如图 3-18 所示。

4）划线后，用钢直尺检测 $\phi125$ 的圆周直径，如图 3-19 所示。

5）在所划的 $\phi125$ 圆周上任取一点打出样冲眼，作为划规支撑脚的中心，如图 3-20 所示。

6）$\phi125$ 的圆周，半径为 62.5mm，两条互相垂直的半径组成一个等腰直角三角形，按勾股定理可以算出斜边长度为 $62.5\times1.414=88.375$mm，用钢直尺量取划规的开度为88mm。划规的一脚插入样冲眼的弧坑中，以此为圆心，另一脚在 $\phi125$ 的圆周左右轻轻划痕（2处），如图3-21所示。再以第二个划痕点为圆心，划规的开度不变，继续在圆周上轻轻划痕（第三处），检查剩余的圆弧的弦长是否与圆规的开度相符，如图3-22所示。通常是剩余的弦长比圆规的开度大一点，这就需要微调圆规的开度重新轻轻地划痕（重复前面的操作），将各划痕点（3个）打上样冲眼，如图3-23所示。

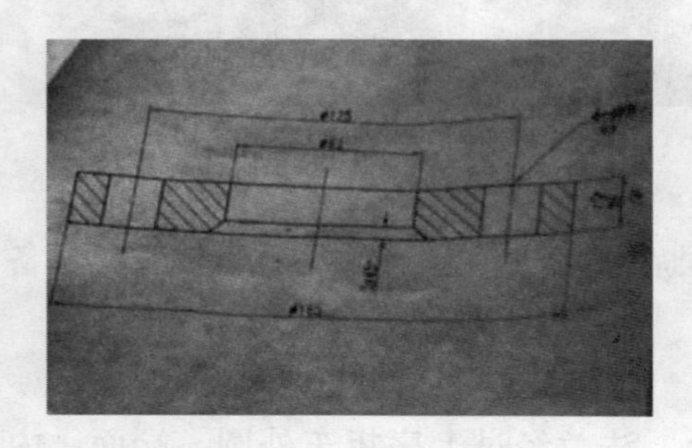

图3-17　待划线法兰的图样

图3-18　以外圆为基准划 $\phi125$ 的圆周

图3-19　检测 $\phi125$ 的圆周直径

图3-20　$\phi125$ 圆周上打出一个样冲眼

图3-21　以样冲眼为圆心作弧

图3-22　剩余的弦长要与圆规的开度相符

7）将划规的两脚尖开度调整到9mm，一脚插在样冲眼的弧坑中，另一脚在

法兰的端面上用力划痕，如图 3-24 所示。在法兰盘 $\phi 125$ 的圆周上共划出 4 个 $\phi 18$ 的圆。完成图样上 $4\times\phi 18$ 所钻圆孔的划线（号料）。

图 3-23　对划痕点打上样冲眼

图 3-24　在法兰盘的端面划出 $\phi 18$ 的圆

8）完成 $4\times\phi 18$ 所钻圆孔的号料后，用钢直尺检查相对两孔心之间的距离，这两者之间的连线就是圆周的一条直径，如图 3-25 所示。

9）检查 $\phi 125$ 的圆周的另一条直径，两条直径的尺寸相等，则说明两条直径互相垂直、四个 $\phi 18$ 的圆孔均布在 360°的圆周上，符合图样的要求，如图 3-26 所示。然后将法兰放置到待加工区，下序的操作人员对所划的 4 个 $\phi 18$ 圆周进行钻孔。

图 3-25　检测 $\phi 125$ 的圆周一条直径
（两个 $\phi 18$ 圆圆心间的距离）

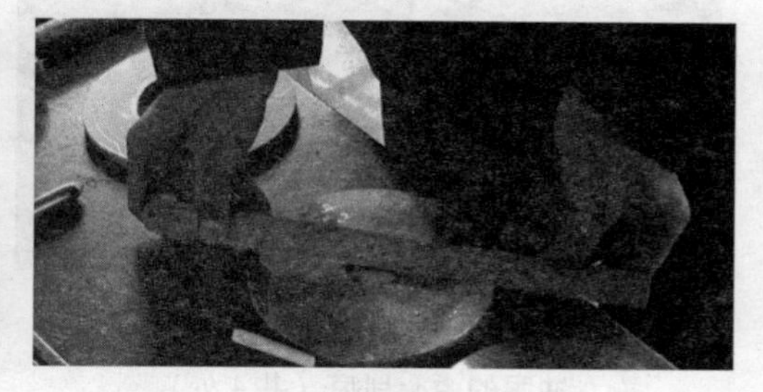

图 3-26　检测另一条直径
（两个 $\phi 18$ 圆圆心间的距离）

例 3　在法兰盘上号出四孔的位置（使用样板号孔）。

1）若需要号孔的法兰是定型产品（固定尺寸、孔径），数量大，则用样板对法兰划线。拿出以前制作的圆环样板，样板的外圆与法兰的外圆等径，样板上钻出四个小孔（法兰需要钻孔的孔心），将样板的外圆与法兰的外圆严密贴合，如图 3-27 所示。

2）用两块法兰分别压住样板的两边，防止样板发生移动，将样冲前端对准样板上的孔的中心，用锤子轻击样冲的上部，在法兰上打出小弧坑，如图 3-28 所示。依次进行，法兰的端面上打出 4 个弧坑。

图 3-27　样板的外圆与法兰的外圆严密贴合

图 3-28　用样冲在法兰的端面打出 4 个弧坑

3）以法兰的外圆为基准，划规的一脚紧贴法兰的外圆，另一脚通过弧坑的中部划痕，如图 3-29 所示。依次进行，法兰的端面上打出 4 个交点。

4）用游标卡尺测量相对的两个交点的距离（法兰的一条直径），如图 3-30 所示，再检测另一条直径的距离尺寸，两直径尺寸的数值应该相等。

图 3-29　用划规通过样冲眼的中心划痕（共 4 处）

图 3-30　测量相对的两个交点的距离（法兰的一条直径）

5）检测交点的距离后，还可以用划规检验两样冲眼之间的弦长，4 个弦长应该相等。这样就确定了待钻孔的 4 个孔心位置。然后将样冲的前端放入样冲眼中，在先前轻击所打样冲眼的基础上，用力地敲击一下，作为后序（钻孔时，钻头的横刃落入样冲眼的弧坑中）的基准，如图 3-31 所示。再以样冲眼为圆心，按照钻孔的直径大小，把划规调整到适当的开度，在法兰的表面划出加工痕迹。然后将法兰放置到待加工区，下序的操作人员对所划

图 3-31　用力敲击样冲，打出后序加工的基准

的4个圆周痕迹进行钻孔。

例4 在高颈法兰的端面上划出16个螺纹孔。

1）端面涂抹粉笔，按照图样要求，以外圆为基准，用划规划出16个孔所在的圆周。

2）可以用分度头进行分度，划出一孔的中心后，分度头转过的圈数为40/16 = 2.5圈，或采用前面的4孔的分法，将圆周4等分，变成8等分，再变成16等分。

3）用游标卡尺检测相对的两孔心距离（8条直径），合格后打上样冲眼。

4）按螺纹孔的直径尺寸，用划规以样冲眼为圆心，划出两个同心圆（钻孔的圆、机用丝锥的圆），如图3-32所示。

图3-32 法兰的端面划出16个孔

5）划线的法兰送到下序，用摇臂钻安装钻头对号孔位置钻孔、用机用丝锥进行攻螺纹。

例5 在法兰的端面上划出8个孔、键槽孔。

1）按图样的要求，以外圆为基准，先划出8个孔分布的圆周。

2）用划规先将圆划4等分，再划成8等分，核对后打上样冲眼，如图3-33所示。

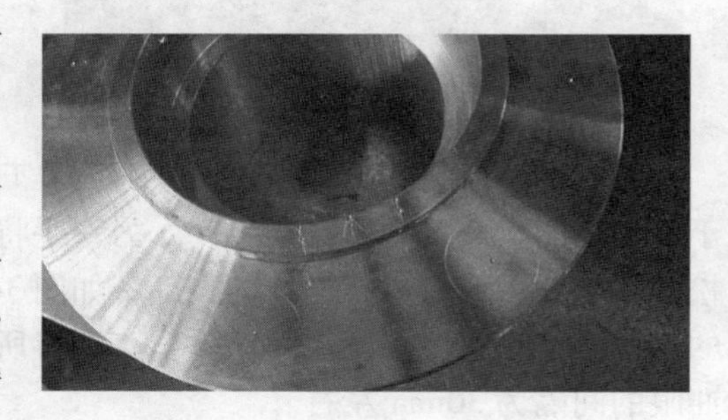

图3-33 在法兰的端面划出8个孔、内孔的键槽

3）8个孔分布在圆周上，相邻两个孔与圆心连线的圆心角为45°。将任意相邻的两孔心连线，从法兰中心作连线的垂直平分线（辅助线），得到交点（法兰的内表面与上表面）。

4）该点是量取键槽的宽度及深度的基准点，核对后打上样冲眼，表示直线的样冲眼要打两个以上，防止后序加工时搞错（图示法兰靠近内孔的端面处有三条辅助线，每条线上有两个样冲眼，两侧线上的样冲眼表示键槽的起点、终点、边界。中间辅助线的样冲眼是测量的基准点、终点）。

5）插床插削键槽时，键槽宽度不超过两侧的样冲眼，键槽深度不超过上面三个样冲眼的连线，如图3-33所示。

6）检测后将法兰送到待加工区，后序用摇臂钻对法兰的端面钻孔，用插床插削键槽孔。

例6 在工件的圆柱面上号出钻孔的位置。

前面的几个例子是在法兰盘或法兰圈的端面上号孔，若在法兰的颈部或工件的圆柱部分划线，就需要用高度游标卡尺来划线。

1）划线平台上放置分度头、高度游标卡尺、划线方箱、工件的图样、各种高颈法兰等，如图3-34所示。

图3-34　划线台上放置划线工具和工件

2）看懂工件的图样后，调整游标卡尺卡爪的高度，如图3-35所示。

3）游标卡尺的卡爪紧贴工件的划线表面，一手转动工件，另一手控制卡尺，让卡爪在工件的表面划出痕迹，如图3-36所示。

图3-35　按工件的图样调整卡尺卡爪的高度

图3-36　卡爪在工件的表面划线

4）将工件卧放到划线平台上，此时工件的划线表面与平台倾斜的位置，处于不稳定的状态，一手扶稳工件，另一手将样冲的下部对准所划的线，然后迅速松开工件，用锤子击打样冲的上部，如图3-37所示。击打的瞬间，样冲要与工件的划线表面垂直。重复上述动作，直至将所划的圆周都打上样冲眼，相邻两个样冲眼的间隔为30mm左右。

5）转动工件，对所打的样冲眼进行检查，如果有打偏的情况需要进行修正，如图3-38所示。

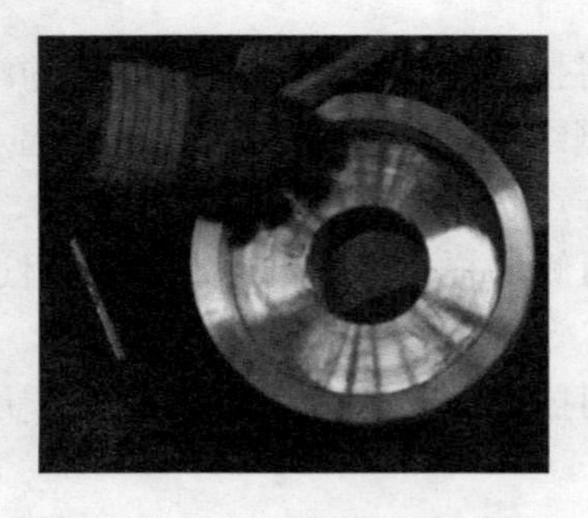

图3-37　对所划的线打上样冲眼

图3-38　转动工件检查样冲眼

例7　对圆管的轴向进行划线。

1）将两块V形铁放置在划线平台上，调整好距离后，待划线的圆管放到V形铁的上面，如图3-39所示。

2）按图样的钻孔位置要求，调整游标卡尺卡爪的高度，划出管子前心（管子纵向有5个心，管子的中心线称为中心，上下前后的四条素线分别称为上心、下心、前心、后心），如图3-40所示。再依据图样转动管子，对其他的心进行纵向划线。然后再用钢直尺量取横向钻孔位置，打上样冲眼，送到下序用摇臂钻对所划位置钻孔。

图3-39　用划线平台、V形铁、高度游标卡尺对管子划线

图3-40　用卡爪划出管子的前心

例8　在小轴上划出键槽。

1）小轴的直径较小，不能放置在V形铁中划线，可以将轴放置在划线平台上，用划线方箱表面的V形槽压在小轴的表面，防止划线过程中小轴的位置发生移动，造成划线误差，如图3-41所示。

2）依据图样尺寸，调整游标卡尺卡爪的高度，如图3-42所示。

图3-41　用划线方箱表面的V形槽压住小轴

图3-42　调整游标卡尺卡爪的高度

3）用游标卡尺的卡爪划出小轴的前心（轴前面纵向素线，与轴心线同高），如图3-43所示。

4）卡爪的高度不变，对小轴的端面进行过线操作，如图3-44所示。

图3-43　划出小轴的前心

图3-44　对小轴的端面进行过线

5）依据图样要求，对小轴的后心进行过线操作，如图3-45所示。

6）以前心为对称基准，调整卡爪的高度，量出键槽下部的宽度，如图3-46所示，再划出键槽上部的宽度，用钢直尺量出键槽的长度。检查合格后，打好样冲眼，送到下序用铣床铣削键槽。

图3-45　对小轴的后心进行过线

图3-46　量出键槽下部的宽度

例9　封头的端面号孔。

换热器部件的两个封头，内部焊接临时支撑（支撑的形状不同，以区别前后封头），用立车加工端面后，对端面进行二次号料，划出端面上32个孔的位置。

1）封头车削端面后放置到划线沙池内（避免起吊过程中碰伤工件、调整位置方便），如图3-47所示。

2）清理法兰的端面，涂抹白粘土，这样使所划的线更清晰，如图3-48所示。

3）核对工程单号、工件的加工图样。按封头的尺寸，选两节地规杆用活结连接好，地规的两脚调整同高，如图3-49所示。

图3-47　待划线的封头放入沙池内

图3-48　封头的端面涂抹白粘土

4）以封头的外圆为基准，用地规找出封头的中心（找心的方法与例1相同），如图3-50所示。然后对圆周先进行4等分，再8等分、16等分、32等分（参考例4）。打上样冲眼后，划出钻孔的直径，送到下序用摇臂钻进行钻孔加工。

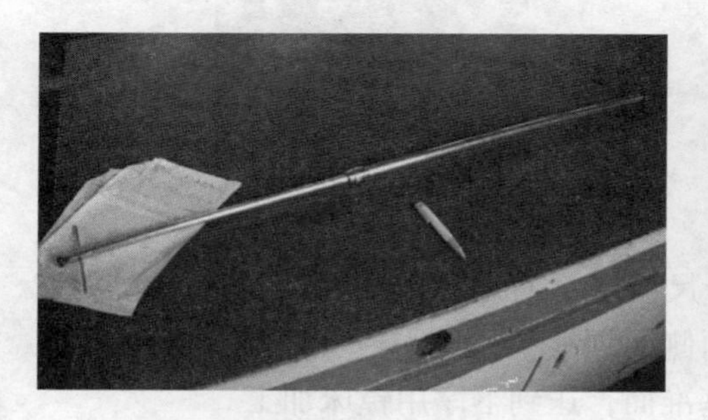

图3-49　选取地规杆的长度连接好

图3-50　用地规找出封头的中心

5）两个封头的法兰端面均有32个孔，钻孔后的封头端面，如图3-51、图3-52所示。摇臂钻的操作人员对所钻孔进行自检，技术人员还要进行复检，复检的内容包括封头上16组相对两孔的距离（直径），32组相邻两孔中心线的距离。

图3-51　钻孔完毕的下封头

图3-52　钻孔完毕的上封头

例 10 减速机箱体划线。

减速机箱体是铸件毛坯，由下箱体、箱盖组成，形状比较复杂，首先对下箱体的底部划线，然后用立式车床切削，再对箱体进行二次号料。

1）箱体的底面车削后，用电葫芦、钢丝绳将箱体吊运到划线台的上方，箱体侧面放置，其下部用千斤顶垫起，用水平尺检测箱体的水平度。对箱体的划线部位涂抹白粘土，如图 3-53 所示。

2）车削的箱体下表面是基准面，可以用铸铁角尺（见图 3-54）检验基础面的平面度（或直线度），以及待划线表面相对于基础面的垂直度和平行度。

图 3-53 箱体准备二次号料

图 3-54 铸铁角尺

3）依据图样的加工要求，用游标卡尺的卡爪对箱体的前、后端面、上表面划线（箱体还需转动 90°正位放置，对两侧面划线），如图 3-55 所示。对各部位的划线检查后打好样冲眼，标记好加工基准面，送到下序用镗床加工。

例 11 支撑脚划线。

1）产品的支撑脚部件，工字梁作为立柱，一次划线后，下序要剪切、气割、装配、焊接等工序，完成立柱上、下表面切割斜面、装焊垫板、工字梁的下部与垫板之间焊补强板。准备进行二次划线，如图 3-56 所示。

图 3-55 用游标卡尺的卡爪对箱体划线

图 3-56 一次号料后装焊的支撑脚

2）用电葫芦及钢丝绳将一个支撑脚部件吊运到划线台上面，二次号料（划线）前，要检查各零件焊接后的变形量。用铸铁角尺检验垫板的平面度，如图 3-57

所示。确定垫板厚度的加工余量。按图样的要求，划出垫板上各连接孔的位置及直径尺寸，检查后打好样冲眼，送到下序用镗床镗孔。

例12　用镀锌铁皮号料。

用镀锌铁皮制作产品的样板，使用划规、大平尺、划针、样冲、铁剪子、锤子等工具，按照图样要求，在镀锌铁皮上划出产品的图样后，剪切下来即可，如图3-58所示。

图3-57　检测垫板的平面度进行二次号料
（号板上的连接孔）

图3-58　用镀锌铁皮制作产品的样板

项目2　錾　　削

阐述说明

用锤子敲击錾子对金属进行切削的过程叫錾削。用于不方便机械加工的场合，如去除毛坯上的凸缘、毛刺、分割材料、錾削平面及油槽等。通过錾削练习，可以提高锤击的准确性，为装拆机械设备打下扎实的基础。

錾削时所用的工具主要是錾子和锤子。

1. 錾子

1）常用的錾子有三种，由头部、切削部分及錾身三部分组成。其头部有一定的锥度，顶端略带球形，以便锤击时作用力容易通过錾子中心线，使錾子容易保持稳定。錾身为八棱形，以防止錾削时錾子转动。

2）扁錾：切削部分扁平，刃口略带弧形。主要用于錾削平面、去毛刺和分割板料，如图3-59所示。

3）窄錾：切削刃较短，切削部分的两侧面，从切削刃到錾身是逐渐狭小，以防止錾槽时两侧面被卡住。窄錾主要用来錾削沟槽及分割曲线形板料，如图3-60所示。

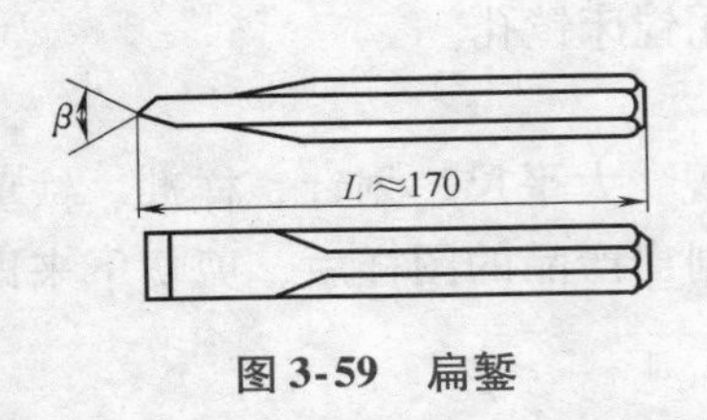

图 3-59　扁錾

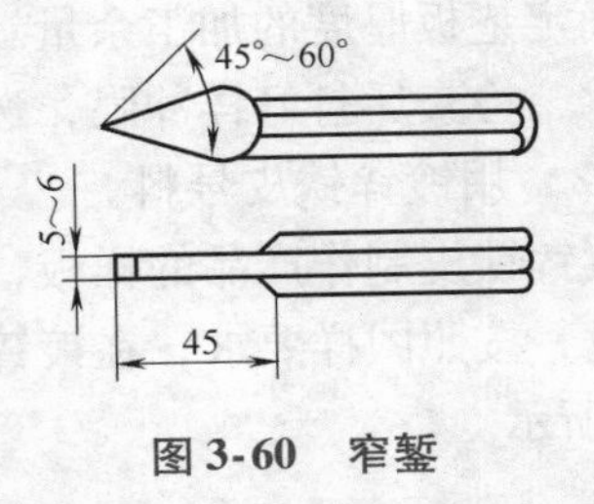

图 3-60　窄錾

4）油槽錾：切削刃很短，并呈圆弧形。为了能在对开式的内曲面上錾削油槽，其切削部分做成弯曲形状。油槽錾常用来錾削平面或曲面的油槽，如图 3-61 所示。

图 3-61　油槽錾

2. 錾子的切削原理

1）錾子用碳素工具钢锻造而成，将切削刃部分刃磨呈楔形，经热处理后其硬度可达 56 ~ 62 HRC。

2）錾子的切削部分由前刀面、后刀面组成。辅助平面有基面、切削平面，两者互相垂直。錾子錾削工件时各部分的角度，如图 3-62 所示。

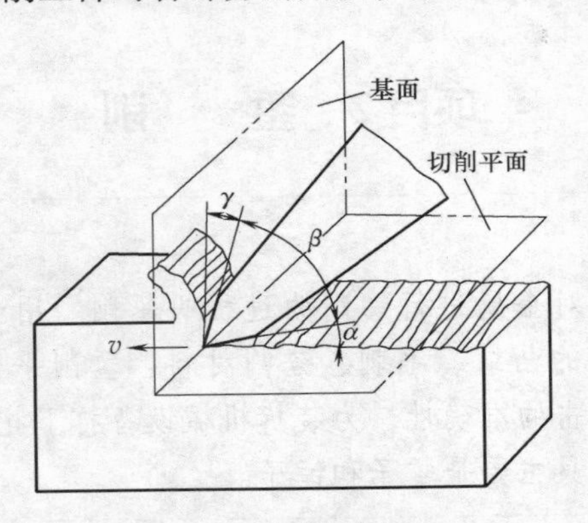

图 3-62　錾削时的角度

① 楔角 β：錾子的前刀面与后刀面之间的夹角称为楔角。楔角小，錾削省力。楔角过小，会造成刃口薄弱，容易崩刃；而楔角过大时，錾削费力。通常根据工件材料软硬来选取錾子的楔角。錾削铸铁或中碳钢等硬材料时，楔角取 60° ~ 70°；錾削一般钢料时，楔角取 50° ~ 60°；錾削铜、铝等软材料时，楔角取 30° ~ 50°。

② 后角 α：錾子的后刀面与切削平面之间的夹角。它的大小取决于錾子被掌握的方向，后角的作用是减少錾子的后刀面与切削平面之间的摩擦，引导錾子顺利切削。一般錾切时后角取 5° ~ 8°，后角过大会使錾子切入过深，錾切困难；后角过小会使錾子滑出工件表面，不能切入。

③ 前角 γ：錾子的前刀面与基面之间的夹角称为前角。作用是减少錾切时切屑的变形，使切削省力。前角越大，切削越省力。因为 $\alpha+\beta+\gamma=90°$，当后角 α 一定时，前角 γ 的数值由楔角 β 的大小决定。

3. 錾削方法

（1）錾子握法　用左手的中指、无名指和小指握住，食指与大拇指自然的接触，錾子的头部伸出约20mm；錾子要自如地松握，不能太紧，以免敲击时掌心承受的振动过大。錾削时握錾子的手要保持小臂处于水平位置，肘部不能下垂或抬高，如图3-63所示。

（2）锤子安装　锤子的锤头由T7钢模锻而成，装木柄的孔加工成椭圆形，且两端大、中间小，并经淬火及回火处理。木柄选用比较坚固的木材，加工成椭圆形，这样木柄敲紧在孔中后，端部再打入楔子，就不易松动了，如图3-64所示。椭圆的木柄握在手中容易掌握，便于准确敲击。

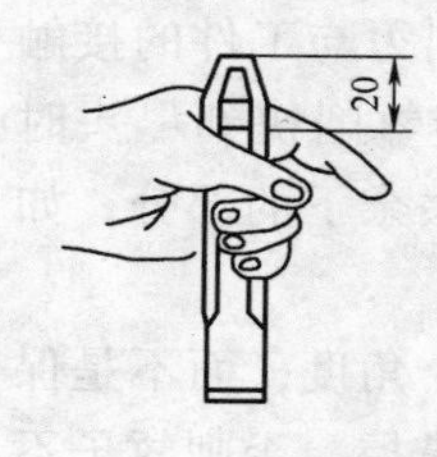

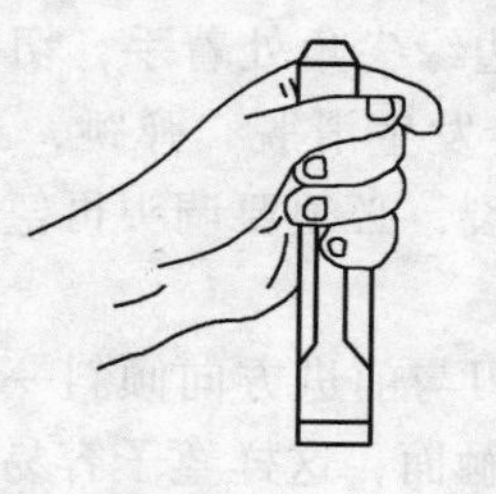

图3-63　握錾子的方法

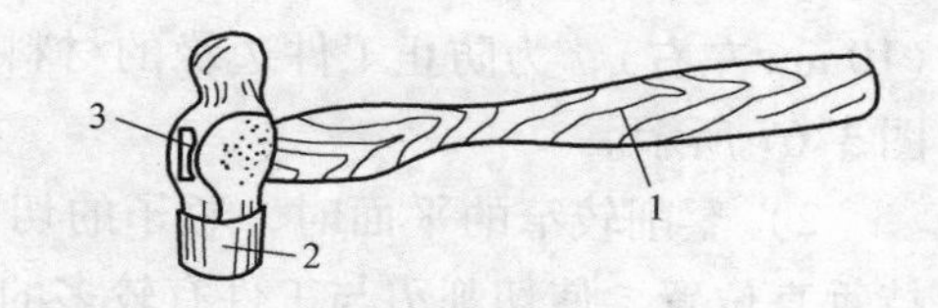

图3-64　锤子的结构

1—锤柄　2—锤头　3—斜楔铁

（3）锤子的握法　锤子用右手握住，采用五个手指满握的方法，大拇指轻轻压在食指上，虎口对准锤头（即木柄椭圆形的长轴）方向，木柄的尾端露出15～30mm，如图3-65所示。

（4）挥锤的方法　挥锤的方法有腕挥、肘挥和臂挥三种。

1）腕挥：用于錾削开始和结束时，只是手腕挥动，敲击力较小。若切削量不大的场合，如錾削油槽，也常用腕挥。

2）肘挥：手腕和肘部一起挥动，敲击力较大，应用广。

3）臂挥：手腕、肘部和全臂一起挥动，敲击力最大，用于大力的錾削工作。

（5）錾削姿势　操作者的左脚跨前半步，两腿自然站立，人体的重心稍稍偏于后脚，这样可以充分发挥较大的敲击力量，视线要落在工件的切削部位，如图3-66所示。

敲击錾子的顶部要准确，錾子的位置保持正确和稳定，切削刃在每次敲击时都保证接触在工件原来的切削部位，而不能脱离。否则将不能錾削出平滑的表面来。

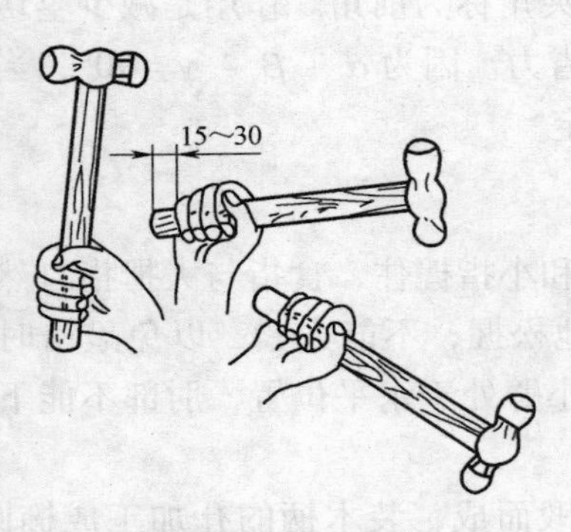

图 3-65　握锤的方法

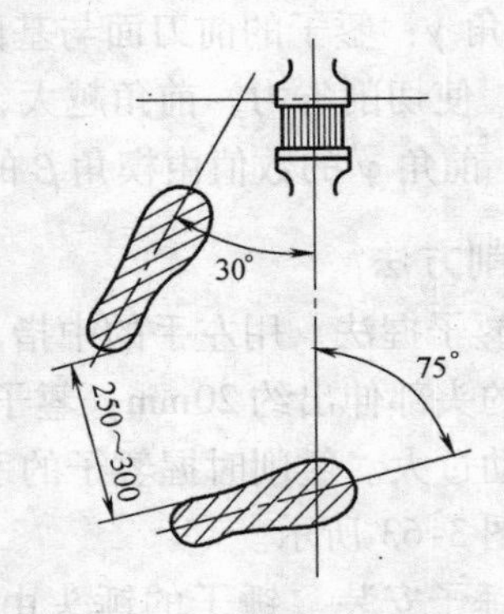

图 3-66　錾削时的站立位置

（6）錾削平面　用扁錾进行，每次切削量为 1 ~ 2mm，太少容易滑掉，太多费力且不易錾平。

1）錾削较宽的平面，起錾从工件的边缘尖角处着手，切削刃与工件的接触面小，阻力小，錾子容易切入材料，不会发生滑脱、弹跳，当錾削快到尽头时（10mm 左右），为防止工件边缘的材料崩裂，必须要调头再錾去余下的部分，如图 3-67 所示。

2）錾削较窄的平面时，錾子的切削刃与前进方向倾斜一个角度，而不是保持垂直位置，使切削刃与工件有较多的接触面，这样錾子容易掌握。否则錾子不稳，左右倾斜，会使加工面高低不平，如图 3-68 所示。

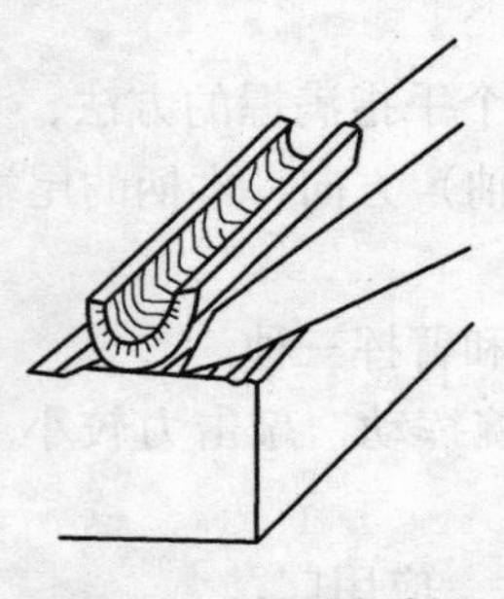

图 3-67　调头錾削

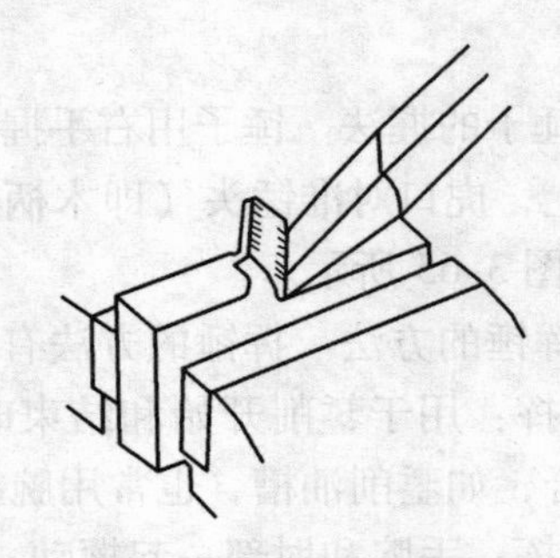

图 3-68　錾削窄面

3）錾削大平面时，由于切削面的宽度超过錾子宽度，錾子切削部分的两侧被工件材料所卡住，錾削十分费力，要先用狭錾间隔开槽，再用扁錾切削，这样既省力，錾出的平面也会平整，如图 3-69 所示。

（7）錾油槽　要根据油槽的端面形状，把油槽錾的切削部分刃磨准确。

1）平面油槽：錾削方法与錾削平面时基本一样，如图 3-70a 所示。

2）曲面油槽：切削刃在曲面的接触位置在改变，錾削时的后角每处都将是

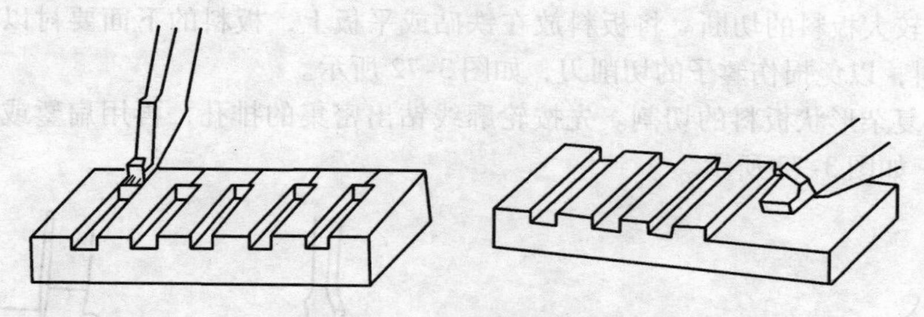

图3-69 大平面錾削时先开槽

不同的。錾子的倾斜角要随曲面而改变，如图3-70b所示。使錾削时的后角保持不变，若后角太小錾子会滑掉，后角太大切入材料过深。

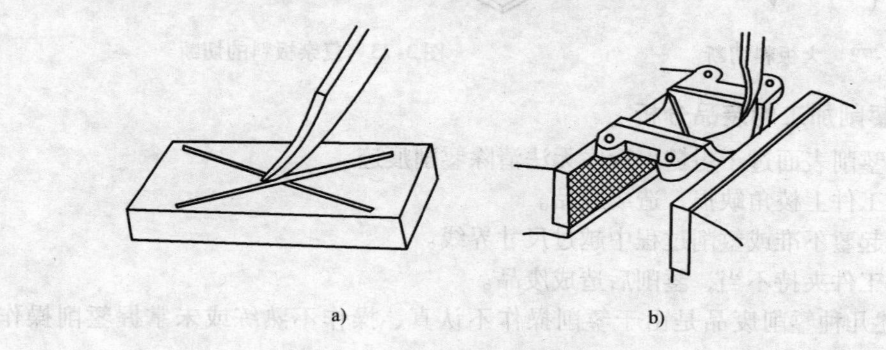

图3-70 錾削油槽

a）平面油槽 b）曲面油槽

（8）錾断板料 在缺乏机械设备的场合，有时要依靠錾子来切断板料（或分割出形状较复杂的薄板工件）。

1）薄板料的切断。板料夹在台虎钳上，用扁錾沿钳口并斜对着板料（约45°）自右向左錾切，如图3-71所示。工件的切断线与钳口平齐，夹持要牢固，防止板料松动而使切断线歪斜，不要将錾子的切削刃平对板料，錾切时不仅费力，板料会发生回弹和变形，使切断处产生不平整或撕裂现象。

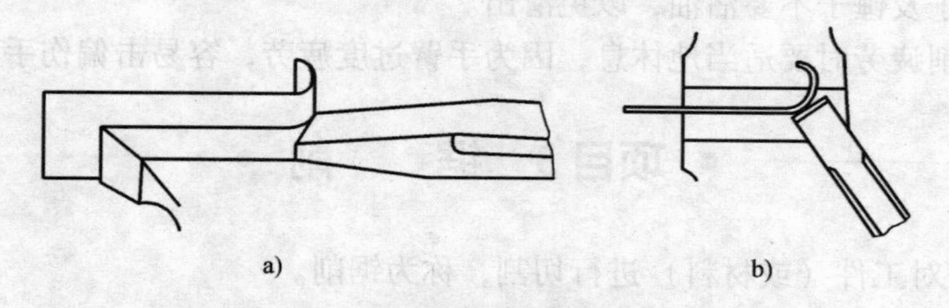

图3-71 錾削薄板时扁錾的角度

a）錾削薄板（主视图） b）錾削薄板（俯视图）

2）较大板料的切断。将板料放在铁砧或平板上，板料的下面要衬以废旧的软铁材料，以免损伤錾子的切削刃，如图 3-72 所示。

3）复杂形状板料的切割。先按轮廓线钻出密集的排孔，再用扁錾或狭錾逐步切割，如图 3-73 所示。

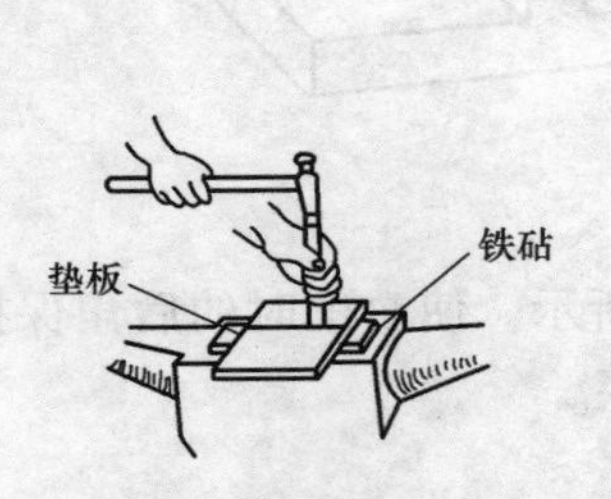

图 3-72　大板料切断

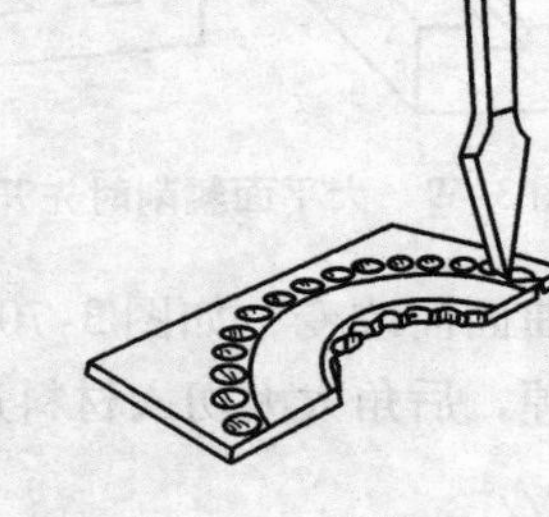

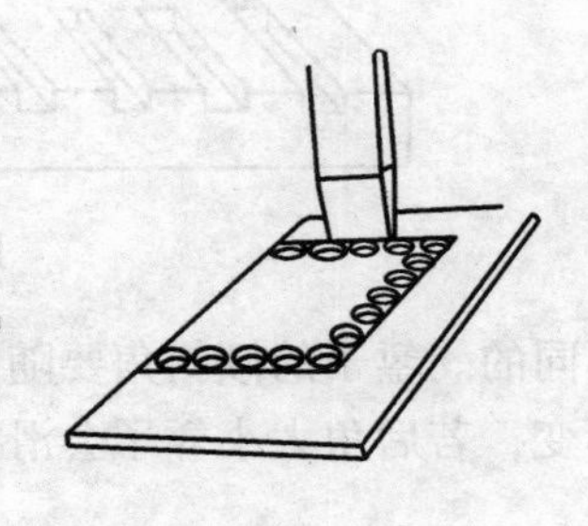

图 3-73　复杂板料的切断

4. 錾削加工的废品分析

1）錾削表面过于粗糙，后序无法清除錾削痕迹。

2）工件上棱角缺损，造成废品。

3）起錾不准或錾削过程中越过尺寸界线。

4）工件夹持不当，錾削后造成废品。

上述几种錾削废品是由于錾削操作不认真、操作不熟练或未掌握錾削操作要领。

5. 錾削的安全操作技术

1）錾子要经常刃磨，保持锋利。过钝的錾子不但工作费力，錾出的表面也不平整，还容易打滑而引起手部划伤的事故。

2）錾子的头部有明显的毛刺时，要及时磨掉，避免碎裂伤手。

3）发现锤子的木柄有松动和损坏时，要马上加固或更换，以免锤头脱离伤人。

4）要防止錾削碎屑飞出伤人，操作者必要时可戴上防护眼镜。

5）錾子及锤子不要沾油，以免滑出。

6）錾削疲劳时要适当地休息，因为手臂过度疲劳，容易击偏伤手。

项目 3　锯　削

用锯条对工件（或材料）进行切割，称为锯削。

1. 完成的工作内容

1）分离各种材料或半成品，如图 3-74a 所示。

2）锯掉工件上多余部分，如图3-74b所示。

3）在工件上锯槽，如图3-74c所示。

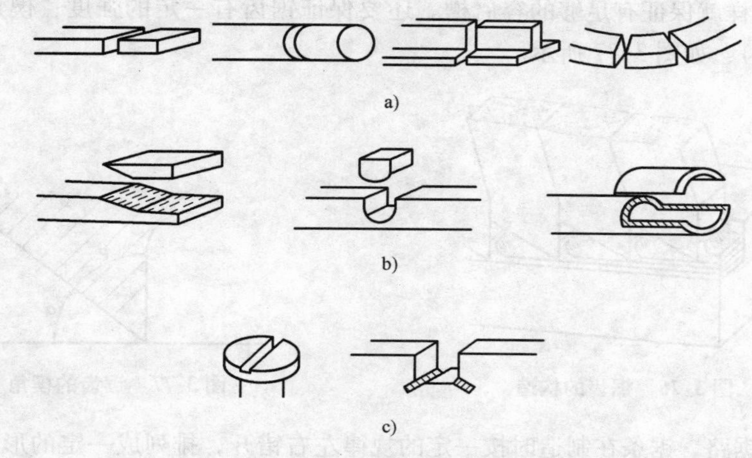

图3-74 锯削的工作内容

a）分割材料 b）锯掉多余部分 c）锯槽

2. 手锯

（1）组成 手锯是由锯弓和锯条组成，锯弓用于安装锯条，有固定式和可调式两种，如图3-75所示，固定式锯弓只能安装一种长度的锯条，可调式锯弓通过调整可以安装几种长度的锯条。

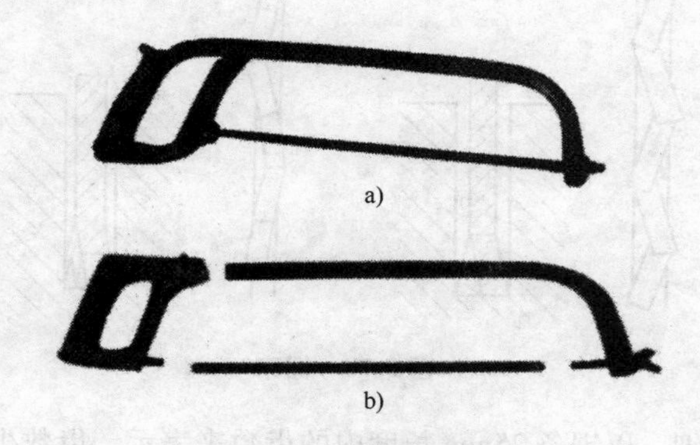

图3-75 手锯的构造

a）固定式 b）可调式

（2）锯条 锯条一般用渗碳软钢冷轧而成，也可用碳素工具钢或合金钢制成，并经热处理淬硬。锯条的规格以两端安装孔的中心距表示，钳工常用的是300mm这一种。

（3）锯齿　锯条的切削部分是由许多锯齿组成，相当于一排同样形状的錾子，如图3-76所示。锯割时要求获得高的工作效率，因此切削部分的后角较大（40°），这样就保证有足够的容屑槽。还要保证锯齿有一定的强度，楔角也不宜太小（50°），如图3-77所示。

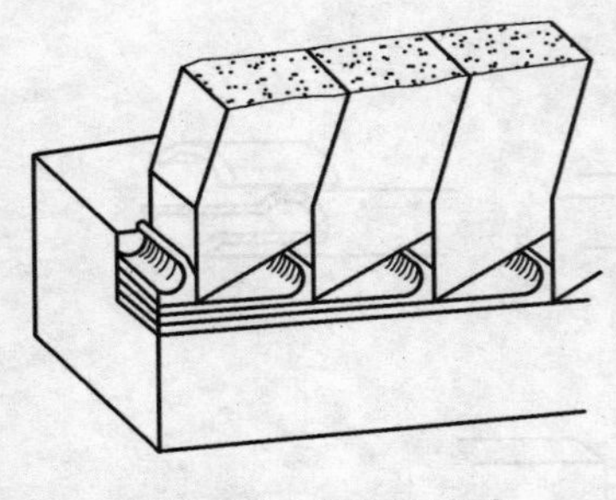

图3-76　锯齿的构造

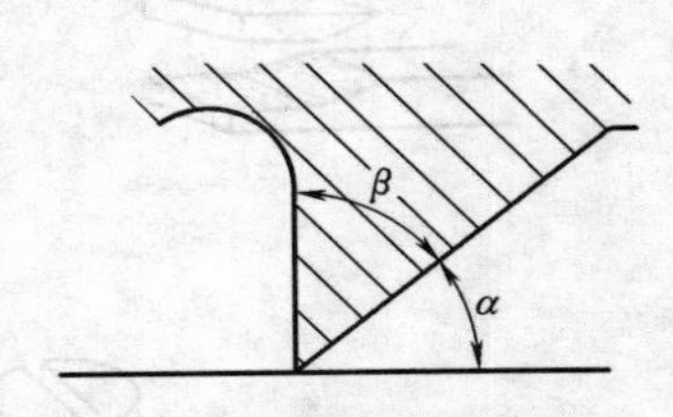

图3-77　锯齿的楔角

（4）锯路　锯条在制造时按一定的规律左右错开，排列成一定的形状，称为锯路，如图3-78所示。锯条有了锯路以后，使工件上锯缝的宽度大于锯条背的厚度，这样锯割时锯条既不会被卡住，又能减少锯条与锯缝的摩擦阻力，工作就比较顺利，锯条也不致过热而加快磨损。

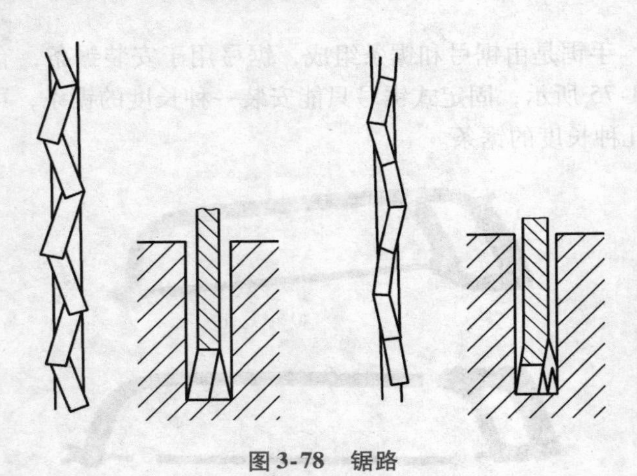

图3-78　锯路

（5）锯齿粗细　以锯条25mm长度内的齿数来表示，齿数少为粗齿、齿数多则为细齿。常用14、18、24和32等几种。

1）粗齿锯条，其容屑槽较大，适用于锯软材料（铜、铝等）和较大的表面，因为锯下的铁屑较多，大的容屑槽不至于堵塞而影响切割效率。

2）细齿锯条，当锯割硬材料时，因为每次切割的铁屑较少，而参与切削的锯齿增多后，可使每齿的锯割量减少，材料容易被切除，故推锯的过程比较省

力，锯齿也不易磨损。至于锯割管子和薄板时必须用细齿锯条，使锯割的截面上至少有两齿以上同时参加锯割，否则锯条很容易被挂住而崩断。

3. 锯割的基本方法

（1）锯条的安装　手锯是推进过程中进行切削，安装时锯齿向前，如图3-79所示。锯条与锯弓在同一平面内。锯条的松紧控制适当，太紧则锯割稍有阻力而发生弯曲时，就很容易崩断；太松则锯条在锯割时易扭曲，也容易折断，而且锯出的锯缝容易歪斜。

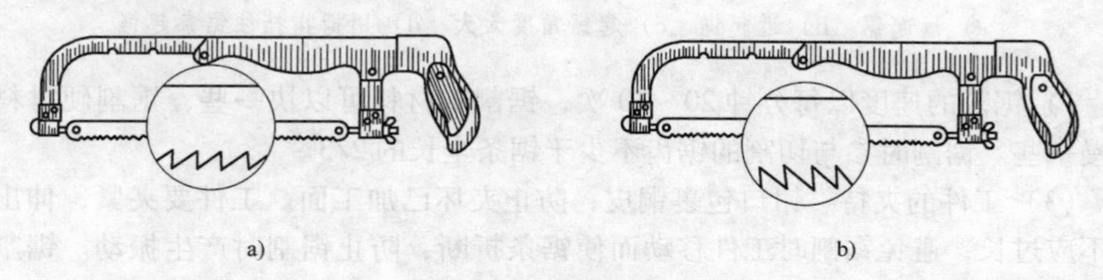

图3-79　锯条的安装方向
a）安装正确　b）安装错误

（2）锯割姿势　操作者的左脚跨前半步，两腿自然站立，人体的重心稍稍偏于后脚。手锯的握法，如图3-80所示。锯割时推力和压力主要由右手控制，左手所加压力不要太大，主要起扶正锯弓的作用，手锯在回程的过程中，不应施加压力，以免锯齿磨损。

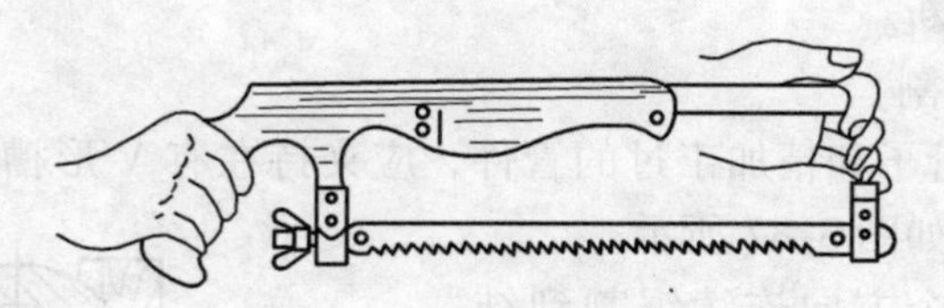

图3-80　手锯的握法

1）起锯有远起锯和近起锯两种。起锯时用左手拇指靠住锯条进行导向，使锯条能正确地锯在所需的位置上，行程要短，压力要小，往复行程要短，起锯角不超过15°。近起锯时，锯齿由于突然切入材料较深，锯齿容易被工件棱边卡住甚至崩断，故不易掌握。通常多采用远起锯，使锯齿逐步切入材料，起锯方便，锯条不易被卡住。当锯割到槽深2～3mm，锯条不会滑出槽外，锯弓逐渐水平时，则可开始正常锯割，如图3-81所示。

2）锯弓运动：对于锯缝底部要求平直的槽及薄壁工件，推锯时锯弓采取直线运动。除此之外，锯弓可以上下摆动，这样可使操作自然，两手不易疲劳。

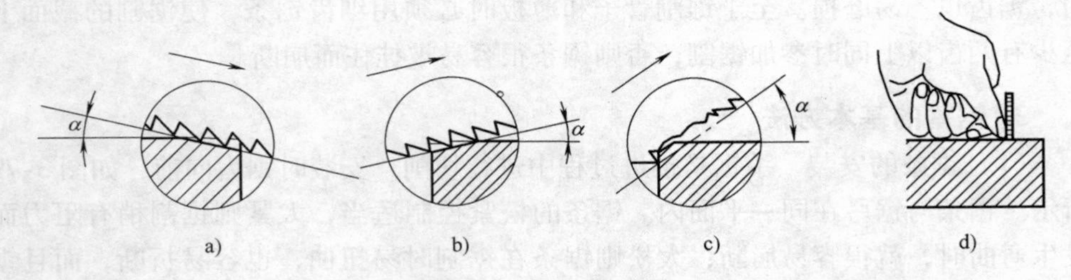

图 3-81 起锯的方法

a）远起锯 b）近起锯 c）起锯角度太大 d）用拇指挡住锯条起锯

3）锯割的速度以每分钟 20 ~40 次，锯割软材料可以快一些，锯割硬材料速度慢一些。锯割时参与切割的锯齿不少于锯条全长的 2/3。

（3）工件的夹持 钳口包裹铜皮，防止夹坏已加工面。工件要夹紧，伸出钳口不应过长，避免锯割时工件移动而使锯条折断，防止锯割时产生振动。锯割线与钳口的边缘平行，方便操作。

（4）锯割收尾 工件快锯断时，用左手扶住工件的断开部分，右手推锯的压力要减小，避免右手前冲及工件掉落。

4. 各种工件的锯割

（1）棒料的锯割 如果要求锯割的断面平整，则从开始连续锯到结束。若断面要求不高，可将棒料转过一定的角度，分几个方向锯割，每个方向都不锯到中心，然后将棒料折断。

（2）管子的锯割

1）对于薄壁管子和精加工过的管件，应夹持在有 V 形槽的木垫之间，以免夹扁或夹坏工件，如图 3-82 所示。

2）不能从一个方向连续锯割到结束，当锯割到管子的内壁后，把管子转过一定的角度，仍然锯割到管子的内壁，如此逐渐改变方向，直至锯断为止，如图 3-83 所示。管子在转变方向时，应使已锯的部分向锯条推进的方向转动，否则锯齿容易被管壁钩住而崩断。

图 3-82 管子的夹持

3）薄钢板锯割：锯割薄板料要从宽的面上锯下去，避免锯齿钩住。当一定要在板料的狭面上锯下去时，可以将钢板夹持在两木板之间，连木板一起锯下。既增加板料的刚度，锯割时不会弹动，又避免锯齿被钩住，如图 3-84 所示。

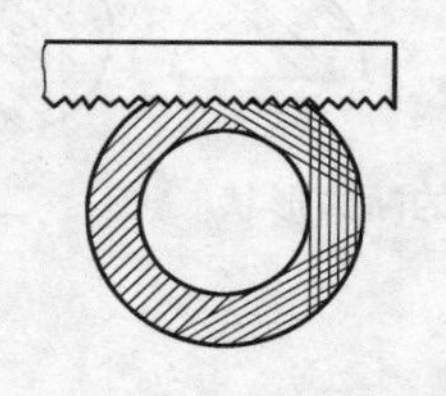

图 3-83　管子的锯割方法

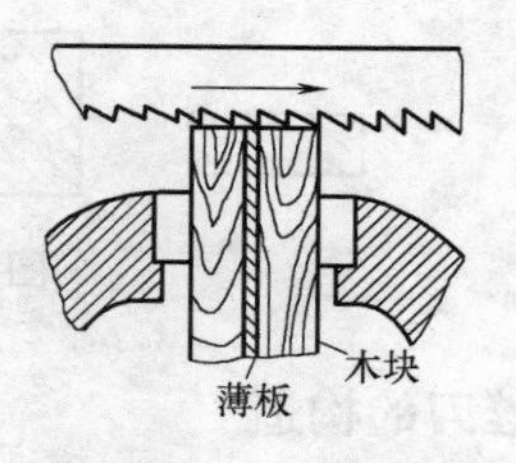

图 3-84　薄板锯割

4）深缝的锯割：当锯缝的深度达到锯弓的高度时，如图 3-85a 所示。为防止锯弓与工件相碰，应把锯条转过 90°安装后再锯，如图 3-85b 所示。由于钳口的高度有限，工件应逐渐改变装夹位置，使锯割部位始终处于钳口附近。因为在离钳口过高或过低的位置锯割，会使工件弹动而影响质量，也容易折断锯条。

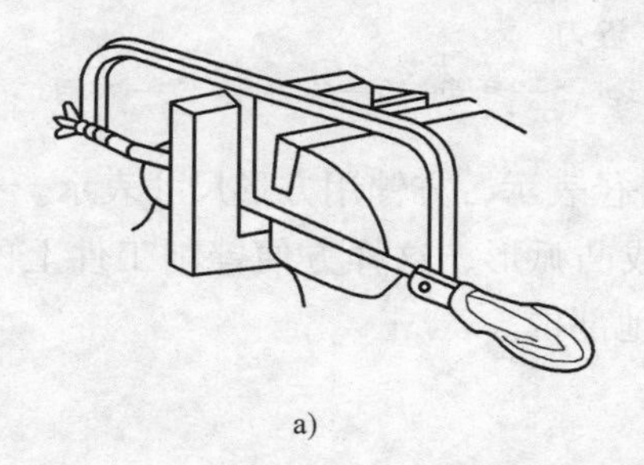

a)

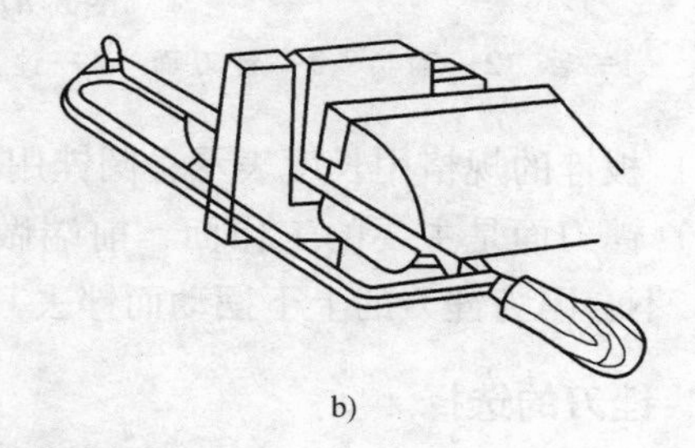

b)

图 3-85　深缝的锯割

项目4　锉　削

用锉刀对工件表面切削加工，使工件的表面达到所要求的尺寸、形状和表面粗糙度的方法称为锉削。锉削可以加工工件的内外表面、曲面、沟槽和各种形状复杂的表面，在现代工业的生产条件下，仍有一些不便机械加工的场合需要锉削来完成，例如装配过程中对个别零件的修整，所以锉削是钳工的一项基本操作。

1. 锉刀的种类

锉刀是用碳素工具钢 T12 或 T13 制成，并经过热处理，硬度值为 62 ~ 67 HRC。按用途分为普通锉、异形锉、整形锉（什锦锉）三类。

1）普通锉刀按断面的形状分平锉（板锉）、方锉、三角锉、半圆锉和圆锉五种，如图 3-86 所示。要安装木柄后才能使用，用于加工金属零件的各种表面。

2）异形锉用于对工件的型腔进行精细加工。

3）整形锉用于修整工件上细小部位的尺寸、形位精度和表面粗糙度。

图 3-86　普通锉刀的断面形状

2. 锉刀的构造

1）锉刀各部分的名称如图 3-87 所示。

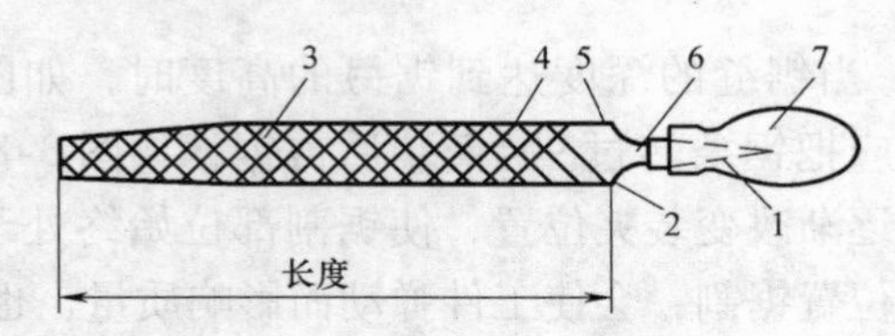

图 3-87　锉刀

1—舌　2—面齿　3—锉刀面　4—锉刀边　5—底齿　6—锉刀尾　7—木柄

2）板锉的规格用长度表示，圆锉用直径表示，方锉用方形尺寸表示。

3）锉刀面是主要的工作面，前端做成凸弧形，这样方便锉削工件上的局部凸起，不会因为锉刀的上下摆动而锉去其他部位。

3. 锉刀的选择

1）要根据工件的材料、加工余量的大小来选择锉刀。工件的锉削余量大选择粗锉刀，反之选细锉刀。软材料选用粗锉刀，反之用细锉刀。

2）根据加工表面的形状，选择锉刀断面形状。

4. 锉削方法

（1）大锉刀的握法　用右手握锉刀柄，柄端顶住掌心，大拇指放在柄的上部，其余手指满握锉刀柄。左手的姿势可以有三种，两手在锉削时的姿势，如图 3-88a 所示。其中左手的肘部要适当抬起，不要有下垂的姿势，否则不能发挥力量。

（2）中型的锉刀　右手的握法与上述大锉刀的握法一样，左手只需要大拇指和食指、中指轻轻扶持即可，不必像大锉刀那样施加很大的力量，小锉刀需要施加的力较小，锉刀也容易掌握平稳。若是更小的锉刀，只要用一只手握住即可，如图 3-88b 所示。用两只手握反而不方便，甚至可能压断锉刀。

（3）平面的锉削

1）交叉锉：锉刀与工件的接触面大，锉刀容易掌握平稳。同时还可根据锉痕判断锉削面的高低，容易把工件锉平。用交叉锉将平面锉削后，要改用顺向锉法，使锉痕变为正直，如图 3-89 所示。

2）顺向锉：锉刀的运动方向与工件夹持方向一致，用于不大平面的锉削及

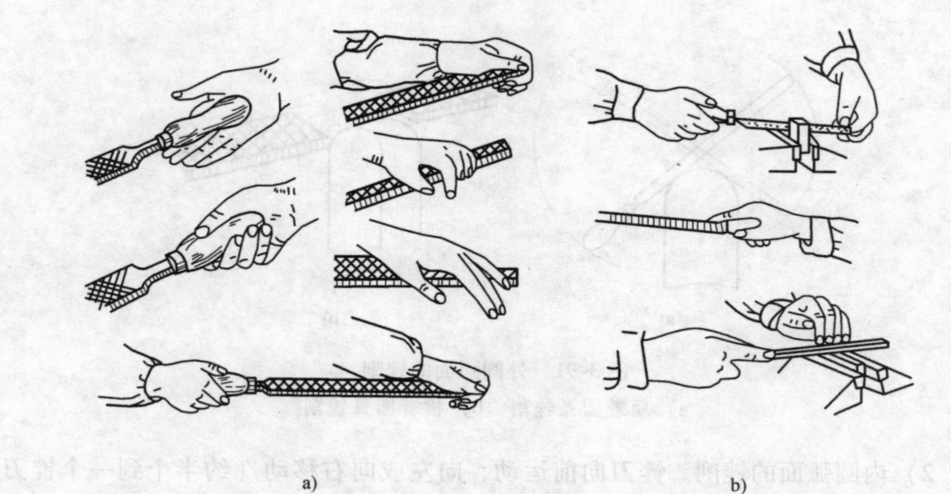

图3-88　锉刀的握法

a）大锉刀　b）中、小锉刀

最后的锉光，可以得到正直的锉痕，比较整齐美观，如图3-90所示。

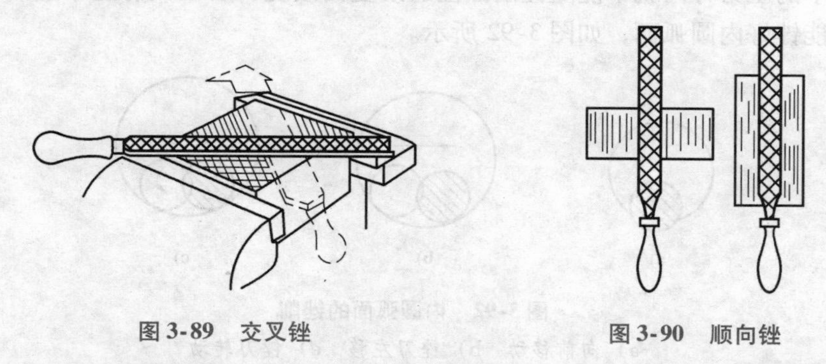

图3-89　交叉锉　　图3-90　顺向锉

在锉削平面时，不管是顺向锉还是交叉锉，为了使整个加工面都能均匀的锉到，一般在每次抽回锉刀时，要向旁边略为移动。

3）推锉：用于锉削狭长平面，切削效率不高，在工件的加工余量小和修正尺寸时应用。

（4）曲面的锉削

1）外圆弧面的锉削。锉刀顺着圆弧锉削，如图3-91所示。锉刀同时完成前进运动和绕圆弧中心的摆动。摆动时，右手把锉刀的柄部往下压，而左手把锉刀前端向上提，这样锉出的圆弧面不会有棱边现象。但顺着圆弧锉的方法不易发挥力量，效率低，用于余量较小或精锉圆弧。若加工余量较大，采用横着圆弧锉的方法，如图3-91b所示。由于锉刀作直线推进，用力大、效率高，按圆弧的要求先锉成多棱形后，再用顺着圆弧锉的方法精锉成圆弧。

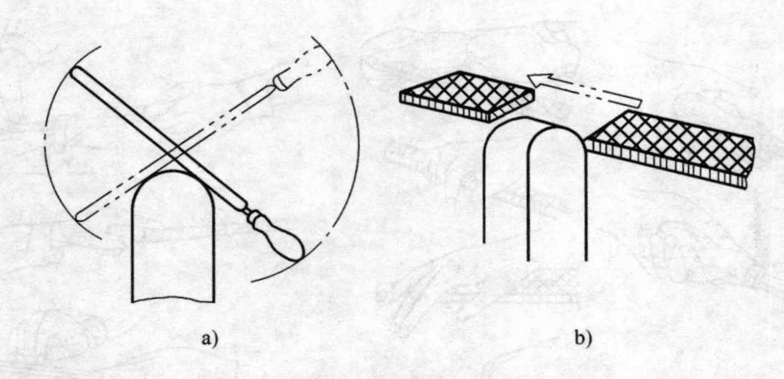
a)　　b)

图 3-91　外圆弧面的锉削
a）顺着圆弧锉削　b）横着圆弧锉削

2）内圆弧面的锉削。锉刀向前运动、向左或向右移动（约半个到一个锉刀的直径）、绕锉刀的中心线转动（顺时针或逆时针方向转动约 90°）。这三个运动缺一不可，如果只作前进运动，锉出的内圆弧就不正确；如果只有前进和向左或向右的移动，内圆弧也锉不好，因为锉刀在圆弧面上的位置不断改变，若锉刀不转动，手的压力方向就不能随锉削部位的改变而改变，所以只有三个运动同时完成，才能锉好内圆弧面，如图 3-92 所示。

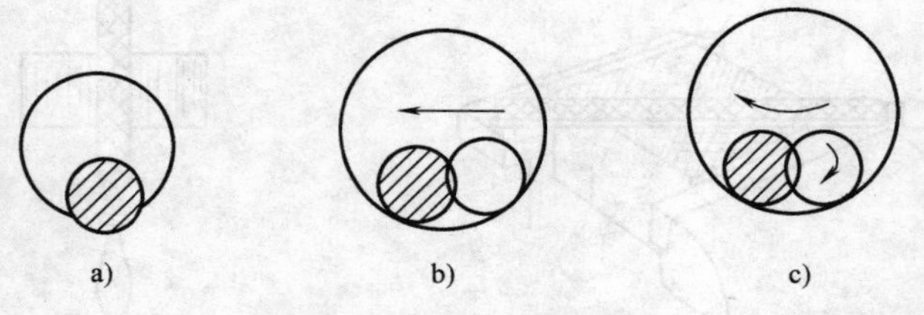
a)　　b)　　c)

图 3-92　内圆弧面的锉削
a）向前移动　b）锉刀左移　c）锉刀转动

3）球面的锉削。锉圆柱形工件端部的球面时，锉刀在作外圆弧锉法动作的同时，还需要绕球面的中心和周向作摆动，如图 3-93 所示。

图 3-93　球面的锉削

5. 锉削工件的检查

工件的尺寸、平面度、平行度、垂直度、样板透光检查。

• 项目5　刮　削 •

阐述说明

这是一种古老的加工方法，也是一项繁重的体力劳动。它用具简单，也不受工件形状、位置、设备条件的限制。切削量小、切削力小、产生的热变形小、装夹变形小。能获得较高的尺寸精度、形位精度、接触精度、传动精度，故在机械制造以及工具、量具制造或修理中，仍然占有一席之地。

1. 刮削

用刮刀在工件表面上刮去一层很薄的金属，提高工件加工精度的操作称为刮削。

2. 作用

1）刮削是精加工的一种方法，工件表面在刮削过程中，多次反复地受到刮刀的推挤和压光作用，使工件表面得到很小的粗糙度数值，又使表面组织变得比原来紧密。

2）精密工件的表面，常要求较高的几何精度和尺寸精度。在一般的机械加工中，如车、刨、铣加工后的表面，不能达到上述的精度要求。因此，如机床导轨和滑行面之间、转动轴和轴承之间的接触面、工具量具的接触面以及密封表面等，常用刮削方法进行加工。同时，由于刮削后的工件表面，形成比较均匀的微浅凹坑，创造了良好的存油条件。

3. 刮削原理

将工件的表面涂上一层显示剂，用校准工具对表面研磨，使工件上较高的部位显示出来，然后用刮刀进行微量切削，刮去较高部位的金属层。经过反复地显示和刮削，使工件的加工精度达到预定要求。

4. 刮削余量

1）工件机械加工后所留下的刮削余量一般为0.05～0.4mm，若工件刮削的面积大，工件的结构刚性差，容易变形，则余量可以大些。

2）工件在刮削前的加工精度（直线度和平面度）不低于规定的9级精度，

因为刮削的劳动强度很大，每次刮削只能刮去很薄的一层金属，要通过反复刮削来达到所要求的尺寸、形状、位置精度。

5. 刮削的种类

1）平面刮削有单个平面刮削（平板、工作台面）和组合平面刮削（V 形导轨面、燕尾槽面）。

2）曲面刮削是指对内圆柱面、内圆锥面和球面刮削。

6. 刮削实例

轴瓦内表面镀轴承合金时，有一部分轴承合金误镀到两轴瓦的结合表面，需要将其刮掉，使两半瓦结合面的配合达到技术要求。

1）将半片轴瓦装夹到台虎钳上，用红丹粉涂抹轴瓦的端面，如图 3-94 所示。

2）将标准平板（检验工具、非常紧密）放到轴瓦的端面上，双手用力按住平板，同时让平板在轴瓦的端面上滑动（呈 8 字形），如图 3-95 所示。

图 3-94 轴瓦的端面涂抹红丹粉

图 3-95 用平板研磨轴瓦端面

3）取下平板，观察轴瓦的端面研磨情况。端面上有些地方的红丹粉被平板磨掉了，露出黑点，这就是端面上的高处，需要用刮刀刮掉，如图 3-96 所示。

4）采用挺刮法，将刮刀柄放在小腹右下侧腹肌处，双手握住刀身（左手在前，右手在后，左手握于距刀刃约 80mm 处），刮削时，双手下压刮刀（右手的压力小些），用腿部及臀部的力量，使刮刀对准黑点向前推挤，在推动后的瞬间，右手引导刮刀的方向，左手立即将刮刀提起，这样刮刀便在刮削面上刮去一片金属，完成挺刮动作，如图 3-97 所示。

5）同样对轴瓦的另一端面进行刮削，如图 3-98 所示。

6）清除轴瓦端面上的金属刮片，用毛刷在半片轴瓦的结合端面刷红丹粉，刷涂要薄而均匀，如图 3-99 所示。然后重复进行研磨、刮削的操作。注意每刮一遍，要按一定的方向进行，刮第二遍时要交叉刮削，以消除原方向的刀痕，

否则刀刃容易在上一遍刀迹上产生滑动，出现的研磨点会成条状，难以达到精度要求。对发亮的研点及研点周围的部分要重些刮，经过多次操作之后，使刮削端面上每25mm×25mm的方块内出现12～15个研磨点，则粗刮及细刮结束。

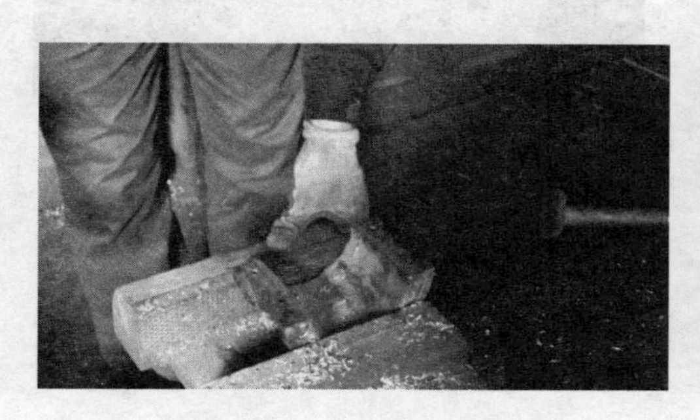

图3-96　观察轴瓦端面的黑点

图3-97　对轴瓦的一侧黑点进行挺刮

图3-98　对轴瓦的另一侧黑点进行挺刮

图3-99　刷涂红丹粉后研磨及刮削

7）下半片轴瓦细刮之后，清除端面的金属刮片，使端面保持清洁。若混有杂质，会在研磨时将刮削面拉出细纹或深痕，修复需要耗费很多时间，严重的甚至还需从粗刮开始。

8）将上半片已经细刮的轴瓦扣上，双手按住上轴瓦，使其呈8字形在下轴瓦的端面上滑动，如图3-100所示。

9）精刮时，落刀要轻，起刀要迅速挑起，刀迹要短（<5mm）。始终交叉地进行刮削。将研点分三类，最大、最亮的研点全部刮去，中等研点在其顶部刮去一小片；小研点留着不刮，如图3-101所示。连续刮几遍后，能很快达到所需的研点数。在刮最后的两三遍时，交叉刀迹的大小要一致，且排列整齐，使刮削面美观。

图 3-100　上下轴瓦扣上研磨

图 3-101　精刮轴瓦的配合面

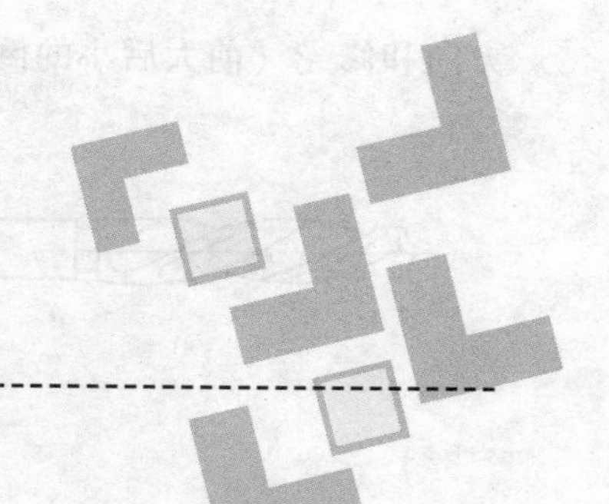

模块4

钻　床

阐述说明

钳工常用的钻床有台式钻床、立式钻床、摇臂钻床。无论哪一种钻床，都使用麻花钻进行钻孔。对于台式钻床而言，其最大钻孔直径为13mm，用钻头夹安装钻头即可；对于立式钻床、摇臂钻床，如果安装小直径的钻头，用钻头套装夹带锥柄的钻头进行钻孔。

• 项目1　孔的加工 •

1. 钻孔定义

用钻头在材料上钻削出孔称为钻孔。钻床在钻孔时工件固定、钻头旋转；钻头完成主运动和进给运动，如图4-1所示。

1）钻头绕自己轴线的旋转称为主运动。

2）钻头在直线方向上的运动称为进给运动。

2. 麻花钻的组成及作用

手电钻及台钻所使用的钻头直径较小，为直柄钻头。大直径的钻头均为锥柄钻头，即标准的麻花钻，如图4-2所示。

（1）切削部分　横刃+两条主切削刃，用于排屑和输送切削液。

（2）导向部分　它是后备切削刃，用于保持

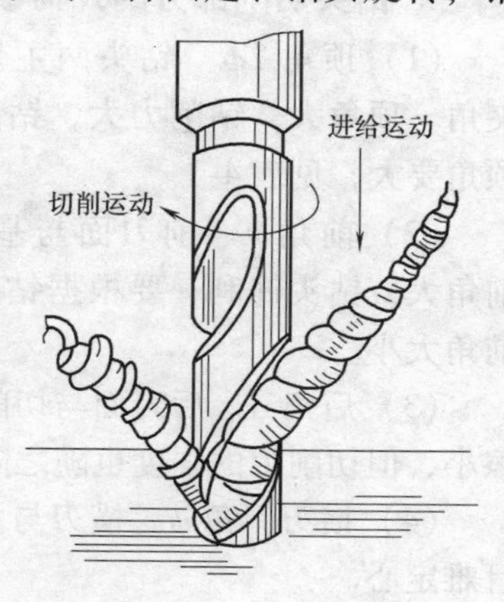

图4-1　钻孔

方向和修光（前大后小的倒锥形）。

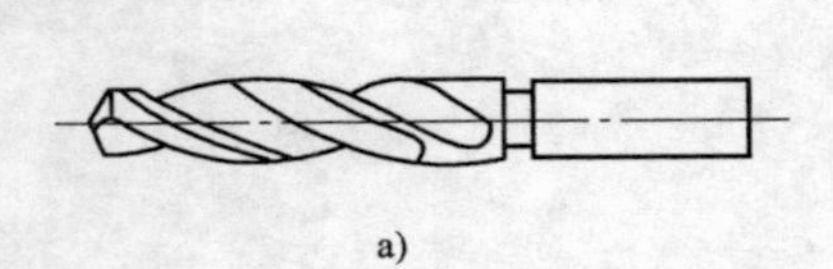

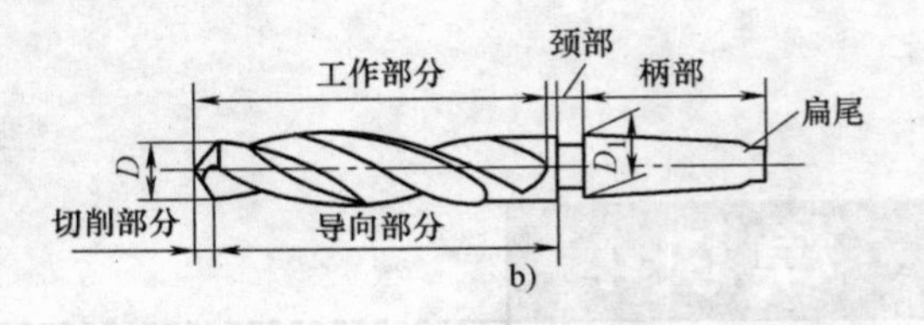

图 4-2　标准麻花钻

a）直柄钻头　b）锥柄钻头

（3）颈部　制造时退刀用，用于打产品商标、材质、规格等。

（4）柄部　用于夹持钻头，传递转矩和轴向力。

（5）扁尾　增加传递转矩，避免钻头打滑。

3. 钻头切削部分的作用

（1）前刀面　切削部分的螺旋槽表面，用于排除切屑。

（2）后刀面　切削部分顶端的两个曲面，与待加工表面相对的是主后刀面，与已加工表面相对的是副后刀面。

（3）主切削刃　前刀面与主后刀面的交线。

（4）副切削刃　前刀面与副后刀面的交线。

（5）横刃　两个后刀面的交线所形成的切削刃，如图 4-3 所示。

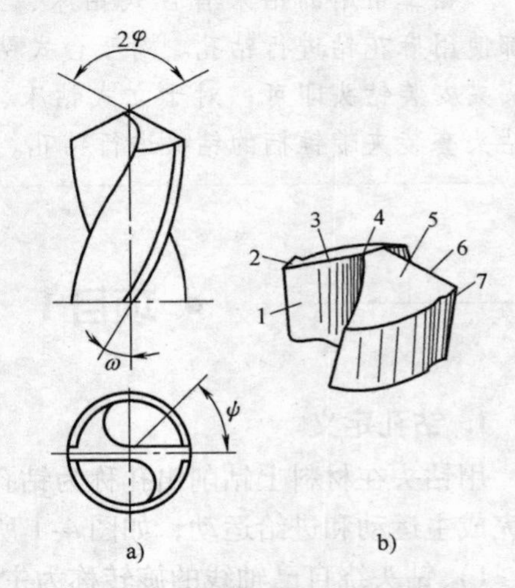

图 4-3　切削部分的几何参数

1—前刀面　2、5—后刀面　3、6—主切削刃　4—横刃　7—副切削刃

4. 钻头切削部分的几何参数

（1）顶角 2ϕ　钻头两主切削刃间的夹角。顶角大，钻削力大，钻削硬材料时顶角要大，见表 4-1。

（2）前角 v　前刀面与基面的夹角。前角大，钻头锋利，要根据钻的材料来定前角大小。

（3）后角 α　后刀面与切削平面间的夹角。后角大则后刀面与加工表面的摩擦小，但切削刃的强度也随之降低。

（4）横刃斜角 ψ　横刃与主切削刃间的夹角。横刃斜角小则横刃长，阻力大且难定心。

表4-1 各种材料加工时顶角的选择

加工材料	顶角 $(2\phi)/(^{\circ})$	加工材料	顶角 $(2\phi)/(^{\circ})$
普通钢和铸铁	116～118	纯铜	125～130
合金钢和铸钢件	120～125	硬铝合金和铝硅合金	90～100
不锈钢	110～120	胶木、电木、赛璐珞及其他脆性材料	80～90
黄铜和青铜	130～140		

5. 钻头夹简介

钻头夹的结构，如图4-4所示。夹头的三个斜孔内装有带螺纹的夹爪，夹爪螺纹与套筒螺纹相吻合，旋转套筒会使三个夹爪同时合拢或张开，使钻头柄被夹紧或放松。作用：装夹13mm以下的钻头。

6. 钻头套简介

1）钻头套的作用是装夹带锥柄钻头，如图4-5所示。

2）表示方法：锥柄的莫氏锥度（共有五个型号1、2、3、4、5号）。

3）具体应用：几个套配合用（若钻头小，一个套不能与主轴锥孔相配）。

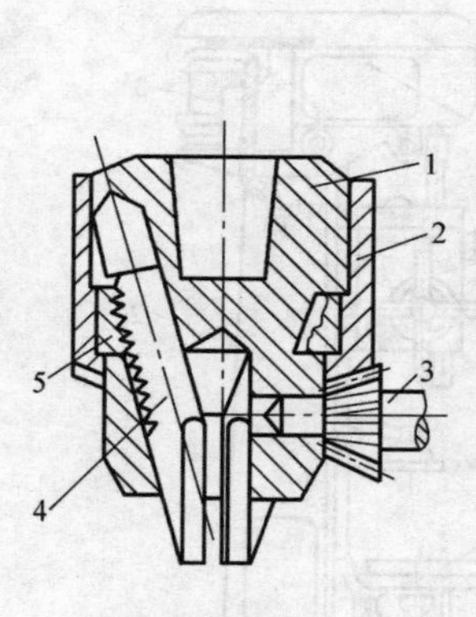

图4-4 钻头夹

1—夹头体 2—夹头套筒 3—钥匙 4—夹爪 5—内螺纹圈

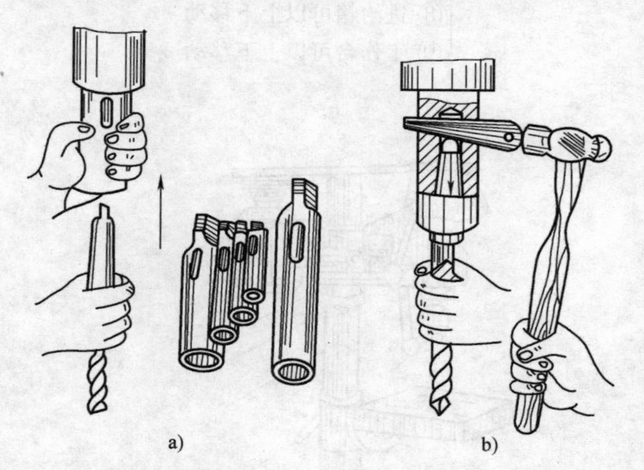

图4-5 钻头套和钻头的拆卸

a）钻头套 b）钻头的拆卸

4）装卸方法：拆卸→带圆弧的一边向上（防止损坏主轴或套上的长圆孔），钻头要握住，且钻头与工作台间垫木板，防止钻头掉下损坏。

7. 台式钻床与立式钻床的特点及加工方法简介（见图4-6、图4-7）

1）台式钻床
- ① 钻孔的最大直径为13mm
- ② 五级V带传动，主轴有五种转速
- ③ 工作台可以左右旋转45°
- ④ 工作台可以上下移动
- ⑤ 保险环防止横梁下滑
- ⑥ 手柄用来锁紧
- ⑦ 钻小工件直接放台上
- ⑧ 钻大工件则把工作台转旁边，工件直接放置于底座上进行钻孔

2）立式钻床
- ① 中型孔25、35、40、50
- ② 自动进给，切削量大
- ③ 高效率、高加工精度
- ④ 主轴转速调整的范围大
- ⑤ 可加工多种材料
- ⑥ 能钻、扩、锪、铰孔
- ⑦ 能进行攻螺纹的操作
- ⑧ 进给箱可以上下移动
- ⑨ 工作台可以上下移动

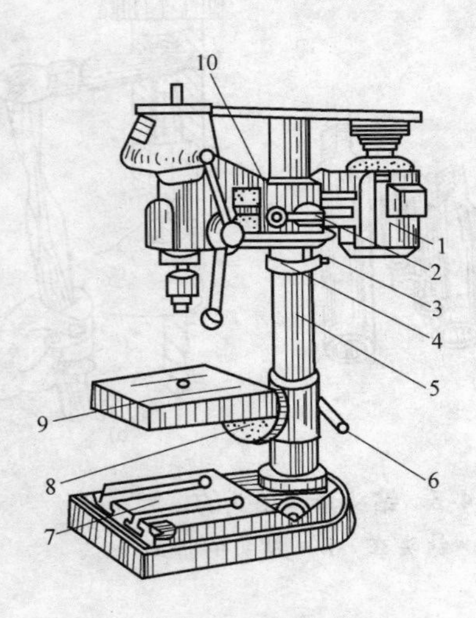

图4-6　台式钻床

1—电动机　2、6—手柄　3、8—螺钉　4—保险环　5—立柱　7—底座　9—工作台　10—横梁

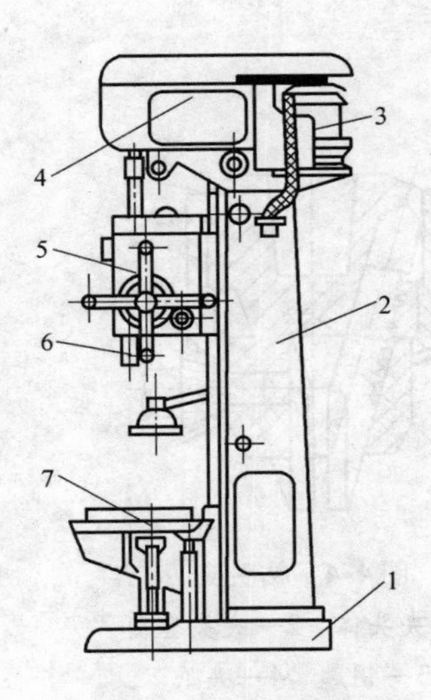

图4-7　立式钻床

1—底座　2—床身　3—电动机　4—变速箱　5—进给箱　6—主轴　7—工作台

8. 摇臂钻床的特点及加工方法简介（见图4-8）

1）用于加工大型的工件和多孔工件，工件不动，移动钻床主轴。

2）摇臂可移动，可旋转360°，主轴变速箱可移动。加工范围大，方便。

3）小件时，工作台加工；大件时，拿走台子，在底座上加工；特大时挖坑。

4）电动胀闸时，锁摇臂在立柱上；电动锁时，变速箱在摇臂上。刀具不振动。

5）转速和进给量的调整范围大，可以手动或自动进给，M_{max}可以达100mm。

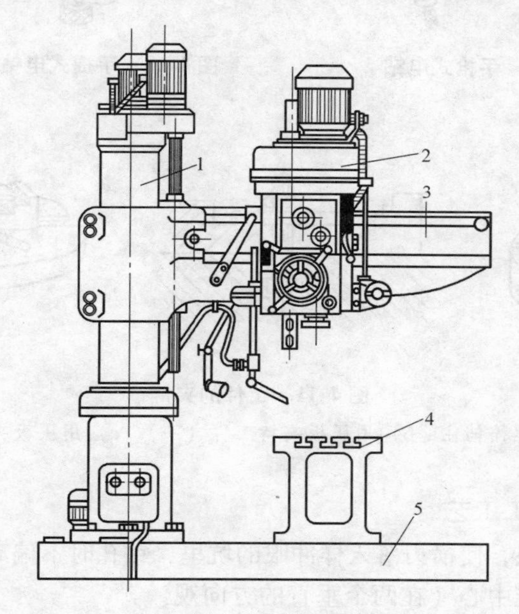

图4-8　摇臂钻床

1—立柱　2—主轴变速箱　3—摇臂　4—工作台　5—底座

9. 手电钻的特点及加工方法简介（见图4-9、图4-10）

1）电源为220V或380V，规格有6mm、10mm、13mm等几种。

2）组成：电动机、减速装置、钻夹头、手柄、开关。

3）手枪式电钻所钻最大孔径为6mm、电源为220V、外壳双绝缘、安全。

4）手提式电钻有漏电保护器，漏电就自动断电。所钻最大孔径为13mm。

10. 钻孔时工件夹持的目的及方法（见图4-11）

1）夹持目的：夹紧工件、保证钻孔位置、防止其移动使钻头折断。

2）小而薄件用钳子夹，小而厚件则用小型平口钳夹持。

3）长型钢钻孔，可用手握，但在工件的旋转方向上要进行限位。

4）工件钻大孔，利用压板、螺栓和垫铁来固定。螺栓尽量靠近工件。

5）圆柱形工件钻孔，利用V形块和压板压紧，防止其转动。

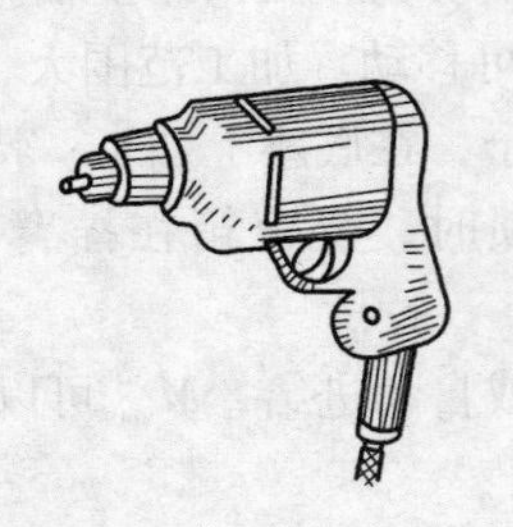

图 4-9　手枪式电钻

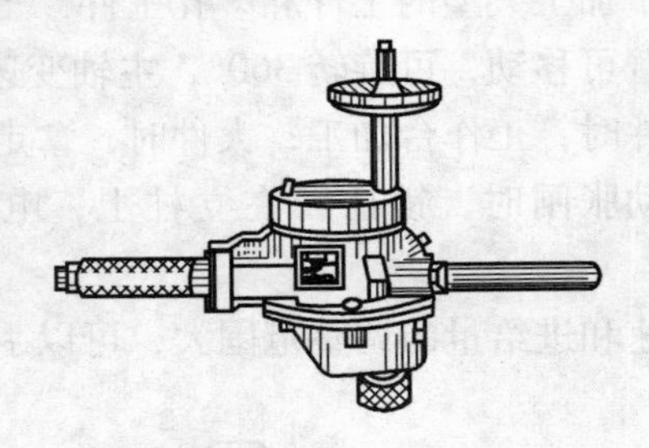

图 4-10　手提式电钻

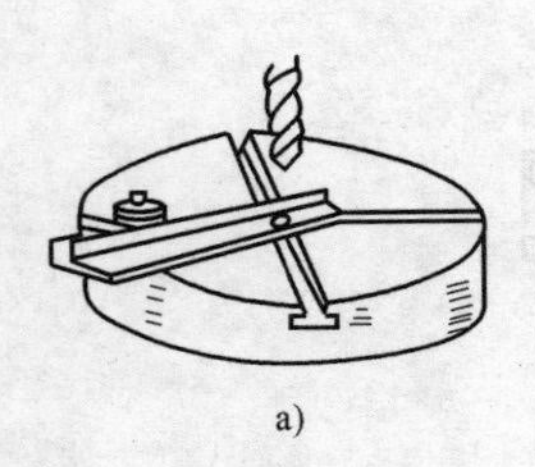

a)

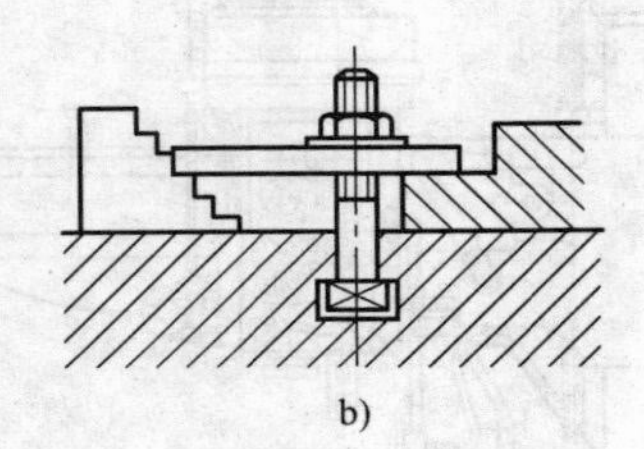

b)

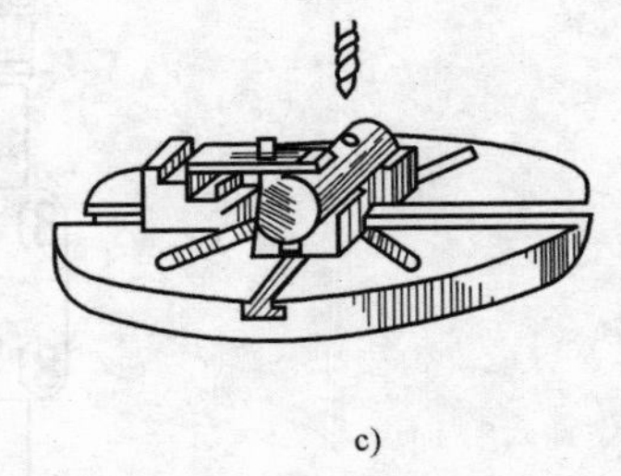

c)

图 4-11　工件的夹持

a）长工件用螺栓挡住　b）用压板夹持工件（一）　c）用压板夹持工件（二）

11. 钻孔的加工工艺

1）打好样冲眼，使横刃落入样冲眼的坑里，钻孔时不偏离中心。

2）钻头要对准中心（在两个垂直的方向观察），先试钻一个浅坑。

3）若钻偏则找正（移动工件或主轴），若偏离大则用扁铲反向开槽，减少此处的钻削阻力，让工件移动过来，达到找正的目的，如图 4-12 所示。

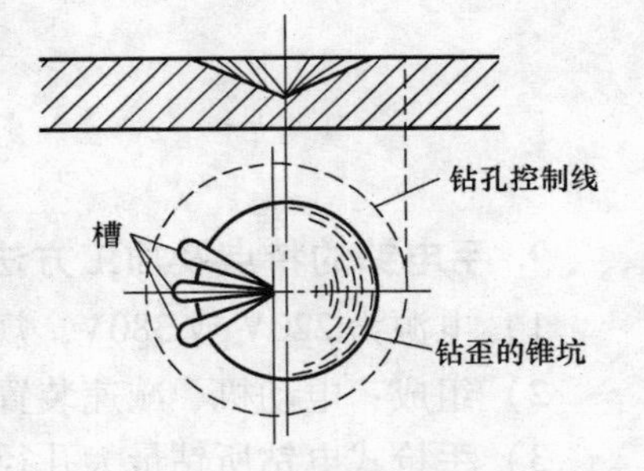

图 4-12　用槽来纠正钻偏的孔

4）孔快要钻通时，要减小进给量 f。防止钻孔质量降低，防止钻头折断。

5）钻盲孔时，要根据孔的深度调好挡块，钻孔过程中要实际检测。

6）钻深孔时，钻一定的深度要退出排屑，防止排屑不畅折钻头。

7）钻大孔（>30mm）时先钻后扩，这样孔质量好，施工安全。

12. 切削液的作用

1）延长钻头的使用寿命，保证钻孔的质量。

2）散发钻头与工件摩擦所产生的切削热，防止钻头退火。

3）降低切削阻力和切屑的温度，防止刀刃产生积屑瘤。

钻各种材料用的切削液见表4-2。

表4-2　钻各种材料用的切削液　（体积分数，%）

工件材料	切削液	工件材料	切削液
各类结构钢	3%～5%乳化液，7%硫化乳化液	铸铁	不用或用5%～8%乳化液，煤油
不锈钢、耐热钢	3%肥皂加2%亚麻油水溶液，硫化切削油	铝合金	不用或用5%～8%乳化液，煤油与菜油的混合油
纯铜、黄铜、青铜	不用或用5%～8%乳化液	有机玻璃	5%～8%乳化液，煤油

13. 切削用量

1）切削速度 v：钻头直径上一点的线速度 $v=\pi nD/1000$（m/min），其中 D 为钻头直径（mm），n 为钻头转速（r/min）。

2）进给量 f：钻头每转一周，其轴向移动的距离，单位为mm/r。

3）钻削深度h：在实心的材料上钻孔，深度为孔径的一半（$h=D/2$）。

例：$D=12$mm，$n=640$r/min，求 v。答案：$v=24.1$m/min。

14. 选择切削用量

材料的强度和硬度高，则 $v\downarrow$、$n\downarrow$、$f\downarrow$、切削液要好、润滑要好。

材料的强度和硬度低，钻孔直径小、则 $v\uparrow$、$n\uparrow$、f 适当（否则容易折钻头）。

15. 钻孔的注意事项

1）清理场地的杂物，工件夹紧。钻通孔时，要垫好木方（板）。

2）戴好眼镜、帽子，不许戴手套、围巾和裸露发辫。

3）要用工具来排除长切屑，不许用手直接除屑。

4）孔将要钻透时，要减小进给量，以免发生事故。

5）只有在停车时，才能用手去松紧钻夹头。

6）松紧钻夹头必须用钥匙，不许用敲打。

7）钻头从钻头套中退出时，要用斜铁敲出。

8）进行检修和清理工作时，必须停车（或断电）。

项目2 钻孔工件实例

阐述说明

钻床在加工工件时，工件的形状及大小各异，装夹的方法各异，但万变不离其宗，必须保证所钻的孔符合图样的要求，依据上序划线钳工所打的样冲眼进行。通常摇臂钻所钻的孔较大，必须要先钻后扩，来完成孔的加工。

1. 法兰盘钻孔

1）将待钻孔的两块法兰盘放到工作台上，法兰盘的底部用方钢垫起，如图4-13所示。留出的空间是孔钻穿后，钻头的切削部分不与工作台面碰撞。

2）紧固螺栓的下部固定在工作台上，将中部有孔的压板穿入螺栓中，压板与上面法兰的端面接触；用手将螺母与螺栓旋合，然后用相应规格的内六角扳手将螺母拧紧；要拧上两个螺母，这样利用双螺母对顶，防止在加工的过程中压板产生松动，影响法兰盘的钻孔质量，如图4-14所示。

图4-13　法兰盘放置垫块之上

图4-14　拧紧螺母使压板压紧法兰盘

3）法兰的端面要钻8个孔，上序的划线钳工已经号出钻孔的中心、打好样冲眼、划出了要钻孔的直径。装夹法兰盘时，注意压板的位置要与孔位错开，不能妨碍钻孔，如图4-15所示。

4）法兰盘的端面上需要钻孔的直径较大，要先钻后扩的方法，这样排屑容易，加工表面的质量好。首先将直柄的小钻头放入钻头夹中，用钥匙拧紧后，装入摇臂钻主轴，按法兰端面上样冲眼的位置，钻出法兰盘端面的8个孔；让钻头对准样冲眼的中心钻一浅坑，观察钻孔位置是否正确，如图4-16所示。若偏位就需要校正（打样冲眼或凿槽），小钻头将上面的法兰钻出一定的深度，作为后面钻孔的导向。

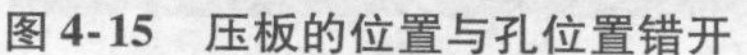

图4-15 压板的位置与孔位置错开

图4-16 用小钻头钻出法兰盘端面的8个孔

5）用斜铁将钻头夹从钻床主轴锥孔中拆卸下来，拆卸时斜铁带圆弧的一半要放在上边，否则要把钻床主轴上的长圆孔敲坏，同时要用手握住钻头。也可以在钻头与钻床工作台之间垫上木板，防止钻头冲击跌落而损坏，如图4-17所示。

6）将符合尺寸要求的钻头刃磨好，钻头的锥柄插入钻床主轴锥孔中，如图4-18所示。然后摇动手柄，使主轴下降，让钻头与工作台轻轻冲击接触，这样使钻头的锥柄在主轴的锥孔中插到位。

图4-17 用斜铁拆卸钻头夹

图4-18 钻头的锥柄插入主轴锥孔

7）拆卸下来的钻头夹，拆卸用的锤子、斜铁，如图4-19所示。

8）转动摇臂，调整主轴变速箱，让钻头移动到法兰盘的上方，用电动胀闸锁紧在立柱上，主轴变速箱也锁紧固定在摇臂上，使主轴的位置保持不变，刀具不振动。钻头的横刃对准已钻出的小孔，对法兰的端面进行扩孔，如图4-20所示。

9）根据所钻孔的直径，调整主轴变速箱下部刻度盘，上面一圈的数值是进给量（钻头转一圈，主轴下降的距离），下面一圈的数值是主轴每分钟的转速。此时与对中标记相对的一组数值为（0.16、125），如图4-21所示。即主轴每分钟转125圈，每转一圈钻头轴向进给距离为0.16mm。

图 4-19　拆卸用的钻头夹、斜铁、锤子

图 4-20　对准已钻出的小孔进行扩孔

图 4-21　设定钻头的转速及进给量（0.16、125）

10）完成自动进给的设置后，钻床的主轴带动钻头对端面上的孔进行加工，如图 4-22 所示。

11）自动进给完成一个孔的加工后，需要松开电动胀闸，调整摇臂及变速箱的位置，当钻头与下一个小孔对正后，锁紧胀闸，钻床仍按设定的速度及进给量进行钻孔，如图 4-23 所示。

图 4-22　自动进给进行扩孔

图 4-23　自动进给进行扩孔

12）法兰端面钻孔完毕后，松开电动胀闸，推走摇臂到适当的位置，用扳手拧下螺母，将压板从螺栓中取出，如图4-24所示。

13）加工后的法兰放置到成品区，如图4-25所示。这些法兰仅仅是半天的工作量，对于操作者而言，认真地加工几块法兰不难；若从始至终保持认真、精力旺盛、不出差错、不出事故就非常难。处理好工作节奏、工作强度，调整好自己的心态与情绪，是非常必要的。事故与差错的发生通常不是由于技能水平，而是由于操作者的心态与情绪。

图4-24 拧下螺母取出压板

图4-25 加工后的法兰

2. 大型箱体盖板钻孔

1）大型箱体盖板的形状为长圆形，划线工按图样的要求划出加工线；气割工已经按划线的位置对外圆弧、直线部分进行了气割。车工用立车对长圆形内部的两个孔进行车削。如图4-26所示。

图4-26 大型箱体盖板

2）划线工对盖板进行二次号料，划出长圆形边缘的螺栓孔、两个圆孔边缘的螺纹孔的位置，划出钻孔的直径，对钻孔的中心打好样冲眼后，盖板转入下道钻孔工序。

3）吊车工将盖板吊运到待加工区，车间的调度员会将盖板的图样、工程单号、工时定额等材料交给钻床的操作人员，这时等待加工的活可能不止是一种，要根据各工程单号的要求时间、轻重缓急合理地安排加工顺序。

4）钻床的操作者清理、清扫摇臂钻的工作台，为盖板的钻孔腾出装夹的位置，如图 4-27 所示。

5）分析箱体盖板的图样，依据盖板的尺寸、钻孔的位置、孔径的大小，在头脑中确定加工方案、加工步骤，如图 4-28 所示。

图 4-27　清扫工作台面

图 4-28　箱体压板的图样

6）按长圆盖板的尺寸，在工作台上摆好 4 块垫块，如图 4-29 所示。作为孔钻穿后的缓冲空间，避免钻头直接冲击到工作台上而损坏。

图 4-29　在工作台上摆好垫块

7）盖板的尺寸较大，同一小组的人员停下自己的工作，过来帮助吊运（互相协作，这也是合格技工应有的职业素养），指挥吊车下降吊钩，挂在盖板的内孔上，如图 4-30 所示。

8）缓慢地吊起盖板，若吊起不稳或盖板处于不平衡状态，就需要放下盖板，重新挂好吊钩，如图 4-31 所示。

9）盖板吊运到平台的上方后，用一手扶持盖板，用手势指挥吊车，缓慢地下降吊钩，使盖板落在工作台的垫块上，如图 4-32 所示。

图4-30 吊钩挂在盖板的内孔上

图4-31 缓慢吊起查看盖板是否平衡

图4-32 盖板要缓慢地落在平台的垫块上

10）对盖板的位置仔细查看，用撬棍进行调整，垫块的位置不能处于孔的正下方（垫块不能在孔的轴线上），如图4-33所示。

图4-33 用撬棍对盖板的位置进行调整

11）盖板分为两层，上层为面板，下部为一圈垫板。也就是说两个圆孔的周围没有垫板，属于盖板中较薄的部位，且钻孔的直径不大，因此决定一次钻孔成形。用大样冲把上序所打的小样冲眼逐个扩大，如图4-34所示。

图 4-34 将上序所打的小样冲眼扩大

12）扩大后的样冲眼，能使钻头的横刃落入样冲眼的锥坑中，对钻头的进给起导向作用，如图 4-35 所示。

13）将符合要求的钻头装夹好，固定摇臂及变速箱的电动胀闸，调整主轴变速箱下部刻度盘，钻头自动进给完成加工（一个孔钻完后，松开胀闸，调整摇臂及变速箱位置，使钻头与下一个孔的样冲眼对正，试钻后，锁紧胀闸），如图 4-36 所示。

图 4-35 扩大后的样冲眼

图 4-36 按所打的样冲眼逐个钻孔

14）将内圆四周的孔加工完毕后，用斜铁插入钻头主轴的长圆孔中，锤击斜铁，取出锥柄钻头，然后换上钻头夹，装夹小直径的直柄钻头，如图 4-37 所示。

15）盖板的腰形圆边缘较厚（下面焊接一层垫板），用小钻头按上序所打的样冲眼进行钻孔（深 10mm 左右即可），用于钻大孔时定位，如图 4-38 所示。

16）卸下钻头夹，换上符合尺寸要求的锥柄钻头，对所钻小孔逐个进行扩孔，如图 4-39 所示。

3. 小型箱体上盖钻孔

箱体上盖装夹在小型工作台上，将加长的钻头装夹，安装到钻床主轴的锥孔中。按图样的要求，加工连接螺栓孔，如图 4-40 所示。

图 4-37 用斜铁卸下锥柄钻头

图 4-38 在长圆孔的周围钻出定位导向孔

图 4-39 用大钻头对所钻的小孔逐个扩孔

4. 联轴器接手钻孔

1）4 个待钻孔的联轴器接手（高颈法兰）放置到工作台上，根据工件的结构特点，将接手的两端面相对，套到拉紧螺栓上。螺栓下部卡在工作台的 T 形槽中，用圆形压板（报废的齿轮）套在螺栓上；将几个螺母与螺栓旋合后压紧盖板，如图 4-41 所示。

图 4-40　用加长钻头钻上箱体的螺纹孔

2）上序已经号出钻孔位置，划出孔径、打上样冲眼。按样冲眼逐个钻孔，完成 4 个接手端面的钻孔，如图 4-42 所示。

图 4-41　接手装夹到工作台上

图 4-42　按上序所打的样冲眼钻孔

5. 薄钢板钻大孔

1）首先把薄板按上序所划的样冲眼钻出小孔，如图 4-43 所示。

2）薄板的强度差，钻大孔过程中非常容易变形。因此正确的装夹是保证钻孔质量的重要一环，在平台上放置三块垫铁，垫铁之间的距离很近（大于钻头的直径），提高钢板的刚度。使钻头钻穿钢板后不与工作台接触，且钢板不发生变形，如图 4-44 所示。

3）将薄钢板放置在两个垫铁之间，钢板的上面用两块压块及螺母紧固。摇臂钻的主轴上装夹大钻头（符合图样要求），钻头与所钻小孔位置对正后，采用较低的切削速度，自动进给开始扩孔，如图 4-45 所示。

4）钻孔完毕后退出钻头，如图 4-46 所示。然后松开螺母，将薄板上面的压铁转动到一边，取出钻孔完毕的钢板。继续重复上述工步，即装夹钢板→对刀→

图4-43　先将所有的薄板钻出小孔（一）

图4-44　先将所有的薄板钻出小孔（二）

图4-45　大钻头对正小孔位置进行扩孔

锁紧摇臂及变速箱→自动进给钻孔。

6. 轴瓦加工定位销孔

（1）装夹轴瓦　轴瓦（滑动轴承）作为轴的支撑，内部有输送润滑油的油道，是比较精密的零件。将3个轴瓦（6瓣，每两瓣已用4个内六角螺钉拧紧）装夹到平口钳上，在钻孔前已经由多道工序加工（热处理、车削、铣削、划线、

图 4-46　钻孔完毕后退刀

攻螺纹），将钻头夹及加长钻头安装好，装夹到摇臂钻主轴的锥孔内，如图 4-47 所示。

图 4-47　三个轴瓦装夹到平口钳内

（2）钻定位销　按上序在轴瓦上的划线标记位置，手动进给手柄钻定位销孔，该孔用来安装轴瓦的定位销（每两瓣瓦上只有一个定位销），因为后序还需要在轴瓦的内部焊锡基轴承合金、研磨、刮削、车削等工序，定位销是可以防止加工后装错位置，如图 4-48 所示。

7. 槽钢钻孔

1）待钻孔槽钢的长度为 8m，已经由上序划线，确定了钻孔的位置、孔径、打好样冲眼。槽钢的尺寸较大，吊运过程中要细致、认真，与吊车工密切配合。指挥吊车的手势要准确、清晰，吊运时不要碰伤自己，也不要碰伤临近的其他班组的操作人员。

2）两槽钢自重较大，立放在平台上后，用拉紧螺栓、压板、螺母将槽钢固定在平台上，如图 4-49 所示。

3）调整好摇臂钻的摇臂位置、变速箱位置，所钻的孔径较大，仍然采用先

图4-48 手动进给手柄钻定位销孔

钻后扩的方法，将小钻头及钻头夹安装到钻床的主轴上，按所打的样冲眼进行钻孔，如图4-50所示。

图4-49 在平台上装夹两槽钢

图4-50 按样冲眼钻小孔

4）将两槽钢表面所打的样冲眼钻小孔完毕后，用斜铁卸下钻头夹，换上符合图样尺寸要求的钻头。调整摇臂及变速箱的位置，将钻头对准所钻小孔，试钻后检查位置是否有偏移，然后锁紧摇臂及变速箱，设定主轴的转速及进给量，自动进给进行钻孔，如图4-51所示。

5）将两根槽钢立面上的孔加工完毕后，检查有没有遗漏之处；卸下拉紧螺栓上的螺母、压块、松开胀闸，解除摇臂及变速箱的锁紧，推动摇臂到适当的位置，如图4-52所示。然后通知吊车工，需要用吊车吊运槽钢。要将槽钢翻转180°后，进行下立面的钻孔加工。加工的方法与上立面完全相同。

8. 薄钢板钻大孔

前面讲过薄不锈钢板钻大孔，作为不锈钢干燥机中的一个小零件，采用的方法是先钻后扩，单块板进行钻孔。这是针对要求尺寸及精度比较高薄钢板所采用的方法。

图 4-51　按所钻小孔的位置进行扩孔

图 4-52　推走摇臂准备翻转槽钢加工下立面

1）若对于碳钢薄板，钻大孔时若精度要求不太高，可以采用多块一起钻孔，既满足图样的钻孔要求，又能提高工作效率。如容器内部的隔板，可以将多块尺寸相同的隔板叠放在一起（叠放的数量视钢板的厚度、钻头工作部分的长度而定），检测后将薄板的边缘点焊固定。划线工只对最上面第一张钢板划线，划出各孔的位置、孔径、孔的中心打好样冲眼。用吊车将组焊后的钢板吊运到摇臂钻的工作台上，首先依据所钻钢板的长、宽尺寸，在平台上放好垫块（可以立放几个高度相等的圆筒），让钢板的组焊件缓慢地落在圆筒的端面上。用压板、螺栓将组焊件的四面（长与宽方向）首先用小钻头按样冲眼位置钻孔，然后换上锥柄钻头，按所钻小孔的位置进行第一次扩孔；此时扩孔的直径没有达到图样要求(是要求孔径的 50%~80%)。一次扩孔后，换上符合图样尺寸要求的钻头，对钢板的组焊件进行二次扩孔，如图 4-53 所示。

2）工件钻孔的尺寸较大，在钻孔的过程中需要浇注切削液，如图 4-54 所示。

3）孔径较大，要选择较低的切削速度及进给量，观察从螺旋槽中所排出的切屑，判断所设定自动进给的数值是否合适（切屑应为较长的带状切屑），如图4-55所示。

图4-53　对组焊件二次扩孔

图4-54　钻孔过程中浇注切削液

9. 厚钢板的组焊件钻孔

1）吊运到工作台上，下部用垫块垫起，上部用螺栓、方钢压紧，用小钻头按所打的样冲眼进行钻孔，如图4-56所示。

图4-55　螺旋槽内应排出带状切屑

图4-56　用小钻头按所打的样冲眼钻孔

2）卸下钻头夹及小钻头，换上符合图样要求的锥柄钻头，对所钻的小孔进行扩孔，钻孔完毕后，将组焊件堆放到成品区，如图 4-57 所示。

图 4-57　对所钻的小孔进行扩孔

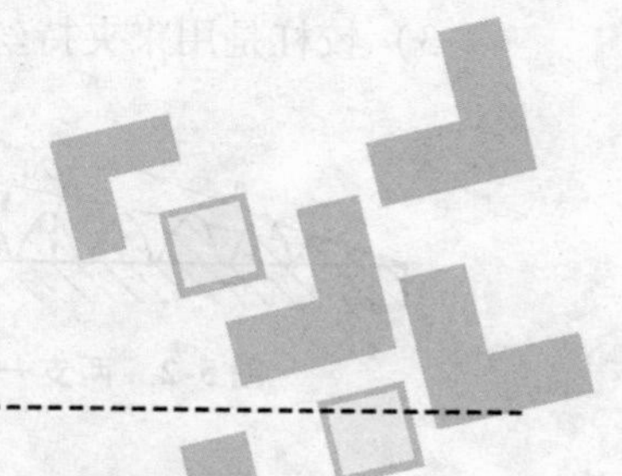

模块5

攻螺纹和套螺纹

阐述说明

用丝锥在工件内部的孔中加工出内螺纹称为攻螺纹，用板牙在管子或圆钢的外部加工出螺纹称为套螺纹。攻螺纹和套螺纹是钳工，也是管工的工作内容之一。

• 项目1 攻 螺 纹 •

1. 丝锥及铰杠

1）丝锥的结构如图5-1所示。

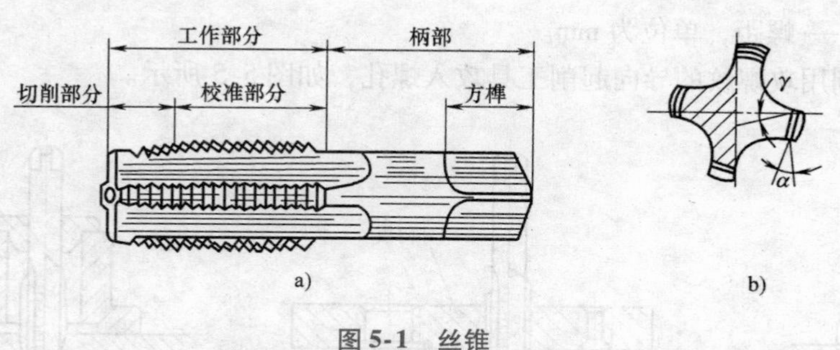

图5-1 丝锥

a）外形 b）切削部分和校准部分的角度

2）丝锥有两支一套和三支一套，是将切削量分配给几支丝锥承担，提高丝锥的耐用度，如图5-2、图5-3所示。

3）铰杠是用来夹持丝锥柄部的方榫，带动丝锥旋转切削，如图5-4所示。

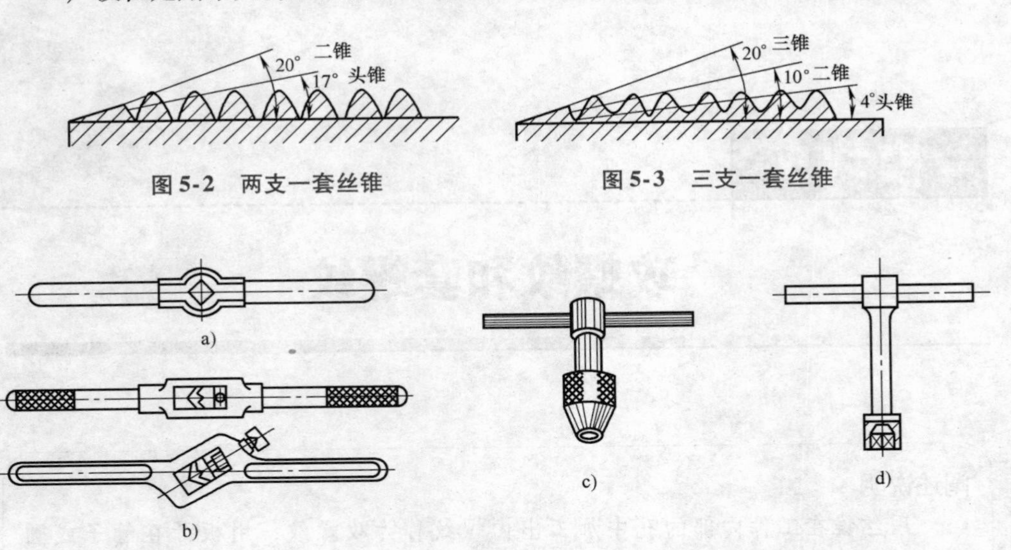

图5-2 两支一套丝锥

图5-3 三支一套丝锥

图5-4 铰杠

a）固定铰杠 b）活动铰杠 c）活动丁字铰杠 d）固定丁字铰杠

2. 攻螺纹的方法

1）底孔直径：

$$D=d-P\text{（如钢材）}$$

$$D=d-(1.05\sim1.1)P\text{（如铸铁）}$$

式中 D——底孔直径，单位为mm；

d——螺纹大径，单位为mm；

P——螺距，单位为mm。

2）利用攻螺纹的导向起削工具攻入螺孔，如图5-5所示。

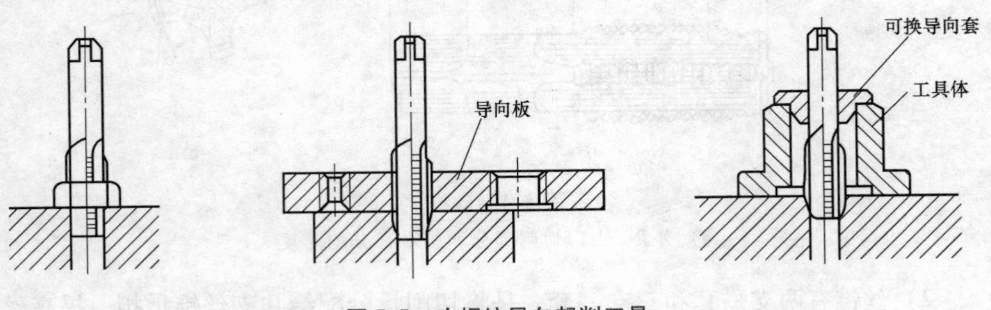

图5-5 攻螺纹导向起削工具

3）工件在台虎钳中夹持固定，丝锥要放正，与工件垂直，如图5-6所示。

4）转动铰手对丝锥均匀加力，攻螺纹的基本步骤，如图5-7所示。

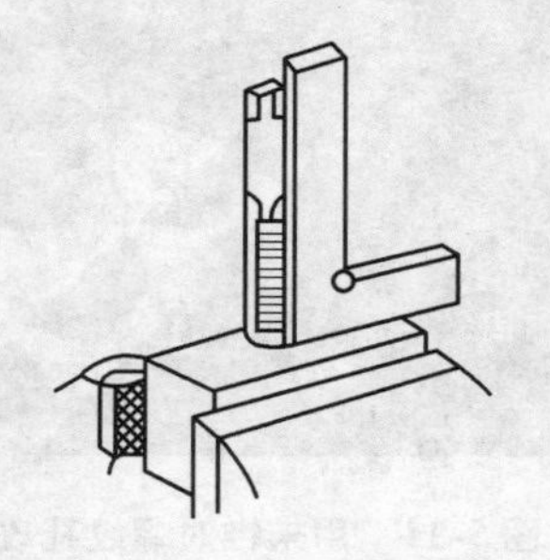

图5-6　用直角尺观测丝锥位置

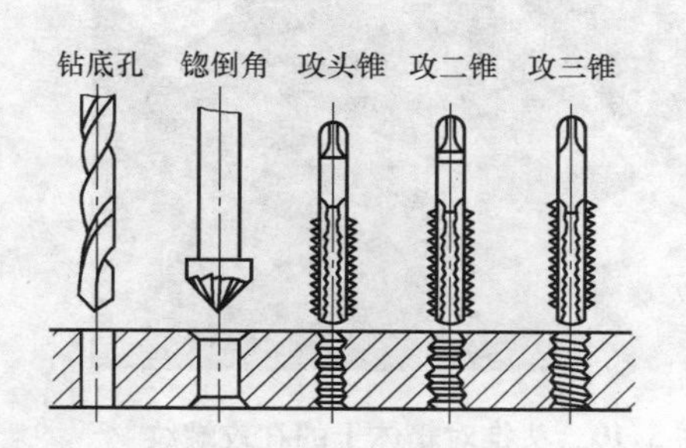

图5-7　攻螺纹的基本步骤图

5）攻螺纹时，丝锥与材料之间发生挤压，如图5-8所示。因此每攻1～2圈，要反转1/4圈，利于断屑，防止卡住丝锥造成折断。

6）换新丝锥时，要用手将丝锥旋入已攻出的螺纹孔中，然后用铰杠转动。

7）末锥没攻完需退出时，要用手旋出，使攻好的螺纹质量不受影响。

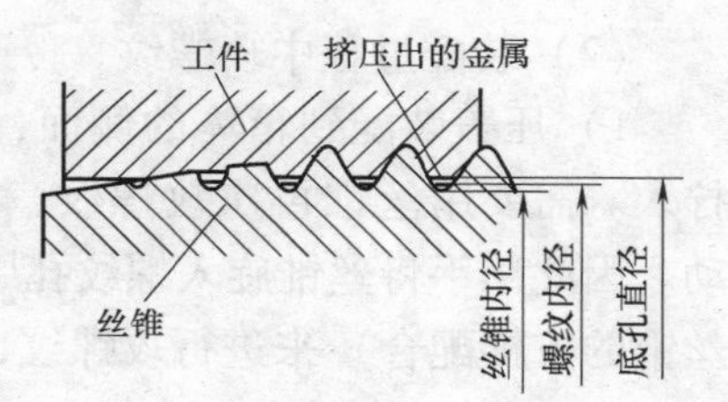

图5-8　攻螺纹时的挤压现象

8）攻脆性（铸铁）材料，攻螺纹的过程中可以用机油润滑。

3. 攻螺纹加工的几个实例

（1）减速机箱体装配现场攻螺纹

1）箱体的侧面用镗床镗孔后，吊运到装配场地，水平放置后准备攻螺纹，如图5-9所示。

2）用绞手安装头锥对所钻的孔进行攻螺纹，丝锥的轴线要垂直箱体表面，对丝锥加压力并转到绞手，当切入1～2圈后，要检查丝锥的位置，不能有明显的偏斜。当切入3～4圈后，只需转动绞手，不再对丝锥加压力，否则丝锥的牙形将被破坏，如图5-10所示。

图5-9　箱体钻孔后准备攻螺纹

3）旋出头锥，用手将末锥旋入已攻出的螺纹孔中，至不能再前进时，然后用绞手扳转，避免将螺纹损坏，如图5-11所示。末锥攻完退出时，要用手旋出，以免损坏已攻好的螺纹。

图 5-10　头锥对箱体上的孔攻螺纹

图 5-11　用末锥对螺纹孔攻螺纹（得到正确的螺纹直径）

（2）装配过程中攻螺纹

1）压盖装配到箱体的侧面，将螺栓旋入螺纹孔中，若旋入不畅，不能强行拧入。需要用丝锥再次攻螺纹，绞手在该场合使用时，输入轴会妨碍绞手的转动。因此用手将丝锥旋入螺纹孔中后，采用T形套管（管子的前部制成方形，与丝锥的方榫配合）来进行攻螺纹，如图 5-12 所示。

2）T形套管的前部插入丝锥尾部的方榫，双手握住尾部横管，转动横管，让丝锥切入螺纹孔，注意丝锥的轴线要与压盖的端面垂直，攻螺纹的过程中要反转排屑，如图 5-13 所示。完成对螺纹孔的修正，以便旋入螺栓紧固。

图 5-12　装配过程中用套管攻螺纹

图 5-13　修正螺纹孔以紧固螺栓

3）高颈法兰装配前的攻螺纹：

① 制造的机械设备是由许多零部件组成，很多小的零部件攻螺纹，不是在装配现场完成，而是由钳工在机修车间内完成。以高颈法兰零件为例，法兰在钻床上钻孔后，送到机修车间，钳工将其装夹到台虎钳之中，按图样要求的螺纹孔，用丝锥攻出螺纹孔，如图 5-14 所示。

② 头锥攻螺纹后旋出，用手将末锥旋入，绞手安装到丝锥的方榫上，丝锥要垂直法兰的端面，转动绞手，注意排屑，完成对法兰孔端面的攻螺纹，如图 5-15 所示。

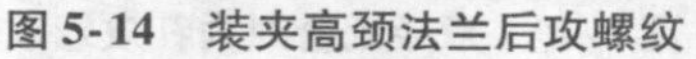
图 5-14　装夹高颈法兰后攻螺纹

图 5-15　用末锥完成对法兰端面攻螺纹

③ 对高颈法兰的颈部攻螺纹，用 T 形套管的头部夹持丝锥，转动套管后部的绞手，对颈部的孔进行攻螺纹。刚攻入的前两圈要观察丝锥是否歪扭，攻螺纹过程中要注意排屑，如图 5-16 所示。

4）对攻螺纹加工的简介：

① 在工厂中，钻孔、攻螺纹是一项通用技能，并非只有钳工能够完成，其他工种如管工、冷作工、车工等均可完成该操作。车工对内螺纹件加工后，要完成钻孔及螺纹加工，才能将工件转入下序。大工件的内螺纹采用内孔螺纹刀，小件的内螺纹可以用尾座及回转顶尖来完成，如图 5-17 所示。

图 5-16　对法兰的颈部攻螺纹

图 5-17　利用尾座及回转顶尖对工件攻螺纹

② 丝锥的头部顶在孔口中，尾座的回转顶尖顶在丝锥方榫端面的弧坑中，这样丝锥的轴线就垂直工件的端面，固定尾座在导轨上的位置，如图 5-18 所示。

③ 用活扳手卡住丝锥的方榫，用套管插入扳手的柄部以加长力臂。一手握住套管旋转丝锥，另一手转动尾座后面的手轮，使尾座套筒伸出，回转顶尖前移，始终顶在方榫的锥孔中，如图 5-19 所示。

④ 当丝锥头部切入工件内孔 3 ~ 4 圈后，不会发生丝锥脱离的情况了，就可以退出尾座，以便用扳手更方便、快捷地转动丝锥攻螺纹，如图 5-20 所示。

⑤ 用扳手转动丝锥攻螺纹，若有攻螺纹受阻现象，要反转丝锥排屑，不能强行拧入，以免损坏丝锥的牙型，如图 5-21 所示。

图 5-18　用回转顶尖及工件固定丝锥的位置

图 5-19　双手配合对内孔攻螺纹

图 5-20　退出尾座后用扳手转动丝锥攻螺纹

图 5-21　攻螺纹过程中要反转丝锥排屑

⑥ 完成攻螺纹后，要用手将丝锥旋出，防止损坏已攻出的螺纹，如图 5-22 所示。

⑦ 大型的工件如聚合釜的法兰圈，对端面的螺纹孔采用机械攻螺纹，将法兰圈装夹在摇臂钻床上，按图样的要求，用钻头加工出孔。然后取下钻头，换上机用丝锥，移动钻床的摇臂，对所钻的孔进行攻螺纹，如图 5-23 所示。

图 5-22　攻螺纹后用手旋出丝锥

图 5-23　用机用丝锥对所钻的孔攻螺纹

⑧ 攻螺纹的过程中，采用较低的转速及进给量，注意退出丝锥排屑，用丝锥的表面刷涂润滑油，降低丝锥的温度，提高攻螺纹的精度，如图 5-24 所示。

图5-24 攻螺纹要注意排屑及刷涂润滑油

项目2 套螺纹

圆板牙结构和圆板牙架分别如图5-25和图5-26所示。

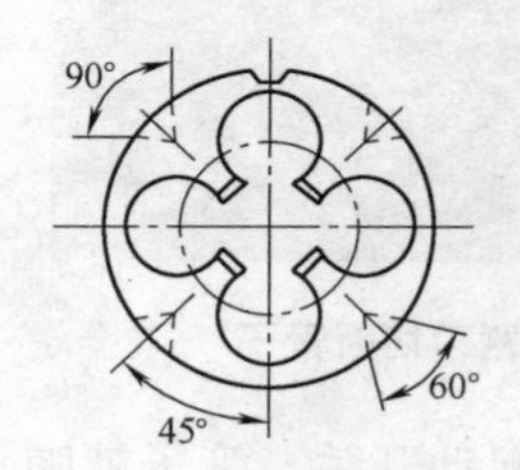

图5-25 圆板牙结构

图5-26 圆板牙架

套螺纹的方法（见图5-27）：

1）将板牙装入铰杠。

2）确定套螺纹圆杆直径，$D=d-1.3P$（D 为圆杆直径、d 为螺纹大径、P 为螺距）。

3）套螺纹圆杆的端头倒角15°~20°，以利于板牙切入。

4）工件装夹、紧固好。

5）板牙的端面与工件的轴线垂直，加压力顺时针扳动绞手。

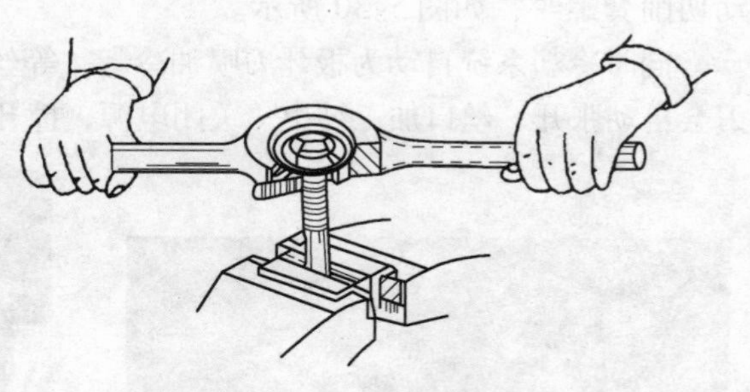
图5-27 套螺纹的示意图

6）切入2个牙后，不加压力，但要不时反转，使切屑破碎排除。

7）循序渐进地进行，以免损坏工具或工件。

• 项目3　套　丝　机 •

1）套丝机是由机体、电动机、减速箱、管子卡盘、板牙头、割刀架、进刀装置、冷却系统组成，如图5-28所示。这是2寸套丝机（50型），加工范围为1/4～2in（1in＝0.0254m）。

2）套丝机具有管子切断功能：把管子放入管子卡盘，撞击卡紧，启动开关，放下进刀装置上的割刀架，扳动进刀手轮，使割刀架上的刀片移动至想要割断的长度点，旋转割刀上的手柄，使刀片挤压转动的管子，管子转动4～5圈后被刀片挤压切断，如图5-29所示。

图5-28　ZIT-R2C电动切管套丝机

图5-29　用割刀切断管子

3）要加工螺纹的管子放进管子卡盘，撞击卡紧，按下起动开关，管子就随卡盘转动起来，调节好板牙头上的板牙开口大小，设定好丝口长短，然后顺时针扳动进刀手轮，使板牙头上的板牙刀以恒力贴紧转动的管子的端部，板牙刀就自动切削套螺纹，如图5-30所示。

同时冷却系统自动为板牙刀喷油冷却，等丝口加工到预先设定的长度时，板牙刀会自动张开，丝口加工结束。关闭电源，撞开卡盘，取出管子，如图5-31所示。

图5-30　用板牙刀套螺纹（抬起割刀架）

图5-31　套螺纹完毕后板牙刀自动张开

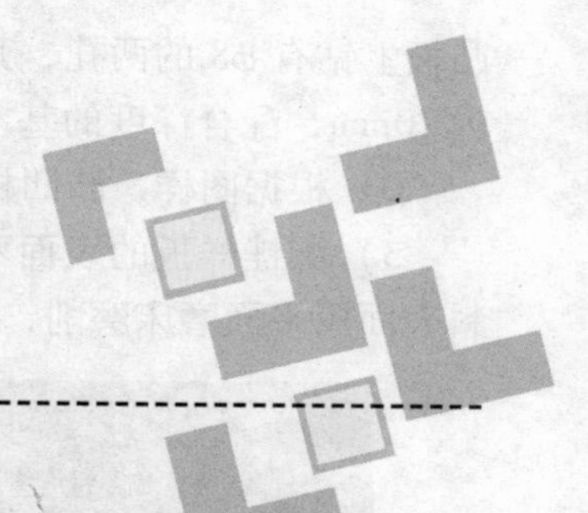

模块6

综合实训

阐述说明

学生运用所学的基础知识及基本技能，初步掌握零件的加工步骤、识图、划线、测量，提高锯、锉及钻孔的技能及质量意识。

• 项目1　简单样板配锉 •

1）配锉零件的图样，如图6-1所示。配合部分的尺寸为（89±0.15）mm，

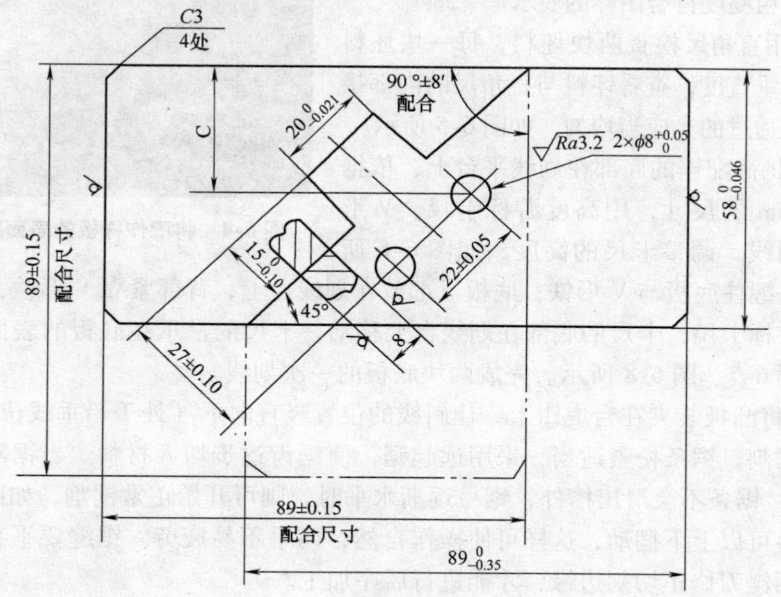

图6-1　配锉零件的图样

凸板上钻有 $\phi 8$ 的两孔，其中心距为（22 ±0.05）mm，凸凹结合部分的基本尺寸为 20mm，配合深度的基本尺寸为 15mm。

2）根据图样，凸凹板均用 89mm ×58mm ×8mm 的方板来完成配锉。

3）配锉样板的表面不允许锉削加工，它又是测量时的基准面，因此先将坯料表面用平面磨床磨削，如图 6-2、图 6-3 所示。

图 6-2　待磨削表面的坯料

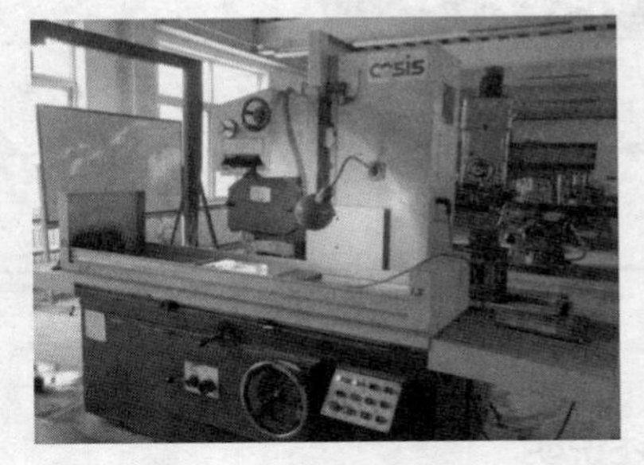

图 6-3　坯料排列装夹在工作台上

4）平面磨床的工作台上有电磁吸盘，工件放在电磁吸盘上，摇动升降手柄，磨头（砂轮）降到合适位置，与待磨削的工件接触。液压系统控制工作台的纵向进给，在工作台每一个往复行程终了时，磨头沿床鞍的水平导轨横向移动。磨削过程会产生大量的热，工件受热会产生变形，因此向磨削部位加注切削液。磨削后的工件，如图 6-4 所示。表面粗糙度符合图样的要求。

图 6-4　将配作样板的表面磨削

5）用直角尺检查两块坯料，每一块坯料四个边的垂直度，查看坯料与直角尺的内部接触之处，透过的光应当均匀，如图 6-5 所示。

6）将待配锉的底部在划线平台上，依据图样 89mm 的尺寸，用高度游标卡尺、V 形铁进行划线。调整卡尺的高度，如图 6-6 所示。左手握住底板与 V 形铁；底板下部放在划线台上，背部紧靠 V 形铁，右手移动高度游标卡尺，卡尺的底部在划线台上移动，卡尺的量爪在底板的表面划出痕迹，如图 6-7、图 6-8 所示。完成两块底板的一次划线。

7）将凸板装夹在台虎钳上，让斜线的位置竖直向下（处于铅垂线位置），这样方便锯割。锯条松紧适当，采用远起锯，使锯齿逐步切入材料。当锯割到槽深 2 ~3mm，锯条不会滑出槽外，锯弓逐渐水平时，则可开始正常锯割，如图 6-9 所示。锯弓可以上下摆动，这样可使操作自然，两手不易疲劳。锯缝要平直，锯割后必须用锉刀修正切割边缘，才能进行后序加工。

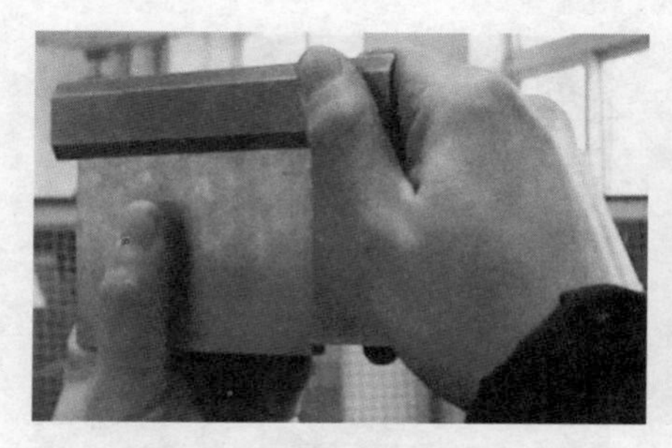

图6-5 测量底板各边的垂直度

图6-6 调整卡尺量爪的高度

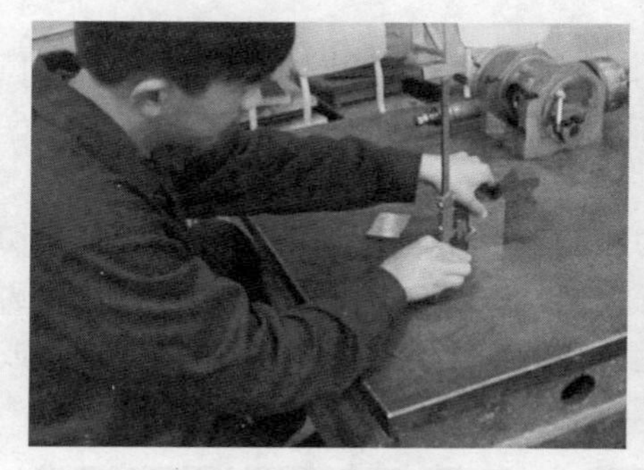

图6-7 在底板的表面划线

图6-8 划线后的凸板

8）图6-10所示的两板，右侧是锯割了斜线的凸板（已经用锉刀修正了斜边），左侧是划线后的凹板。凹板需要先锯割斜线，然后在深度线的上部钻一排孔。

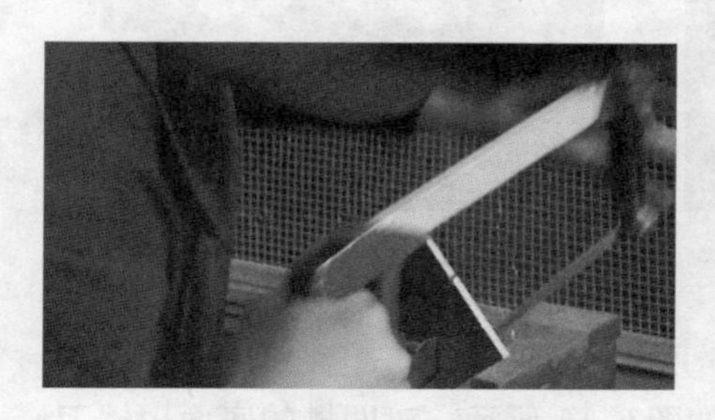

图6-9 锯割凸板上所划的斜线

图6-10 经过一次锯割的凸板与待锯割的凹板

9）凹板同样切割斜边并锉削修正，然后装夹到平口钳中，凹板的底部垫上一块厚木板。因钻头较细，防止钻穿后轴向力减小而使钻头折断，如图6-11所示。

10）注意所钻的一排孔与所划的凹槽深度线有一定的间隙，这是錾削与锉削的余量，如图6-12所示。如果间隙过小或无间隙，即所说的吃线，则试件报废，前面的所有加工及努力都付诸东流。

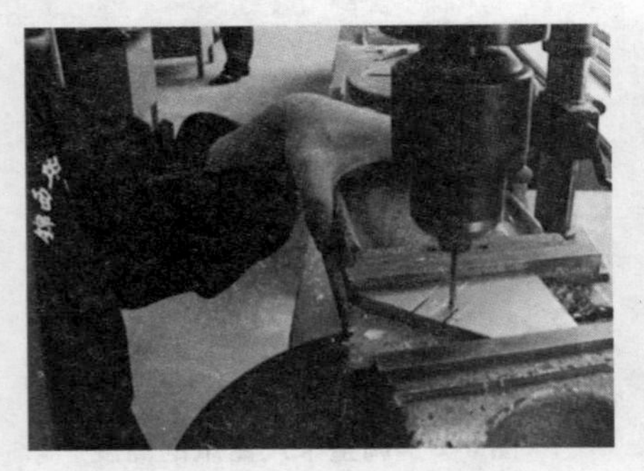

图6-11 钻削凹板的凹槽底部

图6-12 所钻的孔与凹槽底部留有间隙

11）将钻孔后的凹板装夹到台虎钳上，凹板的斜线（凹槽的深度线）与钳口平行，按凹槽的宽度线进行锯割。锯割线与凹槽的深度线也要保留间隙，如图6-13所示。

12）虎钳口安装铜皮，试板装夹其中。装夹要牢固，防止板料松动而使切断线歪斜。用錾子、锤子对凹板的凹槽进行錾削，如图6-14所示。錾子的切削刃平不能对板料，那样不仅费力，板料会发生回弹和变形，使切断处产生不平整或撕裂现象。

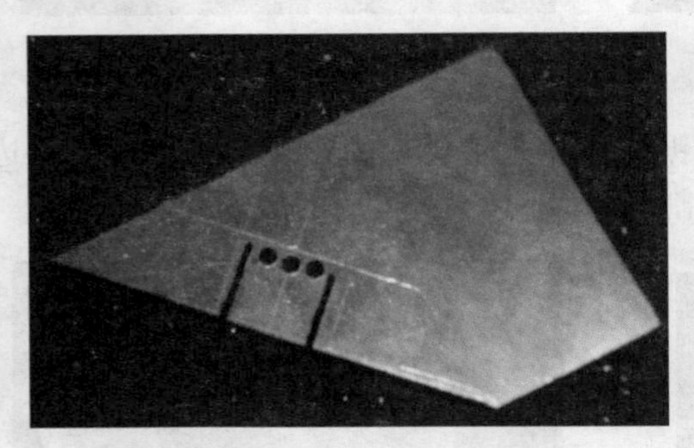

图6-13 凹板的凹槽钻孔并锯割宽度

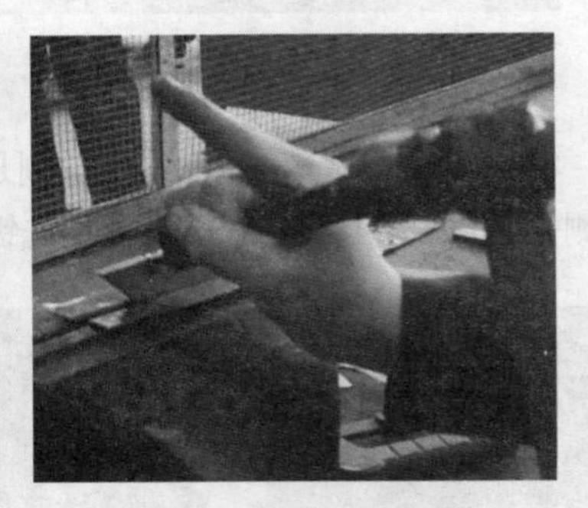

图6-14 錾削凹板的凹槽

13）錾削了凹槽后的凹板，如图6-15所示。通过如下工序：识图→划线→锯割→钻孔→錾削。即得到凹板的凹槽，如图6-16所示。对凹槽的底面用锉刀修正，如图6-17所示。

14）凹板转动90°装夹，用锉刀（平板锉、三角锉、半圆锉）修整凹槽的两侧面，如图6-18所示。

15）凸板锯割斜角后，用锉刀修正。然后进行二次划线（号料），距切割的斜边15mm划出一条平行线、按凸槽20mm的宽度划出与斜边垂直的两条线、按凸槽的深度15mm划斜边的平行线，该线与两垂直线相交。

图6-15 凹板鏨削后得到凹槽

图6-16 凹板的凹槽是这样得到的

图6-17 对凹槽的下表面进行锉削修整

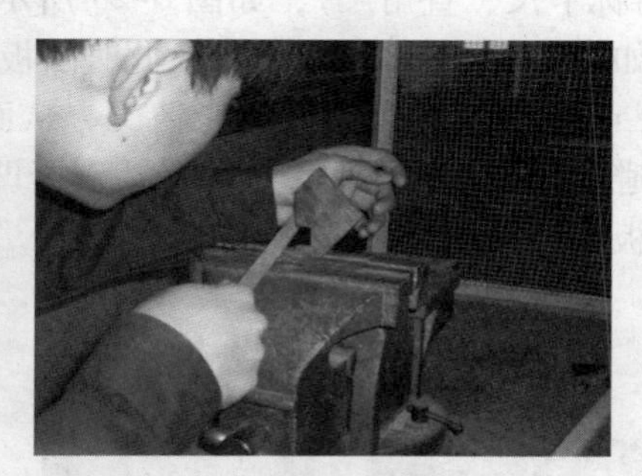

图6-18 用锉刀修整凹槽的两侧面

16）将凸板装夹到台虎钳上，锯割斜线及与之垂直的线，这需要锯割四次完成；最后锯割与斜线平行的线（得到凸槽的深度15mm）。切割五锯之后，从凸板上锯下两个三角形及一个小长方形，如图6-19所示。得到的凸板的形状，如图6-20所示。

图6-19 锯割下的两个三角形

图6-20 锯割后的凸板形状

17）凸板装夹在台虎钳上，让凸槽的侧面与钳口平行，这样方便用锉刀对凸槽的侧面修整，选择适当的锉刀，将凸板的侧面锉削到符合图样要求，如图6-21、图6-22所示。

图 6-21　用锉刀修整一侧凸槽

图 6-22　用锉刀修整另一侧凸槽

18）初步修磨好凸槽的侧面后，取出凸板，对各处的尺寸及形状进行检测（用游标卡尺、直角尺），如图 6-23 所示。然后装夹到台虎钳上用锉刀进行精修磨，如图 6-24、图 6-25 所示。此时凸板的锉削量很小，各个部分每锉几下就要取下凸板，用直角尺检测透光情况，从而得知该处的直线度误差和平面度误差，坚决避免锉削量过大而造成废品。对于凹板也采取同样的方法进行修正，然后再将凸板及凹板配合进行修正。

图 6-23　对凸板各处的尺寸及形状进行检测

图 6-24　精修磨凸槽的侧面

19）当凸凹板装配一起符合要求后，对凸板按图样要求的位置划线、两 ϕ8mm 的孔心距凸槽顶部距离为 27mm，两孔中心间的距离为 22mm，打好样冲眼，钻出两个孔，再与凹板装配在一起，完成两板的配锉，如图 6-26 所示。

图 6-25　精修磨凸槽的两肩部分

图 6-26　完成配锉的凸凹板

• 项目2 圆弧凸凹样板配锉 •

1）尺寸分析。配锉零件的图样，如图6-27所示。对图样进行分析，凸板上配合部分的长度方向尺寸为76mm、R12mm、54mm、15mm，宽度方向的尺寸为54mm、34mm、24mm。凸板的总长度为（90±0.02）mm，总宽度为54mm。凹板的总长度为（90±0.02）mm，总宽度为54mm。

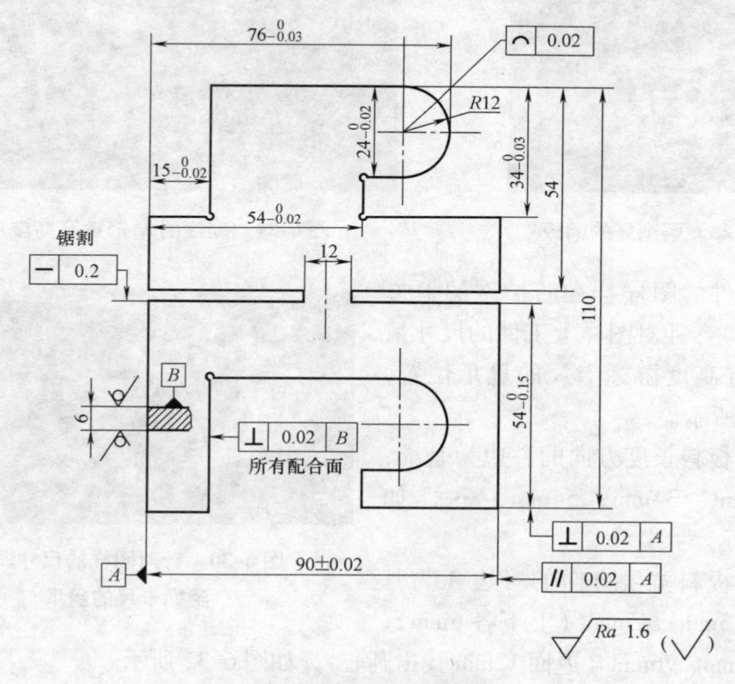

图6-27 配锉零件的图样

2）表面粗糙度分析。凸板与凹板由一块完整的板料加工而成。板料的厚度为6mm，其上表面B为基准面，上下表面粗糙度用不去除材料的方法获得（保持原来的供应表面，即保持上道工序的状况）。

3）形位公差分析。所有的配合表面都要与基准面B垂直，误差值不得超过0.02mm。板料的一侧表面A为基准面，相邻的表面要与表面A垂直，误差值不得超过0.02mm。板料的另一侧表面与表面A平行，误差值不得超过0.02mm。凸板R12mm圆弧的线轮廓度公差不得超过0.02mm。

4）配作要求。凸凹板要进行锯割，锯缝的直线度误差不得超过0.2mm，且两端锯缝之间留有12mm的长度；这个长度的锯割不是由操作者完成，是留给检查员锯开配作检查。

5）将磨削好的钢板放置到划线平台上（每人一块），如图 6-28 所示。准备好划线的 V 形铁、划规、样冲、锤子、高度尺等，如图 6-29 所示。

图 6-28　磨削好的钢板

图 6-29　`划线的 V 形铁及高度尺

6）工件的图样挂在防护网的上方（方便识读），针对图样上工件的尺寸情况，调整好高度游标卡尺的量爪位置，如图 6-30 所示。

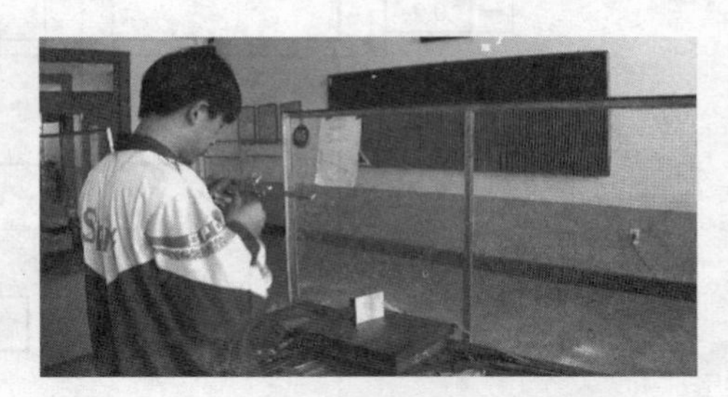

图 6-30　针对图样的尺寸调整游标卡尺的量爪

7）以板料长度方向的一边为基准，划出 12mm、34mm、54mm ……，如图 6-31所示。

8）以板料宽度方向的一边 A 为基准，划出 15mm、45mm（上下各 6mm）、54mm、64mm、76mm（返回 12mm 找出圆心），如图 6-32 所示。

图 6-31　划出长度方向的各尺寸线

图 6-32　划出宽度方向的各尺寸线

9）对所划的线检查后，在圆心位置打样冲眼，如图6-33所示。

10）按照需要划圆弧的尺寸，调整划规的开度，准备划圆弧，如图6-34所示。

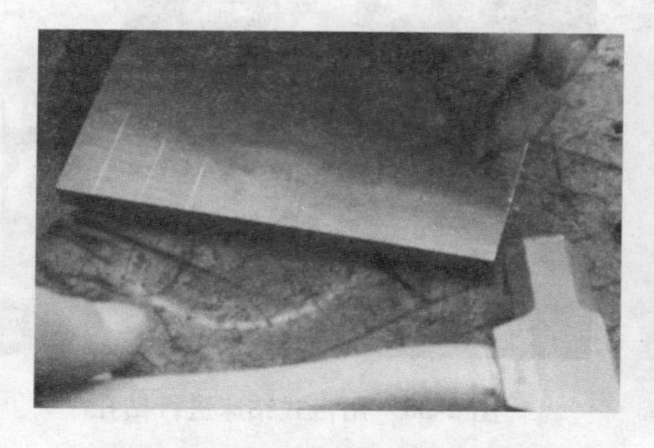

图6-33 在要求的位置打样冲眼

图6-34 调整划规的开度

11）在划线时，若发现所打的样冲眼深度不够，就要按原来样冲眼的位置重打一下，如图6-35所示。样冲眼起定心作用，划圆弧时避免划规的支撑脚发生移动。

12）划规的支撑脚放入样冲眼的锥孔中，划出凸板、凹板上面 $R12$ 圆弧，如图6-36所示。

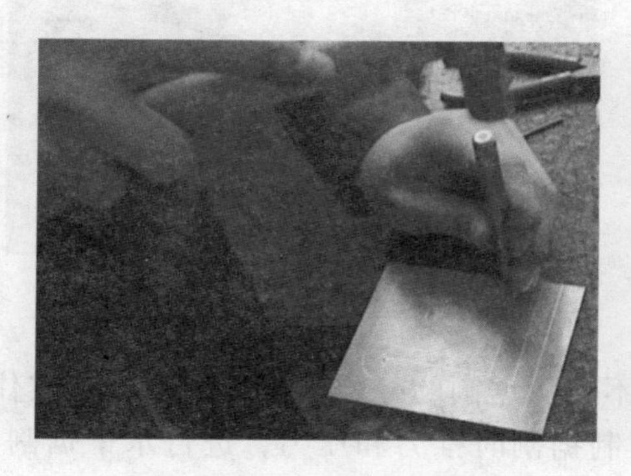

图6-35 补打过浅的样冲眼

图6-36 划出凸板及凹板上的圆弧

13）划线完毕的凸凹板，如图6-37所示。圆弧中心的样冲眼，是作为钻头开孔的位置。直角连接处的样冲眼，是要在该处钻出小孔，即俗称的“止裂孔”，防止锯割或錾削加工时，该处发生撕裂。

14）根据钻头的长度、工件的高度、孔的深度等，调整好台式钻床工作台的高度。将钢板装夹到平口钳上，如图6-38所示。将钻头放入钻头夹中，用钥匙夹紧。钢板的平面与钻头垂直，扳动手柄，观察钻头的横刃与样冲眼的锥孔对正后；起动开关，扳动手柄均匀进给，当孔快钻穿时要减小进给量。

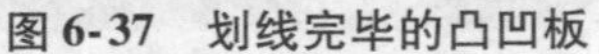

图 6-37 划线完毕的凸凹板

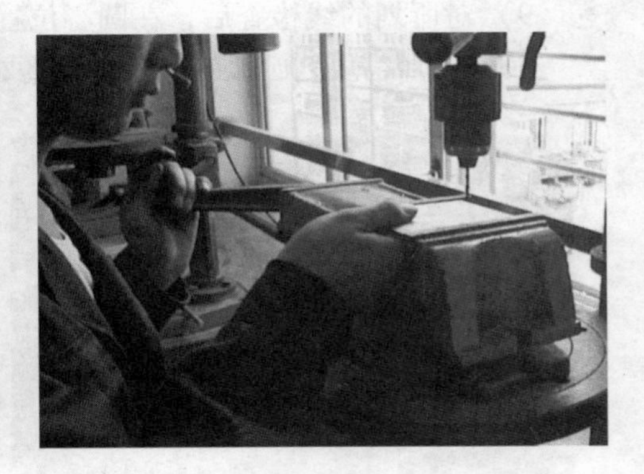

图 6-38 用台式钻床进行钻孔

15）完成了凸板圆弧部分钻孔及两处止裂孔，如图 6-39 所示。所钻的孔与圆弧线之间有一定的间隙，若吃线，则没有后序的加工余量，试件报废。

16）凸板装夹到台虎钳之中，锯条放置到所划的线上，左手拇指的指甲紧贴锯条，作为锯条运行的导向，进行远起锯，如图 6-40 所示。

图 6-39 完成凸板圆弧部分及两处止裂孔

图 6-40 对装夹后的凸板进行远起锯

17）当锯条进入钢板 1 ~ 2mm 后，不会从锯割的缝隙中滑出，则左手按住锯弓的前部，起扶正锯弓作用，右手控制锯割时推力和压力，进行水平锯割，如图 6-41所示。锯弓也可以上下摆动，这样锯割时两手操作自然，不容易疲劳。

18）同样完成另一条所划线的锯割，如此凸板圆弧的上部有了两条锯缝，如图 6-42 所示。

19）錾子的切削刃与前进方向倾斜一个角度，而不是保持垂直位置，切削刃与工件有较多的接触面，如图 6-43 所示。

20）敲击錾子的顶部要准确，錾子的位置保持正确和稳定，切削刃在每次敲击时都保证接触在工件原来的切削部位，而不能脱离，如图 6-44 所示。

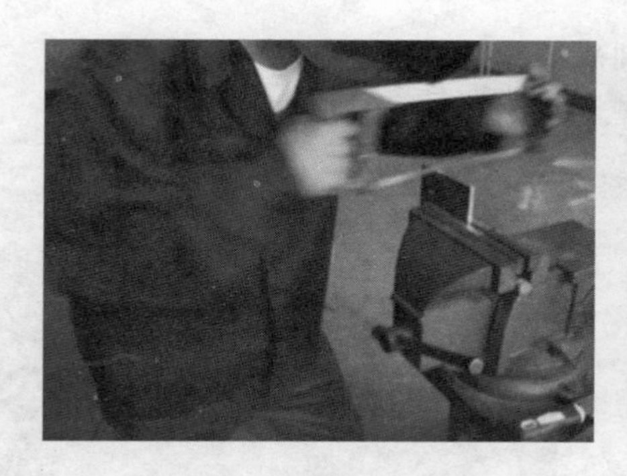

图 6-41　起锯后进行锯割

图 6-42　完成凸板上部的锯割（两条锯缝）

图 6-43　錾子的切削刃与前进方向倾斜一个角度

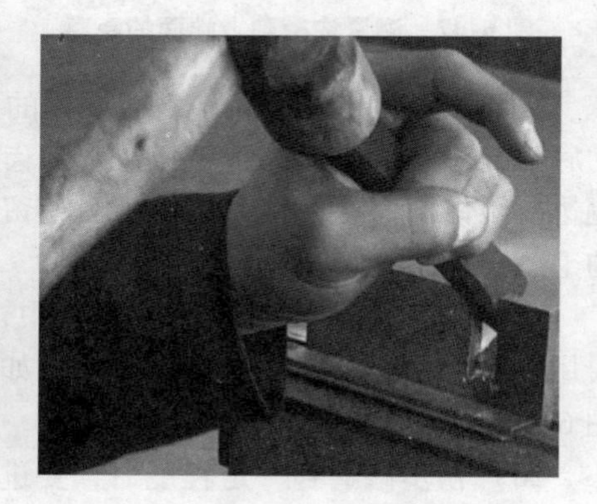

图 6-44　敲击錾子的顶部要准确

21）经过锯割及錾削后，凸板上出现一个长方形沟槽，要对加工后的表面进行修整。将钢板转动 90°装夹，这样沟槽的长边处于水平位置，方便锉削加工，如图 6-45 所示。

22）用平板锉对沟槽的长边进行锉削，如图 6-46 所示。锉削时不能锉掉钢板平面上所划的线。

图 6-45　沟槽的长边处于水平位置

图 6-46　用平板锉锉削长边

23）将板料转动180°装夹，同样锉削沟槽的另一长边。然后将板料取下，分别量取沟槽的两个长边到上下端面的距离，如图6-47、图6-48所示。

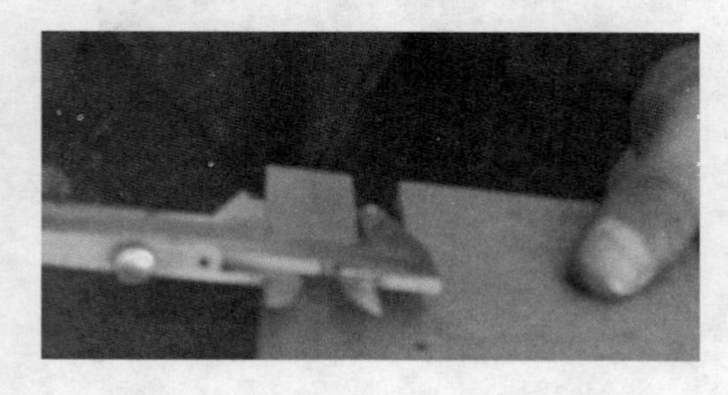

图6-47　测量沟槽到上端面的距离

图6-48　测量沟槽另一边到下端面的距离

24）当沟槽的两个长边符合图样的要求后，将钢板装夹在台虎钳上，让沟槽的底部处于水平位置，用平板锉刀的齿侧边初步修磨，除去钻孔及錾削后遗留的毛刺，如图6-49所示。

图6-49　用平板锉刀的齿侧边初步修磨沟槽的底部

25）初步修磨沟槽底部的过程中，要用游标卡尺来测量沟槽的深度，如图6-50所示。不能修磨过量。

26）初步修磨到一定程度后，要进行精修磨，如图6-51所示。可以使用小的方锉或整形锉进行精锉，在精锉的过程中也要注意测量深度。

图6-50　用游标卡尺测量沟槽的深度

图6-51　用小方锉对沟槽的底部进行精锉

27）锯割所划的15mm×34mm的长方形，在两线的相交处已经钻出止裂孔，首先将板料装夹在台虎钳的左侧，探出钳口外的部分不要太长（避免切割时颤动），锯割34mm的长缝。然后松开台虎钳，将板料移动到钳口的右侧，探出的长度适当，夹紧后，锯割15mm的短缝，如图6-52、图6-53所示。

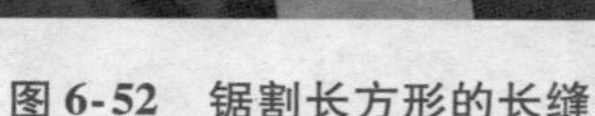

图6-52　锯割长方形的长缝

图6-53　锯割长方形的短缝

28）凸板经过上述的锯割后，板上面有一条沟槽、沟槽相对的一端缺少15mm×34mm的长方形，如图6-54所示。

29）对锯缝的端面要进行修正，将凸板移动到钳口的中间，目测锯缝的端面与钳口平行，用平板锉对34mm的长边进行锉削，如图6-55所示。

图6-54　锯割长方形的长缝

图6-55　锯割长方形的短缝

30）初步锉削长锯缝之后，松开台虎钳，取出凸板，测量长锯缝到对面底边的距离，如图6-56所示。符合要求后，将板料重新装夹到台虎钳上，同样锉削短锯缝之后，检测尺寸。

31）凸板圆弧前边的余量是14mm，按所划的线锯割，该处的位置位于沟槽的上方，如图6-57所示。

32）锯割后凸板的形状，如图6-58所示。对锯割后的端面要进行锉削，将板料转动方向装夹，要锉削的端面平行于钳口向上，如图6-59所示。

图 6-56　锉削长锯缝后检测尺寸

图 6-57　锯割凸部圆弧前边的余量

图 6-58　锯割后的形状

图 6-59　待锉削的端面平行于钳口向上

33）用平板锉锉削锯割后的表面，如图 6-60 所示。

34）锉削表面后，将板料换个角度装夹，锯割小长方形的外角，如图 6-61 所示。

图 6-60　锯割后的形状

图 6-61　锯割小长方形的外角

35）转动板料，让其外角与钳口大约为 60°位置，如图 6-62 所示。用锉刀锉削外圆弧表面，锉刀同时完成前进运动和绕圆弧中心的转动，如图6-63所示。

图6-62 板料的外角与钳口成60°

图6-63 锉削外圆弧表面

36）为了锯割内角，将板料的内角转动到与水平面成45°~60°的位置，锯割圆弧部分的内角，如图6-64所示。

37）将板料适当装夹，初步锉削锯割后的内角，如图6-65所示。

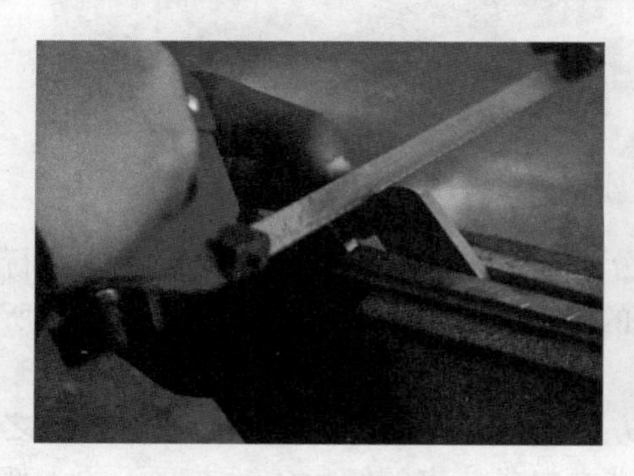

图6-64 锯割圆弧内角

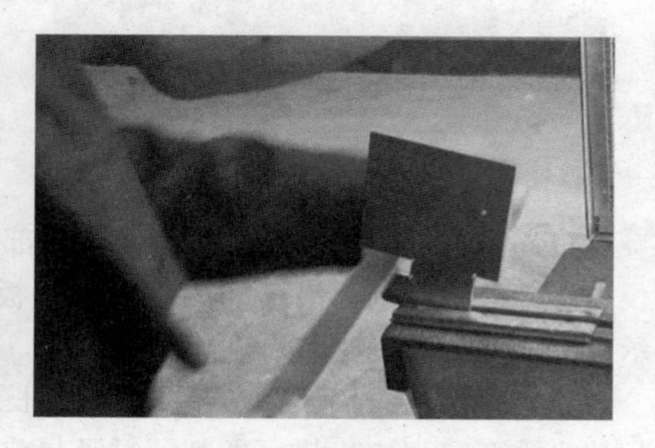

图6-65 初步锉削锯割后的内角

38）让凸板的圆弧部分处于适当的位置装夹，用锉刀精锉外圆弧面，如图6-66所示。

39）对凹板内部直线及圆弧部分打样冲眼，作为钻孔的依据，如图6-67所示。样冲眼中心与所划的线间有距离，要大于钻孔直径的一半，避免钻孔时“吃线”而造成废品。

40）将适当直径的钻头插入钻头夹中，钢板装夹到平口钳中，扳动手柄让钻头下降，查看钻头的横刃是否与样冲眼对正（通过移动平口钳来调整）。然后启动开关，按样冲眼进行钻孔，如图6-68所示。

41）钻孔后的钢板装夹到台虎钳之中，凹板钻孔的部位处于台虎钳上方，与钳口平行的位置，准备加工其内部长圆孔，如图6-69所示。

图 6-66　精锉削外圆弧面（内角、外角）

图 6-67　在凹板所划线的内部打样冲眼

图 6-68　按样冲眼进行钻孔

图 6-69　钻孔后的钢板装夹到台虎钳上

42）内部的长圆孔由长方形及圆弧部分组成，按钢板表面所划的线。先进行长方形部分的锯割，沿所划的线，由凹板的上端面锯割到钻孔处，如图 6-70 所示。完成两处的锯割。

43）锯割后，用錾子、锤子对该处长方形钢板（经锯割、钻孔后仅有各孔之间的少许金属相连）进行錾削，錾子与前进方向成一定的倾角，锤击錾子的头部要准确、有力，如图 6-71 所示。

图 6-70　锯割长圆孔的长方形部分

图 6-71　錾削长圆孔的长方形部分

44）錾削到长方形部分快要分离时，要减小锤击力度，如图6-72所示。避免用力过猛，錾子与锤子前冲，造成操作者伤手或扭腰。

45）按先易后难的原则，将錾削后的板料调转90°装夹，锉削与圆弧部分相对的直边，如图6-73所示。该直边处于同钳口平行的位置。

图6-72 快錾断时要减小锤击力

图6-73 锉削与圆弧相对的直边

46）稍稍转动板料，使钢板与水平面有个倾斜的角度，便于锉刀的侧面齿锉削直边的根部，如图6-74所示。

47）调转90°装夹，让另一长直边处于钳口平面平行的位置，进行锉削，如图6-75所示。

图6-74 锉削直边的根部

图6-75 锉削另一长直边

48）当两处直边完成初步锉削后，要用卡尺及直角尺进行检测。然后对凹板的内圆弧进行锯割，装夹钢板在台虎钳中适当位置，先切割内圆弧与直边相连的部分，如图6-76所示。

49）将板料调转180°（左右换向），锯割内圆弧的另一侧，如图6-77所示。

50）两条锯缝与内圆弧所钻的孔相通后，用錾子及锤子对半圆弧内部的钢板进行錾削，如图6-78所示。

图 6-76　锯割圆弧与直边相连的一侧

图 6-77　锯割内圆弧的另一侧

图 6-78　錾削半圆弧内部的钢板

51）錾削掉半圆弧的钢板形状，如图 6-79 所示。然后用圆锉对半圆弧部分进行锉削，注意观察钢板表面所划的线，不能将所划的线锉掉，如图 6-80 所示。这些线是精锉时的基准线，也是配合时的检验线。

图 6-79　錾削掉半圆弧的钢板

图 6-80　用半圆弧锉削半圆弧的内部

52）对半圆弧部分进行锉削后，将钢板转动一定的角度（45°～60°），这样使圆弧与直线边相邻的部分处于水平位置，方便锉削加工，如图 6-81 所示。

53）用圆锉对圆弧顶部及相邻的位置进行初步锉削，注意钢板表面上所划的线，不能将其锉掉，如图6-82所示。

图6-81 待锉削的圆弧处于适当位置

图6-82 用圆锉对结合部位锉削

54）将钢板再转动一定角度，用半圆锉对圆弧的顶部、相邻部分进行精锉，如图6-83所示。

图6-83 用半圆锉对圆弧的各部分进行精锉

55）将钢板从台虎钳中取下，钢板的底面放置到划线平台上，钢板的平面与V形铁靠紧，调整好高度游标卡尺的量爪，如图6-84所示。

56）左手握住钢板及V形铁，右手抓住游标卡尺的尺身下部，使卡尺底座在划线平台上移动，则卡尺的量爪在钢板的表面划出痕迹，如图6-85所示。共划出两条直线，两线之间的距离为2mm，这是凸板与凹板的分界线。

57）用同样的方法在钢板的另一面划出分界线，如图6-86所示。检查划线位置正确后，将钢板装夹到台虎钳之中锯割。

58）钢板装夹到台虎钳之中，锯缝探出钳口的位置不要太远，避免锯割时发生颤动，如图6-87所示。按图样的要求双向锯割（上下），中间留有12mm的余量，由检查人员锯断后，对凸板及凹板的配合情况进行检验。

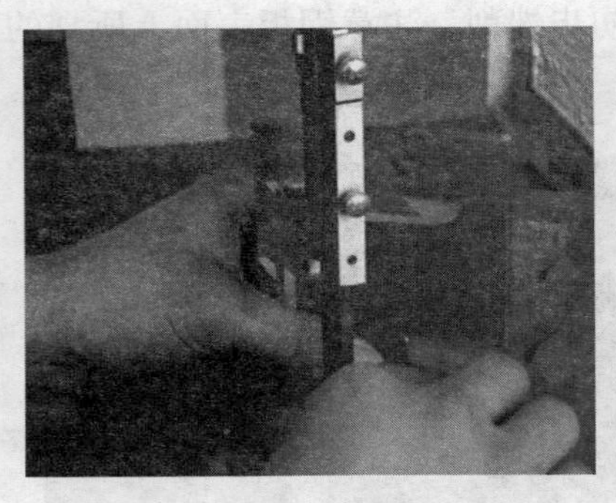

图 6-84 调整游标卡尺准备划线

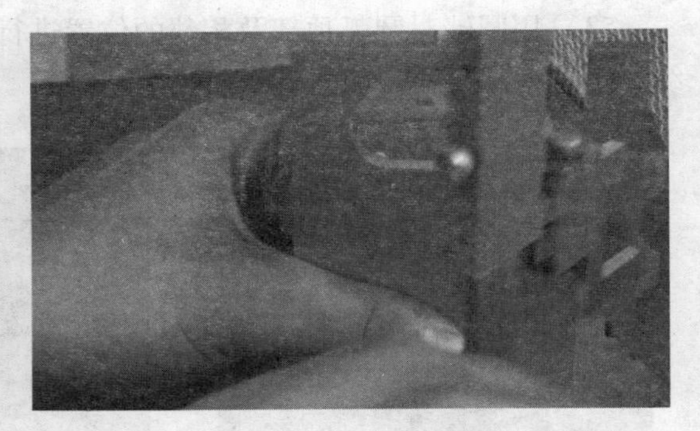

图 6-85 用量爪在钢板的表面划出分界线

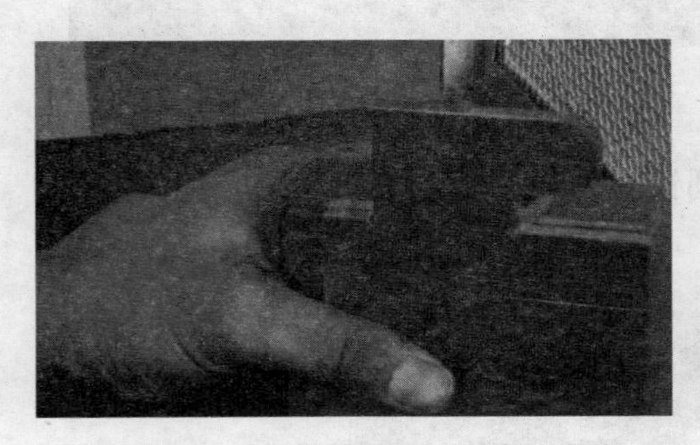

图 6-86 对钢板的另一面划出分界线

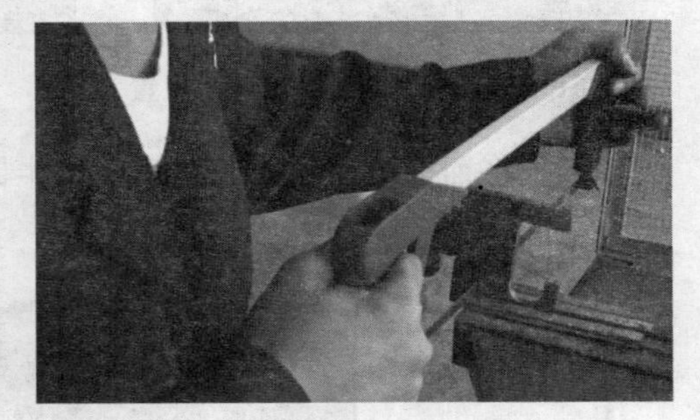

图 6-87 对凸凹板的分界线锯割

59）检查人员锯断凸凹板的分界线（所留的 12mm 余量），然后将凸凹板进行配合，如图 6-88 所示。

60）凸凹板配合后的情形，如图 6-89 所示。若不能顺利的装入，则说明凸板的尺寸大、加工没有到位（未达到所划的线）。若装入后间隙过大，则说明凸板的尺寸小，加工过量（超过所划的线）。

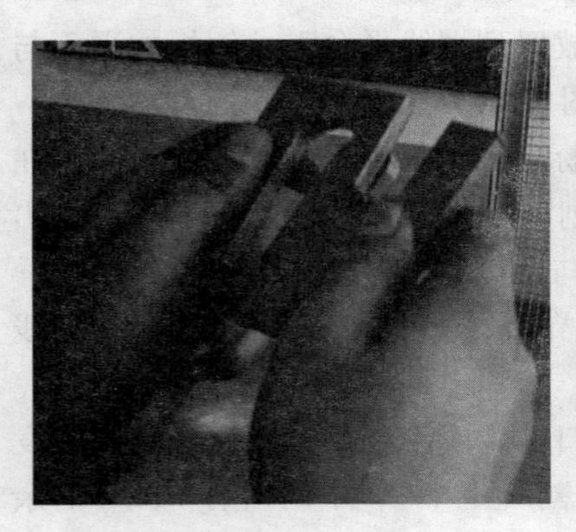

图 6-88 对凸凹板进行配合

图 6-89 完成配合的凸凹板

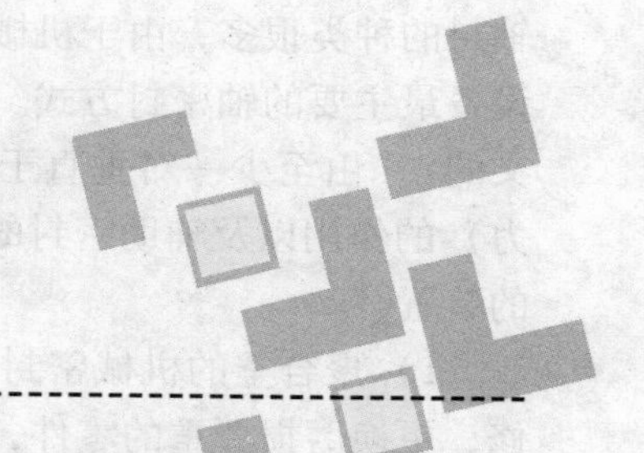

模块7

典型零件的装配与维修

阐述说明

装配是指在金属结构的制造过程中，将各零部件按图样要求组合起来的工序，称为装配。对于复杂的产品，其装配工作又分为部件装配（几个零件组合成一个装配单元）、总装配（零件、部件组装成一台完整的产品）。装配前要熟悉产品的装配图、了解产品的结构及相互位置关系，确定装配方法，顺序，所需的工具、量具、夹具、吊具。装配中要对零件之间的位置进行调整（如相互位置、配合间隙、结合程度），试车检验机器的运转情况（噪声、振动、转速、功率、油温）。机器装配后，对产品喷漆、涂油防锈、装箱。

维修是指对设备中运转到一定的时间后，进行拆卸检查。换下磨损严重的零部件，换上完好的备件，使设备恢复正常运转。拆卸时，应首先熟悉零件间的相互关系和配合，采用正确的拆卸方法，防止野蛮拆卸和盲目拆卸造成零件变形、拉伤。拆卸的零部件放到适当位置，避免丢失。

拆卸的原则是从设备的外部拆到内部，从上部到下部，先拆成部件，再拆成零件。

项目1　装配机械密封

机械密封通常被人们简称为“机封”，是旋转机械的一种油封装置。比如离心泵、离心机、反应釜和压缩机等设备。由于传动轴贯穿在设备内外，这样，轴与设备之间存在一个圆周间隙，设备中的介质通过该间隙向外泄露，如果设备内压力低于大气压，则空气向设备内侵入，因此必须有一个阻止泄露的轴封装置。

轴封的种类很多，由于机械密封具有泄漏量少和寿命长等优点，所以机械密封是设备最主要的轴密封方式。机械密封又叫端面密封，在国家有关标准中是这样定义的：“由至少一对垂直于旋转轴线的端面，在流体压力和补偿机构弹力（或磁力）的作用以及辅助密封的配合下，保持贴合并相对滑动而构成的防止流体泄漏的装置。”

1）聚合釜的机械密封，使用到规定的年限后，送回厂家由维修钳工进行检修，更换磨损严重的零件，如图 7-1 所示。

2）拆卸机械密封的上部法兰，如图 7-2 所示。

图 7-1　机械油封的外观结构

图 7-2　拆下的密封上部法兰

3）油封侧位放置，准备拆卸上部轴承，如图 7-3 所示。

4）拆卸轴承的外圈，如图 7-4 所示。然后再取下钢球、黄铜的支撑架、内圈。

图 7-3　准备拆卸油封的轴承

图 7-4　取下外圈、钢球、支撑架、内圈

5）用毛刷及汽油清洗轴承的外圈，对外圈的内表面仔细查看，决定是否要进行修补或更换，如图 7-5 所示。

6）清洗轴承的内圈后，检查滚动槽的磨损情况，如图7-6所示。

图7-5　用毛刷及汽油清洗轴承的外圈

图7-6　清洗内圈检查滚动槽

7）将组成滚动体的钢球用汽油洗净、吹干，检查球的磨损情况，对磨损严重的球进行更换，如图7-7所示。

8）清洗黄铜滚动体，若磨损严重就要更换，如图7-8所示。

图7-7　清洗钢球后检查

图7-8　更换新的滚动体

9）将内圈滚动槽中涂抹润滑油脂，然后将支撑架压入槽中，将钢球放入滚动体的孔中，这样钢球与内圈接触时两者之间有油膜保护，如图7-9所示。

10）将外圈的齿槽清洗后烘干，向外圈的内齿槽中涂满润滑油脂，如图7-10所示。

11）完成内圈、滚动体、钢球、外圈后，完成轴承的装配，如图7-11所示。

12）准备进行机械密封下部件的拆装，如图7-12所示。

13）同样完成下部件拆卸及装配后，用检测设备（聚合釜液压系统）对检修后的密封进行检测，在设计的压力下是否有泄漏，如图7-13所示。

图 7-9　装配内圈、滚动体、钢球

图 7-10　外圈的内齿槽中涂满润滑油脂

图 7-11　装配好的轴承

图 7-12　准备进行油封下部件的拆装

图 7-13　测试检修后的密封

项目2　装配减速机

1. 减速机的结构及装配

减速机是由箱体、齿轮、人字齿轮、输入轴、输出轴、轴承、油封、放气阀等组成。

装配的原则是看懂装配图样、制定合理的装配顺序，先修整装配的零件，将连接的各零件装配成部件，各部件连接成整体。

（1）箱体　由灰口铸铁材料铸造而成，在装配之前按设计要求，已用镗床加工了输入轴、输出轴的轴承孔，保证两轴的平行度。用摇臂钻床在箱体的端面上钻孔，这些孔有些与油道相连、有些是定位孔、有些是为了穿入螺栓的连接孔，如图 7-14 所示。

图 7-14　减速机的箱体

将箱体翻转 90°，用丝锥对箱体侧面所加工的孔进行攻螺纹，丝锥的头部用机油润滑，减小攻螺纹过程中的切削阻力。注意按顺时针方向旋转绞手，两手加力均匀，使丝锥的轴线与箱体的侧面垂直；每旋转 1 ~ 2 圈后退回 1/4 圈，使切屑破碎，防止卡住丝锥。这些螺纹孔是为了连接盖板。盖板上所钻的孔与这些螺纹孔对正后，用螺栓穿入进行紧固，如图 7-15 所示。对攻螺纹后的孔进行清理，用磁性吸棒吸出孔内的铁屑。

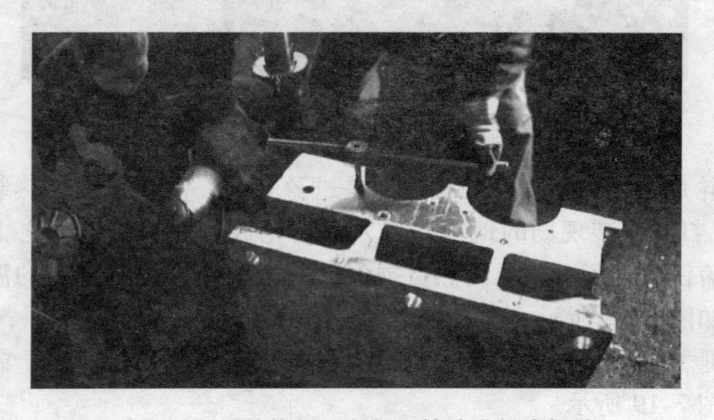

图 7-15　对箱体侧面所加工的孔进行攻螺纹

（2）修磨平键　平键用于连接轴和齿轮，用砂轮机修磨平键，将平键的棱边倒角，去除锐边，若平键的高度超差，不能用砂轮机，需要到平面磨床上进行修磨，如图7-16所示。

图7-16　用砂轮机修磨平键

（3）装配平键　平键与轴上的键槽为过渡配合，键的底面与轴上键槽的底面接触，顶面与轴上人字齿轮键槽底留有一定的间隙，长度方向与轴槽留有一定的间隙。清洗平键和键槽，在配合表面加油润滑；将平键对准键槽，用铜锤敲击，把平键压入键槽，与槽底接触，如图7-17所示。

图7-17　把平键装配到轴上的键槽中

（4）齿轮加热　人字齿轮与轴之间是过盈配合，需要采用加热装配，即俗称的“红装”。打开安装现场的地坑，将人字齿轮放入加热的电炉之上，其上部键槽孔用圆板盖住，为了减少孔内热量损失，通电加热齿轮到规定的温度，保温一定的时间，如图7-18所示。

（5）场地及工装的准备　将已完成装配的人字齿轮与轴吊走，露出底部的工装圆筒，如图7-19所示。

吊运到旁边的空地上，拆卸钢丝绳要注意安全，取下轴端面上的工装环，如

图7-18　人字齿轮放入地坑加热

图7-19　吊起齿轮与轴使工装圆筒露出

图7-20、图7-21所示。

图7-20　拆卸钢丝绳要躲避其回弹

图7-21　取下轴端面上的工装环

（6）轴安装工装环　取下的工装环旋入待装配轴的端面，对旋入的深度要适当（过深，拆卸费时，过浅吊运容易脱落，有安全隐患），准备进行装配，如图7-22、图7-23所示。

图7-22　取下的工装环旋入待装配轴的端面

图7-23　对工装环旋入深度调整

（7）人字齿轮安装工装环及吊运　人字齿轮的加热温度及保温时间达到装配要求后，其内孔受热膨胀。揭开齿轮端面上的盖板，将两个工装环旋入齿轮端面的工装孔，如图7-24、图7-25所示。

图7-24　揭开盖板旋入工装环

图7-25　齿轮端面装配好工装环

用钢丝绳及撬棍挂住工装环，启动电葫芦将人字齿轮缓慢吊起，运送到工装圆筒的上部，如图7-26、图7-27所示。

（8）人字齿轮放置　钢丝绳吊齿轮缓慢下降，让齿轮的端面坐到工装圆筒的端面上，位置要正，保证齿轮轴线与圆筒轴线的同轴度；这样轴装入齿轮孔中时，圆筒内部为轴提供了装配所需的空间，如图7-28所示。

检查齿轮与圆筒的装配位置合适后，拆卸钢丝绳、撬棍、工装环，如图7-29所示。

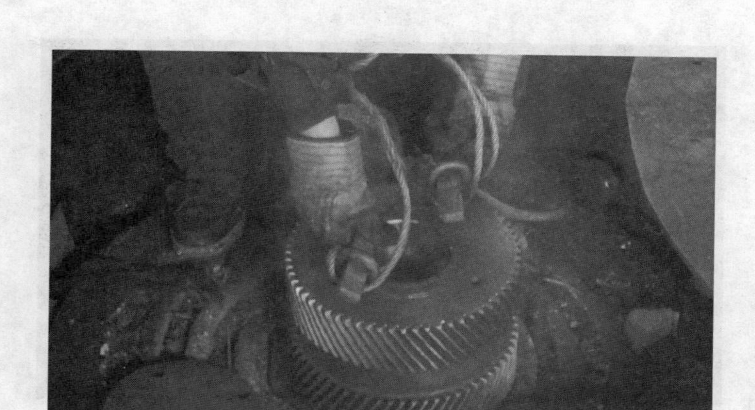

图 7-26　用钢丝绳及撬棍挂住工装环（一）

图 7-27　用钢丝绳及撬棍挂住工装环（二）

图 7-28　齿轮的端面坐到工装圆筒的端面上

（9）传动轴吊运　用钢丝绳及撬棍挂住工装环，轴吊到齿轮的正上方，如图 7-30所示。

图 7-29　拆卸齿轮端面的钢丝绳、撬棍、工装环

图 7-30　传动轴吊到齿轮的正上方

（10）传动轴装配　指挥吊运，让轴垂直下降，轴上凸出的平键与齿轮的键槽孔对正，若轴装入受阻，则双手握住传动轴摇晃，使轴继续下降向键槽孔穿入，直至平键与键槽完全贴合，检查无误后，撤去钢丝绳及撬棍，拆下工装环，装配的部件（人字齿轮和轴）要 24h 冷却，其内孔及键槽孔收缩，与轴紧密结合，再进行后续装配，如图 7-31 ~ 图 7-33 所示，这就是所谓的“红装”。

（11）轴上附件装配　前面所讲的减速机输入轴、输出轴分别与各自人字齿轮“红装”，待 24h 以后，齿轮与轴紧密配合，则可以装配轴上的附件。以输入轴为例：在输入轴端的另一侧装配轴承，如图 7-34 所示。

用汽油和毛刷清洗人字齿轮的齿顶及齿根，用磁性吸棒吸出工装孔内的铁屑，如图 7-35 所示。

安装输入端的轴承及轴套，如图 7-36 所示。

（12）装配齿圈　用电葫芦和吊带把输入轴、输出轴装配到下箱体的轴承座

图7-31　轴上的平键与齿轮的键槽孔对正装配

图7-32　平键与键槽装配合格后撤去钢丝绳及撬棍

图7-33　拆下工装环让轴与齿轮自然冷却

图 7-34　输入轴端的另一侧装配轴承

图 7-35　清洗人字齿轮清除工装孔内的铁屑

图 7-36　安装输入端的轴承及轴套

上，如图7-37所示。

图7-37 将两轴装配到下箱体的轴承座上

轴承与箱体的外表面有一定的距离，用来安装挡圈。4个挡圈（每轴2个）可以防止轴在工作时发生窜动，挡圈放置于轴承座上以后，会遮挡轴承座上的油道。为了润滑轴承，在挡圈上划线，用手砂轮按划线位置切割挡圈，对切割后产生的锐边进行修磨，如图7-38～图7-40所示。

图7-38 在挡圈遮挡油眼的位置划线

图7-39 按所划位置切割挡圈

图7-40 修磨切割产生的锐边

（13）安装定位挡圈及下油封　挡圈切口后，装配到轴承座上，切口处对着轴承座油眼，挡圈侧面与箱体定位（挡圈上钻有小孔，箱体与之对应的位置开有小槽，用来安装定位销，限制挡圈轴向移动）如图7-41所示。轴的输入及输出端安装下油封，并用螺钉临时固定，如图7-42所示。

图7-41　挡圈开切口后装配到轴承座上

图7-42　轴的输入及输出端装配下油封

（14）油封结构及密封圈　油封的内表面，凸起部分安装到轴承座上，凹槽安装密封圈。三圈回油沟槽与轴相应部分配合，防止润滑油流出减速箱，如图7-43、图7-44所示。

图7-43　上油封的凹槽及回油槽

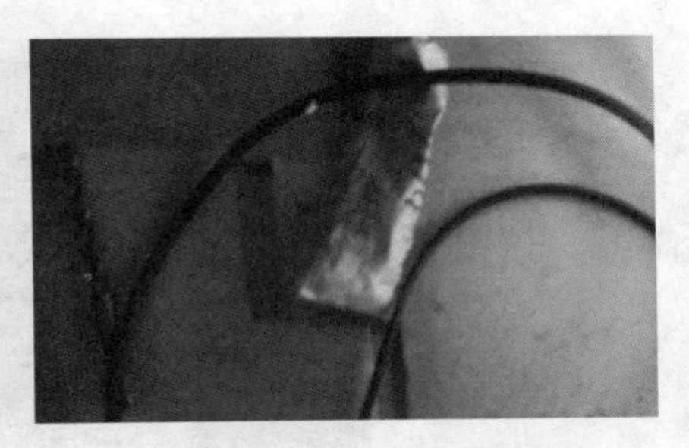

图7-44　用于安装到油封凹槽的密封圈

（15）安装喷油管　用铜管制作Y形喷油管，经过锯割、钻孔、焊接后完成。将喷油管的下部装配螺母，螺母与露出下箱体端面的油嘴（与箱体的油道相通）旋合连接，油管上部的两出口用克丝钳子夹扁。减速机工作时，箱体内储有润滑油，齿轮部分浸在润滑油中，齿轮转动时将润滑油飞溅到轴承及轴承座上，这是飞溅润滑。另外机油泵将箱体内的润滑油沿油道→油管→油管上部的两出口，出口夹扁后机油喷出的压力大，对啮合的人字齿轮起清洗及润滑的作用，这是压力润滑，如图7-45～图7-47所示。

（16）安装上油封　调试着安装输入轴、输出轴的上油封，注意要将密封圈装入到油封的凹槽中，如图7-48所示。检查各处的位置合适后，让上下油封之间有缝隙，向缝隙内涂抹密封胶，按压上油封（下油封已用螺栓紧固），将上下油封牢固结合，如图7-49所示。

图7-45 准备用铜管制作喷油管

图7-46 经锯割、钻孔、焊接后制作的喷油管

图7-47 喷油管安装到下箱体表面的油嘴上

图7-48 安装输入轴、输出轴的上油封

图7-49 向上下油封间隙涂密封胶

(17) 清理箱体表面　用电葫芦和吊带将上箱体吊起，用锉刀对箱体边棱处的毛刺进行处理，避免影响与下箱体的贴合及密封，如图7-50所示。

对绞孔后的铁屑，用头部带有磁铁的吸棒清理内孔，并用汽油冲洗内孔，如图7-51所示。

用锉刀清理下箱体的表面，除去表面上的油污与毛刺，锉削后的表面可以更好地吸附密封胶，有利于上下箱体的结合与密封，如图7-52所示。

(18) 上箱体的装配　将锉削后的表面用布擦干净，将密封胶均匀地涂抹在

图 7-50　用锉刀对箱体边棱处的毛刺清理

图 7-51　用磁铁的吸棒清理内孔

图 7-52　用锉刀清理下箱体的表面

箱体的下表面，注意涂抹位置不能超过上下箱体的连接孔，如图 7-53 所示。

将上箱体吊到下箱体的上方，调整其位置缓慢落到下箱体表面，如图 7-54 所示。

图7-53　在下箱体的表面涂抹密封胶

图7-54　将上箱体装配到下箱体上

检查上下箱体的各连接孔是否对正，然后用定位销连接箱体（长度方向的两端面，每一面各有一个定位销），防止上下箱体的位置发生串动，如图7-55所示。

图7-55　检查箱体的位置并安装定位销

连接双头螺柱，在上箱体的连接孔上插入内六角螺栓，试探着旋入，如图7-56所示。如果螺栓不能顺利地旋入，就说明上下箱体的孔心错位，就需要用长丝锥进行攻螺纹（攻螺纹后要清理孔径内的铁屑），然后再将双头螺柱穿入孔中进行连接，如图7-57所示。

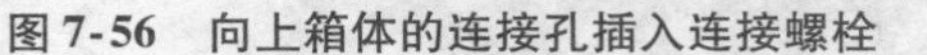

图7-56 向上箱体的连接孔插入连接螺栓

图7-57 螺栓插入不顺畅用丝锥攻螺纹

采用双螺母对顶的方法进行紧固，即螺柱上套上两个螺母，活扳手卡住下螺母，用梅花扳手拧动上螺母，直至将下螺母压紧在上箱体的表面上，如图7-58所示。

图7-58 用双螺母对顶拧紧双头螺柱

（19）油封及压盖 减速机的输入、输出轴端有油封，而这两轴的另一端为压盖，要先将油封紧固，上下油封各有两个紧固螺栓，下油封紧固后，涂抹密封胶安装上油封，若油封孔与箱体上的连接孔不同心，就需要用丝锥（加一段长套管，省力）进行攻螺纹，把攻螺纹后孔内的铁屑清理干净，再将螺栓穿入弹簧垫圈压紧在油封上，如图7-59所示。

压盖的结构，如图7-60所示。它连接到箱体上后，既遮挡飞溅的润滑油，又能阻止轴承前面的垫圈串动。压盖连接螺栓若不能顺利，修整的方法与油封类似，如图7-61所示。

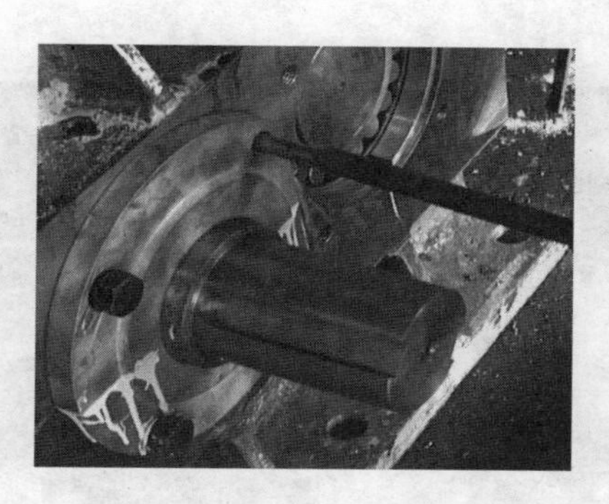

图7-59 用丝锥修整油封与箱体的连接孔

图7-60 压盖的结构

图7-61 用丝锥修整压盖与箱体的连接孔

（20）安装排气阀 上箱体的顶部有螺纹孔，用来安装排气阀，排气阀的外罩及阀体的结构，如图7-62、图7-63所示。阀体用台虎钳夹持，用丝锥攻出顶部的螺纹孔。将阀体下部的螺纹部分缠绕生胶带，旋转安装到箱体上部的螺纹孔中，阀体中部的小孔使箱体内产生的热量和气体排出，降低箱体内温度和压力，对零件、轴承、密封件使用寿命起保护作用。外罩安装到阀体上后，用螺钉紧固外罩与阀体，如图7-64～图7-67所示。

图7-62 排气阀外罩

图7-63 排气阀阀体

图 7-64　将阀体下部的螺纹部分缠绕生胶带

图 7-65　旋入箱盖上部的螺纹孔中

图 7-66　外罩安装到阀体上

图 7-67　拧紧顶部的紧固螺钉

项目 3　装配齿轮增速器

阐述说明

电动机动力传到输入轴，通过箱体内的齿轮传动，由输出轴传出。若输出的转速低，则该箱体为减速机，若输出的转速高，则为增速器。观察两轴上的人字齿轮即可知道答案，若小轮带大轮，输出的转速低，为齿轮减速机，若大轮带小轮，输出的转速高，为齿轮增速器。汽车变速器的传动就是这个道理。不同的档位就是变换啮合的齿轮而已。

检修齿轮增速器：

1）齿轮增速器按装配要求进行装配，通过试车运转，轴瓦的油温、噪声、转速符合设计要求，但转动的过程中有串动的现象，需要拆卸，找出原因。首先

拆卸增速器外部的电动机、电线、机油泵、上箱体的紧固螺母，如图7-68所示。

2）箱体上部的两个油温表，分别在输入轴两端的上部，表下部的传感器与轴颈相通，表上面的数值表示该处轴颈的油温。将油温表拆下后，利用电葫芦、钢丝绳，把撬棒插入上箱体的工装孔，把上箱体吊起，如图7-69所示。

图7-68 拆下电动机、机油泵、紧固螺母

图7-69 拆下油温表，吊起上箱体

3）用手转动输入轴，查看轴上的人字齿轮与输出轴齿轮的啮合情况，判断装配间隙是否合理，如图7-70所示。轴运转时串动的原因究竟是什么？是由于装配不当，还是前道工序磨齿未达到设计要求。这只有将拆卸的两轴送去检验室，对两轴的齿形、齿向进行检测，才能知道答案。

图7-70 转动输入轴查看齿轮的啮合情况

4）增速器的轴承为滑动轴承（减速机为滚动轴承），也就是俗称的轴瓦（高速运转的轴承）。因此输入及输出端各有一个M形轴承座，轴承座与箱体的油道相通。轴运转时，轴颈与轴瓦不接触，两者之间会形成油膜，油膜的张力会将轴托起。若运转时油道不畅或润滑油不足，则油膜的厚度不够，轴颈与轴瓦接触，轴瓦会磨损；情况严重时，接触处产生的高温会将轴瓦上的轴承合金熔化，熔化物会粘结在轴上，堵塞润滑油道，这就是俗称的“抱瓦”，输出轴一端的轴承座上有油管，应力油从箱体油道→轴瓦及轴承座→管中喷出对啮合的齿轮进行飞溅

润滑。

5）输出轴侧面箱体上有高压油的进出油管，上面是进油管，下面是出油管。进油管与润滑通道相通，出油管与下箱体的内部相通，如图 7-71 所示。

拆下轴承座上的紧固螺栓，对其周围零件进行清理检查，确认没有与其他零件连接后，要垂直向上抬起轴承座两端，不能碰伤下面的轴瓦，如图 7-72 所示。

图 7-71　箱体侧面的进出油管

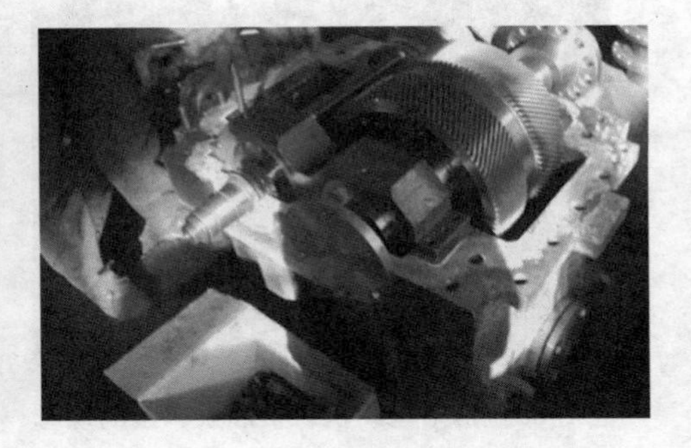

图 7-72　拆下轴承座上的紧固螺栓

6）拆下两个轴承座，出油管一端的轴承座上有出油管，管上钻出几排小孔，用于对啮合的齿轮进行飞溅润滑，如图 7-73 所示。

7）拆卸输出轴，双手将轴水平端出，不能与其他零件发生碰撞，避免损伤轴颈及轴瓦，如图 7-74 所示。

图 7-73　轴承座的结构

图 7-74　拆卸输出轴

8）将输出轴卸下后，装配钳工对输入轴仔细检查，慢慢转动输入轴，看人字齿轮的齿顶、齿廓有无异常，如图 7-75 所示。确认装配过程无误（钳工装配工序没有差错），则要将输入轴、输出轴送到精密测量室，重点对人字齿轮的齿形、齿向进行检测，看齿轮的模数、压力角是否相同，有问题则用磨齿机进行磨齿。

9）拆卸的油温表、双头螺柱、连接螺栓、定位销等，都要进行妥善的放置，

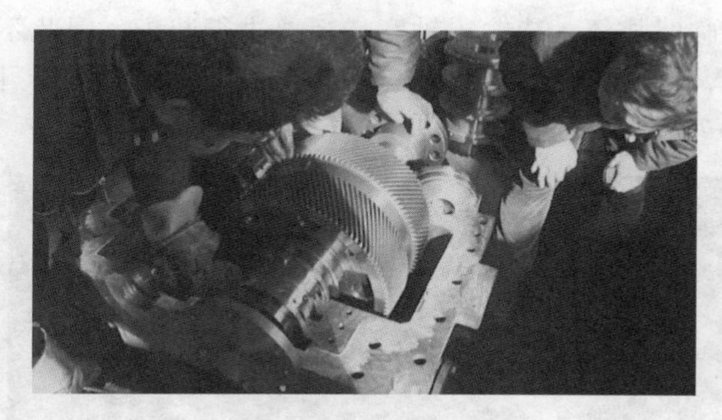

图7-75　查看输入轴上的人字齿轮有无异常

以免丢失。如放入同一个包装箱中，这些零件的尺寸、形状、规格不一样，装配时寻找并不麻烦，注意装配后一体的零件要放置在一起。如双头螺柱与螺母、弹簧垫圈穿到螺栓上并拧上配合螺母，如图7-76所示。

图7-76　拆卸的零件放置到适当的位置（同一包装箱）

10）检测输出轴并修磨齿形，短时间不能完成，这就需要把较大的零件安放回原位，如轴承、轴承座等，如图7-77所示。

图7-77　将轴承、轴承座临时放置回原位

这些零件是临时放置，待输出轴磨齿后要进行装配，因此不必拧紧固定螺栓。盖好上箱体，这样既防止零件丢失，又防止灰尘及杂物掉入下箱体，堵塞润滑油道，如图 7-78 所示。

图 7-78　盖上箱体以防零件丢失及杂物堵塞润滑油道

项目 4　装配行星齿轮增速器

阐述说明

我们若留心观察一下，就会看见铁路上的油罐车、公路上运输液化气或燃油的槽车，车体上都写着下次检修的时间。因为这些高温、高压的设备，若出问题就是大事故。所以化工机械设备严格地规定了使用年限，到了时间，设备即使还完好如初，也必须运回生产厂家进行维修。拆装维修首先要了解设备的结构，选择适当的工具和方法对设备进行分解。按要求进行检测和维修后，按后拆先装的顺序进行装配。装配时要看懂装配图样，制定合理的装配顺序，先修整装配的零件，将连接的各零件装配成部件，各部件连接成整体。

行星齿轮增速器是由上下箱体、前端盖、后端盖、行星齿轮、太阳轮、转子、轴承、油封、放气阀等组成。已经使用到规定年限的，运回厂家进行检修，如图 7-79 所示。

（1）拆卸上箱体及端盖　松开前端盖、上箱体、后端盖、下箱体之间的紧固螺栓后，用钢丝绳系住上箱体的两个吊耳，运到适当的区域放置。然后用钢丝绳和撬棍吊起前端盖、后端盖，放置到指定的区域，如图 7-80 ~ 图 7-83 所示。

图7-79　准备检修的行星齿轮增速器

图7-80　拆卸的上箱体

图7-81　吊起前端盖

图7-82　准备吊运后端盖

图7-83　后端盖的内部情况
（内部有几圈凸凹槽）

（2）确定拆卸顺序　查看弹性套及弹性环的连接情况，拆卸转子上的紧固螺栓后，将工装环旋入工装孔，用撬棍和钢丝绳系好吊耳，吊起转子及弹性套，如图7-84～图7-86所示。

（3）拆卸弹性套　准备拆卸外部大弹性套及套内的两个齿圈，如图7-87所

图 7-84 查看弹性套及弹性环的连接情况

图 7-85 拆卸转子上的紧固螺栓

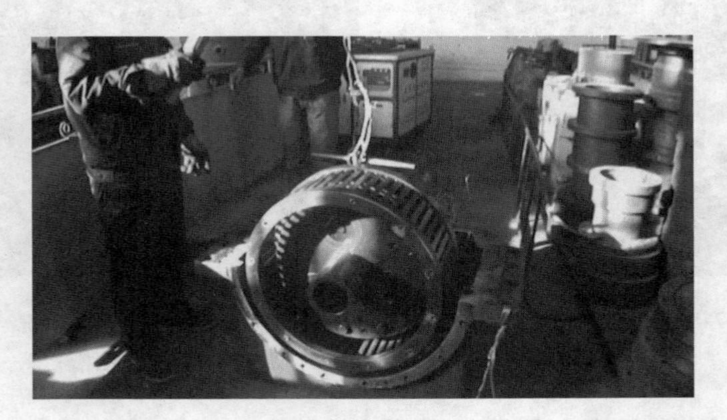

图 7-86 用撬棍和钢丝绳系好吊耳准备吊起转子

示，寻找弹性套内安装的弹性圈，弹性圈是用高碳钢筋弯曲的一个圆圈，要从圈接头位置拆卸，如图 7-88 所示。

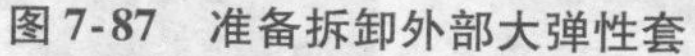

图7-87　准备拆卸外部大弹性套

图7-88　寻找弹性圈

找到接头后，要扶住转子，防止其晃动，使用撬棍和弯钩的工具勾住接头，将接头勾出，取出弹性圈，然后就可以拆下弹性套，如图7-89～图7-91所示。

图7-89　使用撬棍和弯钩的工具勾住弹性圈接头

图7-90　勾出弹性圈接头

图7-91　拆卸弹性套

（4）齿圈与弹性套连接情况分析　抽出弹性套后，露出转子的两个外齿圈，如图7-92所示。外齿圈与弹性套的内齿相啮合。两个弹性圈装配在内齿圈两侧的沟槽里，运转时卡在外齿圈的侧面，防止两外齿圈发生轴向串动。

（5）弹性套结构分析　转子工作时，其下箱体里盛满润滑油，弹性套有一部分浸在润滑油中，齿圈的外齿与弹性套啮合，齿圈的内齿与行星轮啮合，行星轮转动→带动齿圈缓慢转动→弹性套也随之缓慢转动，这样齿圈的每一部分都会与润滑油接触，保证齿圈和弹性套接触部分的润滑，如图 7- 93、图 7- 94 所示。

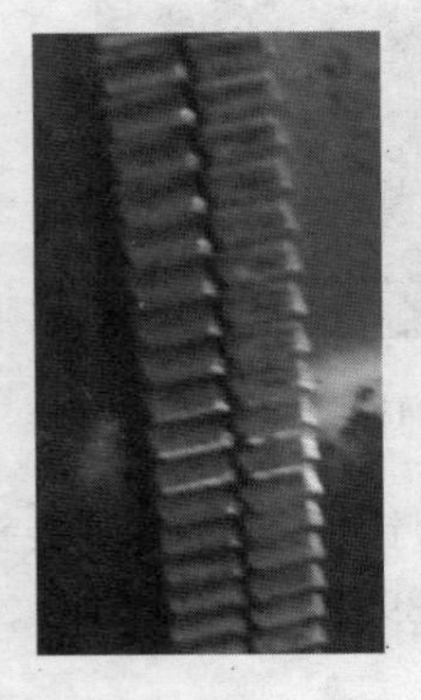
图 7-92　两个齿圈

图 7-93　弹性套及弹性圈

图 7-94　弹性套的内齿圈

（6）拆卸齿圈　两个齿圈是装配在转子的外部，拆下弹性套之后，先从转子的后部将后部齿圈抽出，放到适当的位置，如图 7-95 所示。

转子前端的齿圈需要从前部取下，此时拆卸场地的作业面不足，因此把转子及前齿圈吊运到另一装配现场，如图 7-96 所示。

图 7-95　拆卸的后齿圈

图 7-96　将转子及前齿圈吊运到适当的场地

在地面铺上黑胶皮或纤维板，既防止齿圈与硬物的碰撞，又防止转子内的润滑油流淌到地面而造成污染，将转子及齿圈放置其上，如图 7-97 所示。

将钢丝绳和撬棍从吊环螺栓中取下，然后把安装在转子上的吊环螺栓旋出。这样做是因为前齿圈必须从转子的前端才能取出，而钢丝绳、撬棍、吊环螺栓是抽出前齿圈的障碍，如图 7-98 所示。

图 7-97　将转子及齿圈放置到纤维板上

图 7-98　拆卸钢丝绳、撬棍、吊环螺栓

吊环螺栓旋入转子后端面的工装孔中，吊钩穿入吊环中，启动电葫芦缓慢地吊起转子，前齿圈的内齿脱离于行星齿轮的啮合，使齿圈脱落到前端的输入轴上，如图 7-99 所示。

继续吊升转子，当转子轴离开地面以后，将齿圈从轴的前端抽出，如图 7-100 所示。

图 7-99　吊起转子使齿圈脱落到前端的输入轴上

图 7-100　将齿圈从轴的前端抽出

（7）拆卸前轴瓦　齿圈取出后，开启电葫芦将转子放回到纤维板上，拆卸输入轴上的轴瓦。轴瓦是由两个半圆柱瓦体所组成，其结构为钢质本体、半圆柱的内表面挂锡、挂铅基轴承合金，转子运转时，油泵将箱体内的润滑油通过油道润滑瓦上的轴承合金，使轴与轴承合金之间形成油膜，两者在运转时并不接触，减少磨损而延长使用寿命。利用锤子、起子、内六角扳手等，拆卸两半瓦之间的内六角紧固螺栓，将上轴瓦拆下，如图 7-101 ~ 图 7-103 所示。

图 7-101　轻轻用锤子和扁铲敲击螺栓使其松动

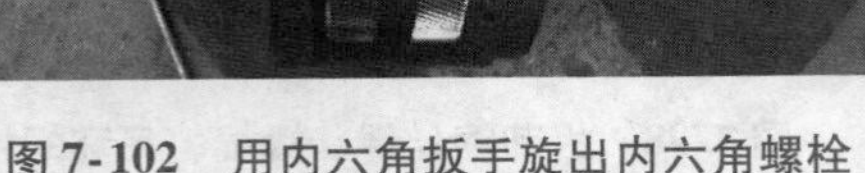

图 7-102　用内六角扳手旋出内六角螺栓

图 7-103　拆下上轴瓦

对拆下的上轴瓦进行检测，初步查看其内表面、油楔（中部的凹槽，用于存储润滑油）的情况，了解转子运转时的润滑情况，即轴瓦与轴之间的润滑情况如何，有无磨损，从而得知检修后是否需要更换新的轴瓦，再将下轴瓦拆下后，两块半瓦放置到一起进行对比分析，从而知道先前的判断是否正确，如图 7-104、图 7-105 所示。

图 7-104　对拆下的上轴瓦进行检测

图 7-105　对比上下轴瓦

（8）拆卸行星齿轮

1）行星齿轮要采用立装拆卸，输入轴端在下，因此要准备固定轴的工装，为拆卸提供稳定的支撑，如图 7-106 所示。

2）转子的后端盖上有三个行星齿轮轴的压盖，卡簧对压盖起压紧及定位的作用，用尖嘴钳子取出端盖凹槽内的卡簧，如图 7-107 ~ 图 7-109 所示。

图 7-106　支撑转子轴的工装

图 7-107　行星轮轴上部压盖

图7-108　用尖嘴钳子取卡簧及压盖

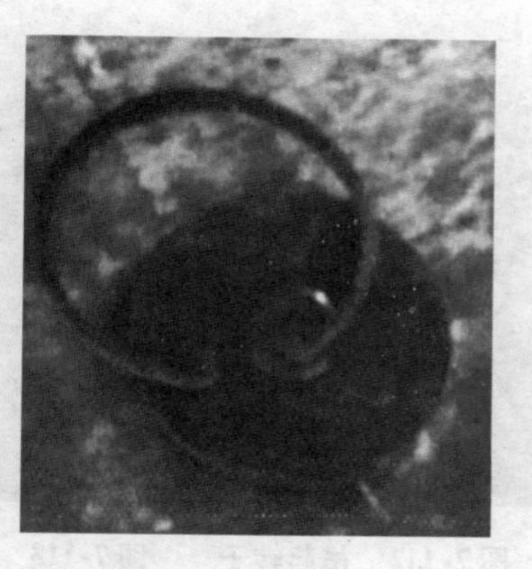

图7-109　卡簧及压盖

3）安装、拆卸行星齿轮轴工装。取下卡簧及压盖后，后端盖上露出行星齿轮轴的上部分，如图7-110所示。轴内部加工出螺纹孔，作为装拆行星齿轮轴的工装孔。将专用工装旋入工装孔，专用工装有内外螺纹，其外部螺纹与行星齿轮轴的内螺纹旋紧，内部螺纹是与螺旋夹具的丝杠旋合，如图7-111所示。

图7-110　行星齿轮轴的工装孔

图7-111　专用工装旋入工装孔

4）安装螺旋夹具。缓慢地吊起转子，将转子轴插入支撑胎具中，如图7-112、图7-113所示。把两个V形铁立放在转子的端盖上，其上部放置盖板，盖板的中部有圆孔和凸台；将丝杆从圆孔中穿入，丝杆上的螺母旋落到凸台上，丝杆下部与专用工装的内孔旋合，如图7-114、图7-115所示。把扳手套在六方螺母上，其上加一段接管，使旋紧螺母省力。

5）旋出行星齿轮轴。扳手拧紧螺母，螺母下部有与之成为一体的圆形垫片，圆形垫片在垫板的凸台（内有凹槽）中空转，而丝杆的下部已经与工装拧紧，下行的线路被封闭，这样丝杆就只能上行，如图7-116所示。

图 7-112　吊起转子

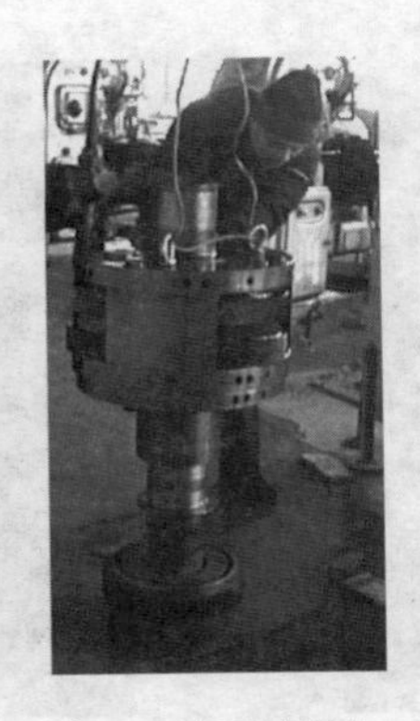

图 7-113　转子轴装入工装

图 7-114　装 V 形铁、盖板、丝杆、螺母

图 7-115　扳手套在六方螺母上

图 7-116　顺时针拧紧螺母使行星齿轮轴上行

在顺时针拧紧螺母的同时，要保持转子的平衡，避免转子倾倒，因此要有另一人用撬棍向反时针方向用力，如此将行星齿轮轴旋出，如图 7-117 所示。三个行星齿轮轴都旋出后，将转子从胎具中吊出放倒，如图 7-118 所示。

图 7-117　多圈旋转后行星齿轮轴取出（已旋出 1/3）

图 7-118　拆卸了行星齿轮轴、行星轮、太阳轮的转子

6）行星齿轮轴的结构。拆卸的三个行星齿轮轴，如图 7-119 所示。轮轴为圆柱体，内部加工出盲孔，孔的上部分所车削螺纹，是为了拆卸时装配工装。圆柱外表面中部是轴瓦，轴瓦上的油眼与内孔相通，这样转子运转时，油泵把下箱

体内的润滑油输送到轮轴内部，经油眼流出到轴瓦，润滑轮轴与行星齿轮。

7）行星齿轮及太阳轮的结构。拆卸的三个行星齿轮及一个太阳轮，行星齿轮为人字齿轮，三轮安装在行星齿轮轴上。太阳轮上的人字齿轮与行星轮啮合。即三个行星围绕一个太阳旋转。太阳轮的齿槽间钻有小孔，高速旋转的太阳轮其上的润滑油甩出，对转子内的其他零件进行飞溅润滑，如图7-120所示。

图7-119　三个行星齿轮轴

图7-120　三个行星齿轮及一个太阳轮

项目5　高速旋转件的动平衡检测

阐述说明

我们所常见的动平衡检测的例子有很多，如汽车的轮胎修补与更换，都应作动平衡的检测，对汽车的驱动轮（通常是轿车的前轮，大型客车及货车的后轮）则是必须进行。对于各种化工机械设备而言，其内部的转子和轴工作时高速运转，若转动时不平衡，就会产生很大的冲击及振动，使设备工作失常或损坏，造成事故。

联轴器接手及接筒的动平衡：

（1）预检与防腐蚀　联轴器接筒、内齿、接手等工件经车削→热处理→磨削→插齿或滚齿→最终热处理（氮化处理），如图7-121所示。送到装配车间时，氮化后工件的表面上有氧化皮，需要清除。装配钳工要用细纱布对工件表面打磨，清除氧化皮但不能破坏渗氮层，如图7-122所示。

（2）对连接螺栓的处理　联轴器在工作时高速运转，用工程螺栓连接各零件，通常螺栓材质为低碳钢，而工程螺栓的材质为35CrMoA（中碳钢、低合金结构钢），需要经过热处理→车削→磨削→铣削→调质处理后，完成螺栓的加工，如图7-123所示。

钳工在装配工件前，对连接螺栓进行处理，螺栓六方头部是由铣削完成，用锉刀清除各处毛刺，重点是螺纹部分的起点及头部的下表面，如图7-124所示。

图7-121　氮化后的接筒及内齿

图7-122　打磨后的接手及内齿

图7-123　用于连接的工程螺栓

图7-124　用锉刀修磨螺栓头部的毛刺

工程螺栓的材质特殊，加工工序复杂，因此每根螺栓的造价较高，通常是按所需的数量来制造，如下面的联轴器接手，每个接手连接的螺栓有16根，那么针对一个接手就需要制造32根螺栓，剩余的16根螺栓（多出的一套）要跟随工件一起发送到使用的厂家，作为更换的备件，工件运行到规定的年限后，检修时，用备件16根螺栓更换原来的螺栓。

修磨后的螺栓配上相应的螺母，如图7-125所示。仔细核对数量，一个都不能少（当然不会多），然后用电子天平对每组的螺栓与螺母进行称重，如图7-126所示。按照动平衡的要求，工件上的16根螺栓及螺母的总质量要在设计的范围之内。

（3）分组与配绞　在台面上用粉笔标记数字，对所有的螺栓及螺母称重，把称重后质量相同的放置在一起，最后进行搭配，保证每个接手的16根螺栓及螺母的质量符合要求即可，如图7-127所示。

联轴器接手先钻出小孔，然后两两装配成组，扩孔后，用机用铰刀绞孔，这样孔径与螺栓的直径相同，也就是常说的配绞、无间隙配合，如图7-128所示。

图7-125 将工程螺栓配上相应的螺母

图7-126 用电子天平对每组的螺栓及螺母称重

图7-127 对称重的成组螺栓及螺母进行分组

图7-128 配绞的联轴器接手（与螺栓无间隙配合）

（4）接手装配螺栓及螺母并拧紧 螺栓分组称重后，按设计的质量要求，按轻重搭配的原则，把16根螺栓穿入联轴器接手的绞孔中，如图7-129所示。

用开口扳手卡住螺母，用套筒扳手拧动螺栓的六方头，将接手的连接螺栓拧紧，如图7-130所示。

图7-129 螺栓穿入联轴器接手的绞孔中

图7-130 将接手的连接螺栓拧紧

（5）装配检测轴 螺栓按质量要求装配到接手上，要检测接手在运转时的动平衡情况，首先依据接手内径选择标准的检测轴（有锥度），用布对轴上的灰尘及油污进行清理，对轴及接手的接触部位喷涂润滑油，如图 7-131 所示。使轴小径的一端插入接手，如图 7-132 所示。然后将轴翻转 180°大头向下放置，使接手从轴小头滑落到预定的位置，如图 7-133 所示。

图 7-131　清除轴上的油污及灰尘

图 7-132　轴穿入接手内孔

（6）接手动平衡检测

1）吊运：吊装的专用皮带挂住轴的两端，用手拉葫芦吊起吊带，将轴吊运到动平衡检测仪的上方，如图 7-134 所示。

2）调整支架：平衡仪的两个支架可以在底部的轨道上滑动，依据检测轴的长短来调整距离，支架下部的支撑爪与轴下部接触，接触的位置为两个滚轮；上部人字支架的中部有可调支撑爪（滚轮），可依据检测的轴颈大小来调整爪的高度位置，如图 7-135 所示。

3）固定检测轴：检测轴的后部有专用的工装孔，将十字轴万向节与工装孔配合，用内六角螺栓和扳手将两者拧紧，如图 7-136 所示。另一端十字轴万向节则与检测仪的电动机相连。

图 7-133　接手滑落到轴的预定位置

图 7-134　吊运轴到动平衡检测仪上方

图7-135　调整平衡仪两支架之间的距离

图7-136　万向节与轴的后端连接并用螺栓拧紧

4）固定上部支架：放下上部支架，使其中间的滚轮与轴接触，拧紧上下支架之间的紧固螺栓，如图7-137所示。

5）固定支架下部：每个支架的下部有两个紧固螺栓，用扳手拧紧螺栓，使其与底座的滑槽正确地定位并夹紧，如图7-138所示。

图7-137　拧紧上下支架之间的紧固螺栓

图7-138　拧紧支架下部的紧固螺栓

6）支撑部位润滑：对轴的连接、装夹、支架的定位、夹紧检测后，用手缓慢地转动接手，查看轴及支架的三个卡爪（滚轮）与轴的接触情况，并向接触部位浇注润滑油，可以降低轴运转时接触部位的温度，减少卡爪的磨损而延长其使用寿命，如图7-139所示。然后启动检测仪和动力开关，用较低的转速对轴试运行，如图7-140所示。

图7-139　向卡爪与轴的接触部位浇注润滑油

图7-140　开启仪器用低转速对轴试运行

7）接手的打磨：接手的上下是热处理（渗氮），虽经过钳工用砂纸打磨，已清除其表面的氧化皮，但本着精益求精的要求，轴运转的过程中，操作工用细砂纸对接手表面及端面打磨（手按住砂纸不动，轴旋转），如图 7-141、图 7-142 所示。

图 7-141　打磨两接手的接触表面

图 7-142　打磨接手的圆柱表面

8）显示屏的读数：检测时轴按规定的转速旋转，显示屏上的数值是两接手超重的克数、该位置的角度，即左边接手偏重 213g，偏重位置与设置的 0°线之间的角度为 335°，中部的数值为标准的克数及角度，如图 7-143 所示。

图 7-143　显示屏上显示两接手超重的克数及所在位置的角度

9）位置标记：按照显示屏上标记的数值，首先在记录本做好记录，再用记号笔对两接手相应的超重位置做标记，作为钻孔去重量的依据，如图 7-144、图 7-145 所示。

图 7-144　右接手的超重位置

图 7-145　左接手的超重位置

10）平衡后配重：将轴从平衡仪的支架吊下来，轴的小端立放在地面上，用较软的材料如铜板、木板、锡块等，垫在接手的端面，用重物敲击垫块，将轴取下，如图7-146所示。

按接手上的超重标记，根据该处的超重数值，计算出要钻孔的数量、钻孔深度，选用适当直径的钻头，依据立钻的刻度盘，在工件上相应位置钻孔，如图7-147所示。

图7-146 作好标记后卸下接手

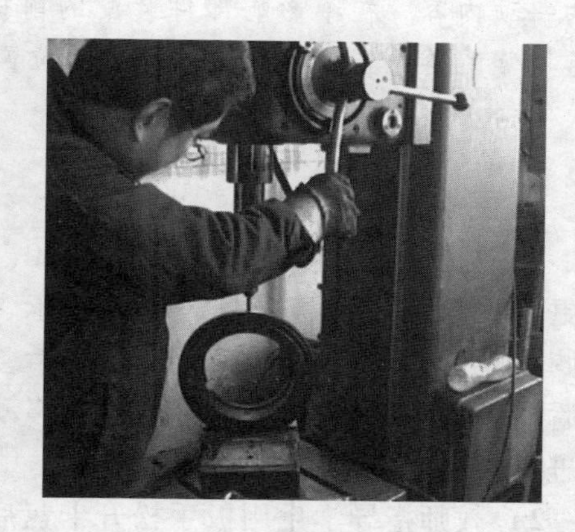

图7-147 按标记的位置用立钻钻孔去重量

11）配重后防腐：对联轴器接手、接筒、内齿等零件钻孔配重后，清理所钻孔内铁屑，用布把工件表面擦干净。将工件的底部垫起，然后对工件的内外表面刷金属漆，如图7-148所示。金属漆的挥发速度很快，刷过之处很快就会显出本色，容易被误以为还没有刷过。因此刷漆时要迅速、细致、有序，刷涂的内外表面没有遗漏、厚薄不均的现象，如图7-149所示。

图7-148 清理工件表面准备刷漆

图7-149 刷漆后的接手、内齿、接筒

项目6 CA6140车床的维修

阐述说明

对车床进行维修，取下磨损的旧件，换上新的零件，这是钳工装配修理的一项内容。在不影响部件装配的前提下，应尽量将零件先装配成部件，然后按装配要求将部件安装到规定的位置，以提高装配效率。

1. 更换夹盘

1）图7-150的普通车床CA6140，准备更换夹盘、中滑板丝杠、推力轴承、丝杠调整螺母。尾座的丝杠、推力轴承，更换后要对中滑板、小滑板、尾座的移动情况进行调试。

图7-150 准备更换部件的车床

2）教师指导学生用扳手松开卡盘后面的紧固螺栓，按正确的顺序拆下自定心卡盘，如图7-151所示。

3）用吊带系好自定心卡盘，用手拉葫芦的吊钩挂住吊带，如图7-152所示。

图7-151 用扳手松开卡盘后面的紧固螺栓

图7-152 用吊带系好自定心卡盘

4）撬动自定心卡盘脱离主轴，吊运到适当的位置，如图7-153所示。

5）翻转准备更换的单动卡盘，拧紧螺杆的下面螺母，使4根螺杆紧固在夹盘后端面上，如图7-154所示。

6）用吊带拴好单动卡盘，用手拉葫芦吊运到主轴前，卡盘孔与主轴对正，如图7-155所示。

7）将单动卡盘后面的螺母由旋转盘的弧形孔大端进入，如图7-156所示。

图 7-153　撬动自定心卡盘脱离主轴

图 7-154　拧紧螺杆的下面螺母

图 7-155　吊运卡盘孔与主轴对正

图 7-156　单动卡盘的螺母穿过旋转盘的大孔

8）转动单动卡盘，使四根螺杆都转动到旋转盘的小孔位置。用扳手拧紧螺杆的上面螺母，卡盘就被旋转盘、4 根螺杆、螺母紧固，如图 7-157 所示。

2. 更换尾座丝杠

1）拆下尾座手轮的紧固螺钉，卸下手轮，如图 7-158 所示。

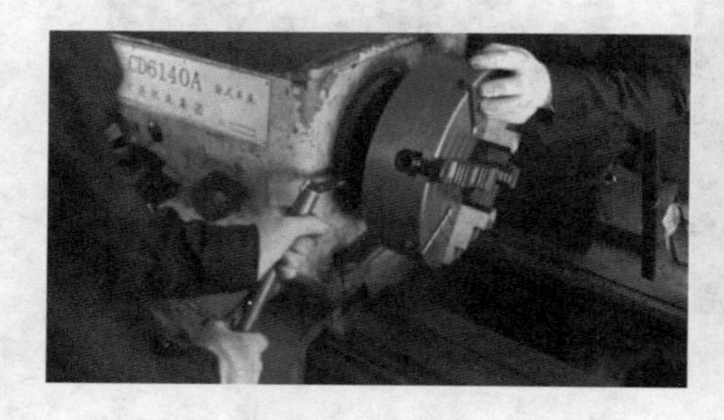

图 7-157　拧紧螺杆的上螺母固定卡盘

图 7-158　卸下尾座后面的手轮

2）用内六角扳手（可用管子套在扳手上，加大力臂）松开尾座端盖的螺钉，如图 7-159 所示，然后取下端盖。

3）旋转取出尾座套筒的丝杠，如图 7-160 所示，准备更换套筒内的零件。

图 7-159　松开尾座端盖的螺钉

图 7-160　取出尾座套筒的丝杠

4）安装新的旋转套及压盖，向套内的螺纹、套与压盖的结合处涂抹润滑油脂，装配到尾座的套筒中，如图 7-161 ~ 图 7-163 所示。

5）拧紧压盖的固定螺钉，如图 7-164 所示。

图 7-161　新的旋转套

图 7-162　装配新的压盖与旋转套（涂抹油脂）

图 7-163　装配到尾座的套筒内

图 7-164　拧紧压盖的固定螺钉

6）更换新的尾座丝杠，用油枪向丝杠的螺纹槽中浇注润滑油，以便与旋转套内的螺纹顺利地旋合，如图 7-165 所示。

7）将注油后的丝杠插入尾座套筒中，与旋转套的内螺纹旋合，如图 7-166 所示。

图7-165　用油枪向丝杠的螺纹槽中浇注润滑油

图7-166　拧紧丝杠与旋转套的内螺纹旋合

8）向尾座的丝杠上安装推力轴承（止推片和滚动体），如图7-167所示。

9）向丝杠的键槽孔中安装半圆键，然后装配尾座手轮。半圆键连接丝杠的锥形轴端和手轮，转动手轮，则键槽的两个侧面传递手轮扭矩，如图7-168所示。

图7-167　向尾座的丝杠上安装推力轴承

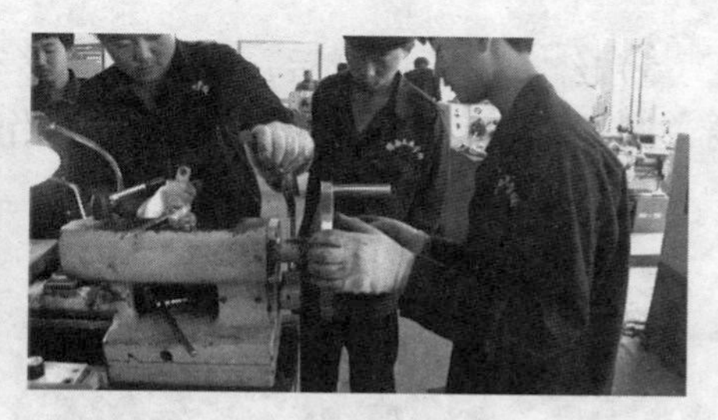

图7-168　用半圆键连接丝杠和手轮

3. 调试床鞍的移动情况

1）调试床鞍在导轨上的移动情况，若床鞍在导轨上滑动不畅，就要查找原因进行调整，如图7-169所示。

2）调整床鞍侧面定位螺钉，初步判断导轨上滑动不畅的原因是定位螺钉过紧，旋松螺钉1/3圈，如图7-170所示。

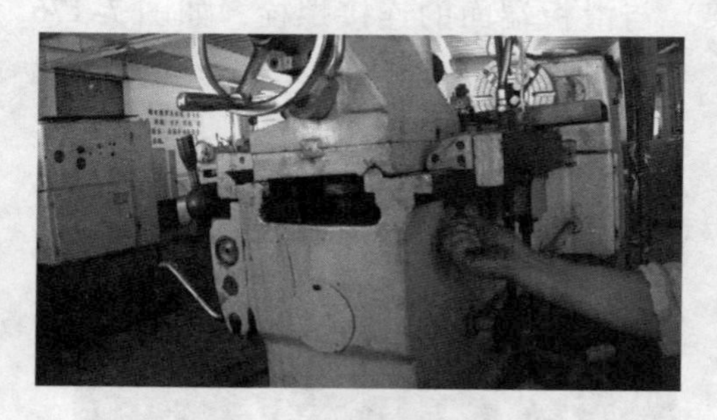

图7-169　调试尾座导轨的移动情况

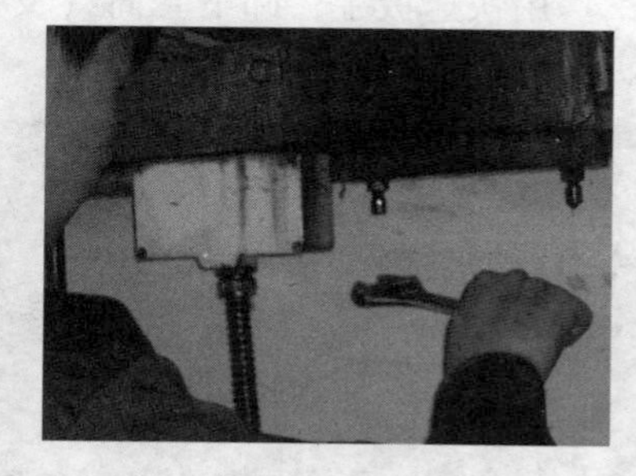

图7-170　将尾座一侧的两个螺钉都旋松1/3圈

3）一手用钳子固定调整螺钉的头部，另一手用活扳手将螺钉上部的螺母紧固，使旋松后的螺钉（M10×1.5）紧固，如图7-171所示。螺钉退回1/3圈，即退回螺距的1/3（0.5mm）。

4）同样完成床鞍另一侧两个螺钉的调整，如图7-172所示。

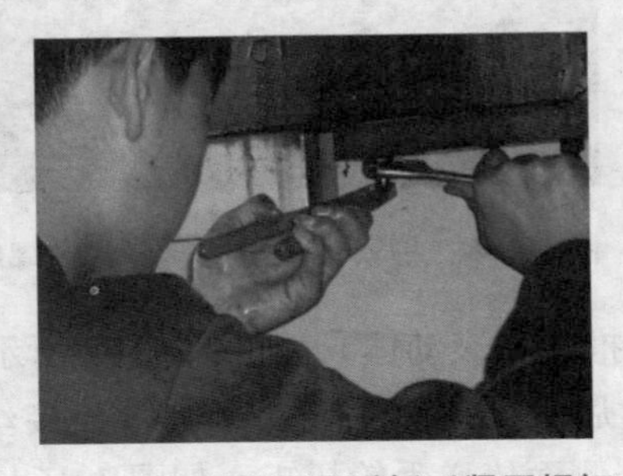

图7-171　用钳子及活扳手紧固螺钉

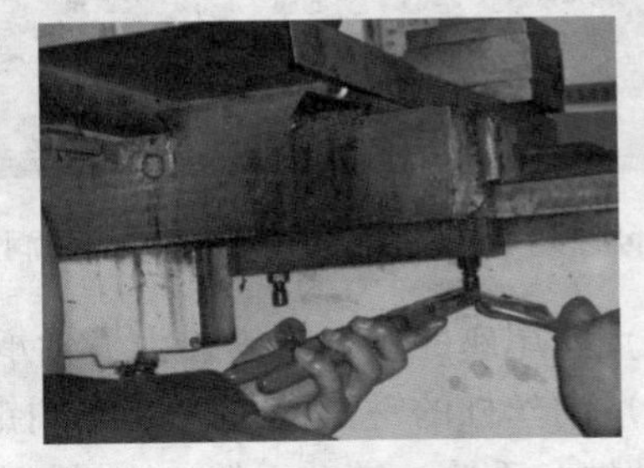

图7-172　完成另一侧螺钉的调整

5）经过调整螺钉后，对床鞍的移动情况进行检查，转动溜板箱正面的大手轮，调整螺钉后床鞍在导轨上滑动应当是轻松、顺畅，如图7-173所示。

4. 拆卸中滑板丝杠及丝杠螺母

1）卸下中滑板的手轮和紧固螺栓，取下转盘，如图7-174所示。

图7-173　检查修理后床鞍的移动情况

图7-174　卸下中滑板的紧固螺栓及手轮

2）取下丝杠上的止推轴承，如图7-175所示。

3）用快速扳手，卸下套筒（支撑架）与滑板端面的连接螺栓，如图7-176所示。

图7-175　取出丝杠上的止推轴承

图7-176　卸下支撑架与滑板端面的连接螺栓

4）用木锤敲击套筒端面，准备取出丝杠支撑架，如图7-177所示。

5）转动套筒，丝杠随着转动从中滑板里退出，如图7-178所示。

图7-177　锤击套筒端面取下支撑架

图7-178　旋转套筒退出滑板

6）卸下中滑板的套筒，如图7-179所示。用扳手旋转丝杠，将丝杠从中滑板中取出，如图7-180所示。

图7-179　卸下中滑板的套筒

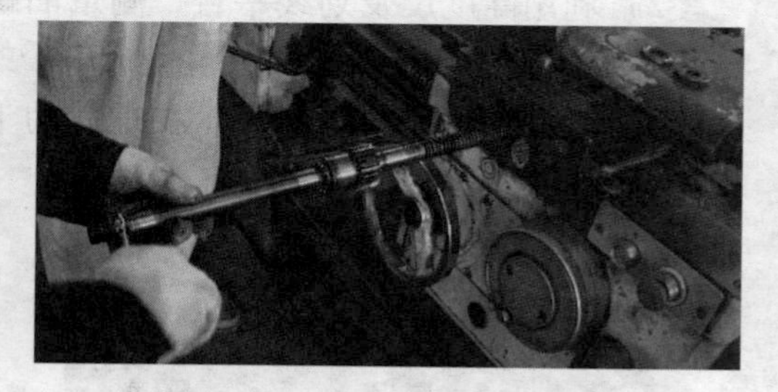

图7-180　用扳手旋转丝杠将其取出

7）查看丝杠的啮合齿轮、丝杠的螺纹有无磨损，判断丝杠与螺母的啮合情况，如图7-181所示。

8）用内六角扳手松开中滑板上的螺钉，这些螺钉用于固定滑板下面的丝杠螺母，如图7-182所示。

图7-181　查看取下丝杠的啮合齿轮及螺纹

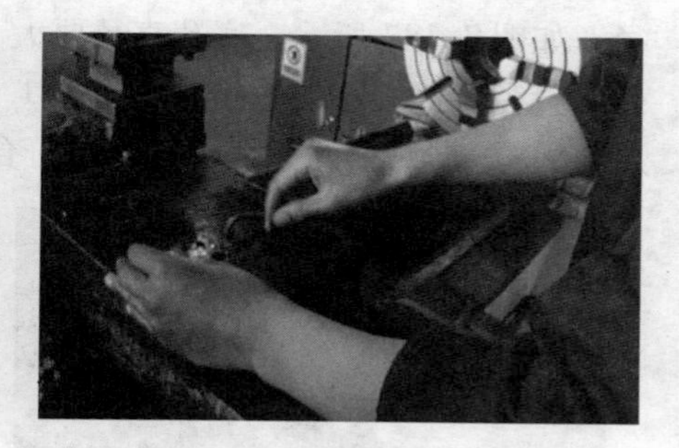

图7-182　松开中滑板上的固定螺钉

9）取出中滑板下面的丝杠调整螺母，如图7-183所示。

5. 丝杠螺母加工制作

1）新丝杠螺母是半成品，只有丝杠螺纹孔，没有紧固螺钉及调整螺钉的螺纹孔，需要参照拆下的旧螺母，对螺钉孔进行二次加工才能使用，如图7-184所示。

图7-183 取出滑板下面的调整螺母

图7-184 新旧丝杠螺母对比

2）利用高度尺及划线平台，测量旧螺母的螺纹孔高度，然后固定卡爪，用卡爪在新螺母的相应位置划线。完成5个螺钉孔的划线，如图7-185所示。

3）丝杠螺母完成划线后，在螺孔的十字中心上打好样冲眼，作为钻孔时的中心，如图7-186所示。

图7-185 按测绘结果对新螺母划线

图7-186 划线后的螺母打好样冲眼

4）几个螺孔的尺寸不同，要分别测量出螺钉孔的直径，确定所钻底孔的直径，如图7-187所示。底孔直径要大于螺纹小径，否则会将丝锥卡住或挤断。底孔的直径应为螺纹的大径减去一个1.1倍螺距。

5）根据测量的孔径，选取出符合直径的三根钻头，如图7-188所示。

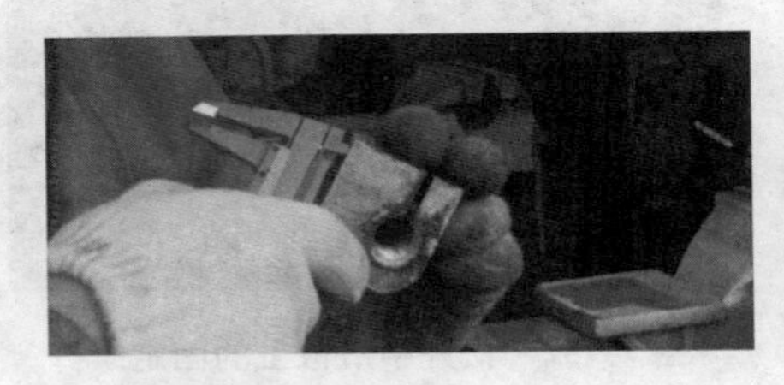

图7-187 测量旧螺母的各螺钉孔直径

图7-188 选取所需直径的钻头

6）用砂轮机修磨准备使用的三根钻头，刃磨主后刀面及横刃，如图7-189所示。

7）将待钻孔的丝杠螺母装夹到平口钳中，钻头安装到钻头夹中。用游标卡尺测量旧螺母螺纹孔的深度（该孔与安装钻头直径对应），如图7-190所示。

图7-189　修磨钻头

图7-190　测量旧螺纹孔的深度

8）按所打的样冲眼，用相应的钻头对丝杠螺母进行钻孔。扳动手柄钻孔时，手柄的转盘上显示钻头向下进给的深度，如图7-191所示。更换三根钻头后，完成5个螺钉底孔的加工。

9）将钻孔后的丝杠螺母装夹在台虎钳中，每个螺纹孔都要用头锥、末锥进行攻螺纹。更换三种尺寸的丝锥（每种丝锥都是两只一套）后，完成螺钉孔的攻螺纹，如图7-192所示。攻螺纹的过程中，丝锥的轴线要垂直工件的端面。每旋转1~2圈，要退回1/4圈，使切屑被切断排出，防止丝锥被卡住而折断。

图7-191　用相应的钻头钻丝杠螺母的底孔

图7-192　对丝杠螺母攻螺纹

6. 更换中滑板丝杠并调试

1）安装丝杠的啮合齿轮，如图7-193所示。准备装配推力轴承的垫片。

2）将丝杠竖直放置，用锤子敲击套管，使垫片下行，装配到啮合齿轮的端面位置，如图7-194所示。

图 7-193　装配啮合齿轮及推力轴承垫片

图 7-194　用锤子及套管将垫片装配到位

3）检查啮合齿轮及垫片的装配情况，如图 7-195 所示。

4）将经过二次加工的丝杠螺母安装到中滑板下部，用一个调整螺钉穿入中滑板的螺纹孔中，让螺钉旋转进入丝杠螺母的螺纹孔，如图 7-196 所示。

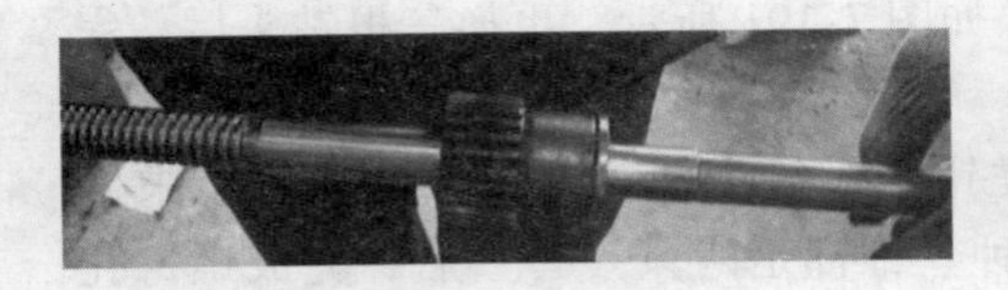

图 7-195　查看装配的齿轮及垫片

图 7-196　丝杠螺母装配到中滑板的下面

5）将其他的调整螺钉和定位螺钉都旋入到中滑板的孔中，螺钉已旋入中滑板的螺纹孔，但没有进行紧固，如图 7-197 所示。

6）新丝杠已安装啮合齿轮及推力轴承，穿入中滑板的孔中，与调整螺母啮合，如图 7-198 所示。

图 7-197　向中滑板的孔中旋入其他的调整螺钉

图 7-198　丝杠旋转穿入中滑板的孔中

7）丝杠旋转穿入调整螺母的螺纹孔后，丝杠前端要与凹槽端面有一定的间隙，查看间隙符合要求后，要将中滑板上的调整螺钉拧紧（螺钉与滑板下面的调整螺母紧固），如图7-199所示。

8）将零件的各处用布擦干净，用油枪向丝杠支撑架的内部浇注润滑油，使与之接触的零件之间形成油膜，减少摩擦，如图7-200所示。

图7-199　查看丝杠间隙后将螺钉紧固

图7-200　向丝杠支撑架的内部浇注润滑油

9）将注油后的支撑架装配到中滑板的丝杠上，如图7-201所示。

10）支撑架前部的端盖与滑板贴合，拧紧与滑板的紧固螺栓，如图7-202所示。

图7-201　将支撑架装配到丝杠上

图7-202　端盖与滑板贴合后拧紧螺栓

11）止推轴承是由前挡片、滚动体、后挡片组成，向滚动体上涂满润滑油脂，如图7-203所示。

12）将止推轴承安装到支撑架内部（该位置不便经常润滑，所以轴承涂抹油脂），如图7-204所示。

图7-203　向轴承的滚动体上涂满润滑油脂

图7-204　止推轴承安装到支撑架内部

13）用锤子敲击套管使轴承的前垫片到达预定位置，如图7-205所示。

14）放好滚动体及后垫片（完成滚动轴承的安装）。向丝杠的键槽中放入半圆键，如图7-206所示。半圆键用来连接丝杠的锥形轴端与手轮轮毂，起到轴向固定和传递扭矩的作用。

图7-205　敲击套管使止推轴承到位

图7-206　向丝杠的键槽中放入半圆键

15）安装中滑板的手轮，将手轮轮毂的键槽与丝杠上的半圆键对正，套到丝杠的锥形轴端，如图7-207所示。

16）拧紧丝杠的端盖（手轮中间的圆环板，环上的孔是工具的插口），端盖的螺纹与丝杠锥形轴端的螺纹结合后，限制半圆键轴向移动，如图7-208所示。

图7-207　将手轮键槽对正半圆键装到丝杠上

图7-208　拧紧丝杠的端盖

17）转动中滑板的手轮，查看滑板的移动，丝杠的转动情况要顺畅；丝杠前部要与凹槽有间隙，如图7-209所示。然后向接触的各零件加注润滑油（如滑板上的定位螺钉孔）。

7. 调试小滑板

1）小滑板是控制刀架短距离的纵向移动，转动小滑板后面的手轮，查看小滑板的丝杠带动刀架的运转情况，如图7-210所示。若发现运转不畅，就要找出原因，进行修理。

图7-209　转动中滑板手轮调试丝杠及滑板

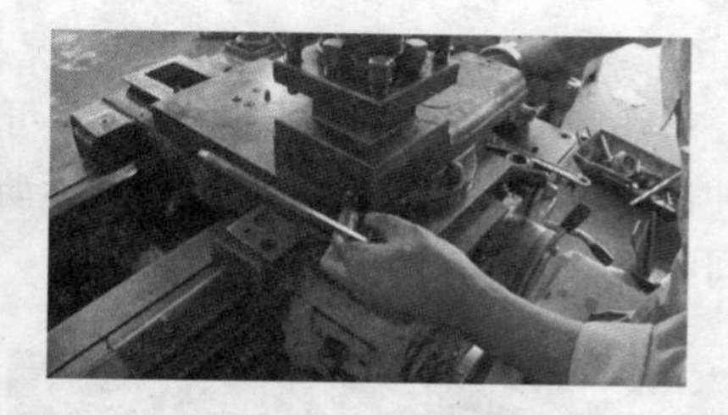

图7-210　转动小滑板后面的手轮查看运转情况

2）若出现丝杠转动有过紧或过松的情况，则打开小滑板的检查钢板，用螺丝刀对定位螺钉进行调整（丝杠螺母与丝杠之间由螺钉来紧固定位），如图7-211所示。

3）调整螺钉后转动小滑板手轮，若丝杠的运转符合要求，则用油枪向调整螺钉孔、紧固螺钉孔浇注润滑油，如图7-212所示。

图7-211　针对丝杠的松紧情况调整定位螺钉

图7-212　调整螺钉后浇注润滑油

4）若小滑板的手轮在纵向有松动现象，说明手轮的轮毂与丝杠半圆键的装配不符合要求。小滑板丝杠的锥形轴端螺纹与端盖螺纹没有完全结合（轮毂在半圆键有轴向移动间隙），需要将端盖螺纹紧固，可以将螺丝刀放到端盖的孔上，用铁管轻轻敲击螺丝刀的头部，端盖的内螺纹与丝杠轴端的外螺纹贴合，如图7-213所示。

5）摇动中滑板的手柄，查看滑板的纵向进退情况。符合要求后，将几处的辅助螺钉拧紧，如图7-214所示。

图7-213　用铁管敲击螺丝刀使端盖与丝杠贴合

图7-214　查看中滑板的进退情况

6）查看小滑板及刀架的转动情况，如图7-215所示。

7）对小滑板及刀架是否松动还可以用更为简单的方法，用双手握住刀架，用冲击力量向纵向拉动，刀架丝毫不动，说明刀架及小滑板的丝杠纵向没有松动的间隙，如图7-216所示。

图7-215　检查小滑板及刀架的转动情况

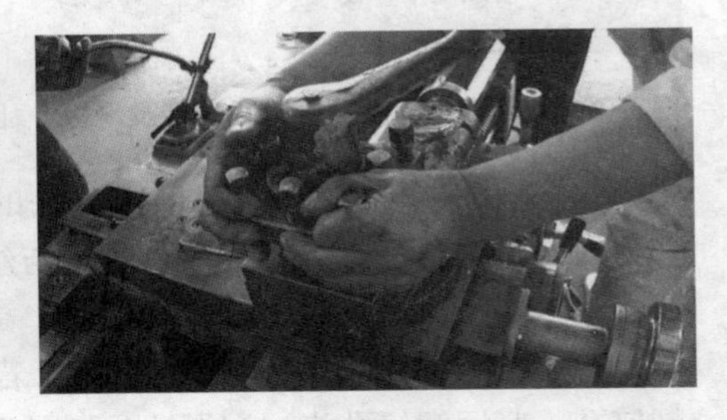
图7-216　纵向扳动刀架检查小滑板丝杠间隙

8）用同样的方法对刀架横向扳动，刀架丝毫不动，说明中滑板的丝杠横向没有松动的间隙，如图7-217所示。

8. 开车调试各部件

完成自定心卡盘更换，中滑板的丝杠、丝杠螺母、止推轴承的更换，小滑板的旋转套、压盖、止推轴承的更换，更换每一个零部件后已经进行测试，还需要进行综合调试，如图7-218所示。

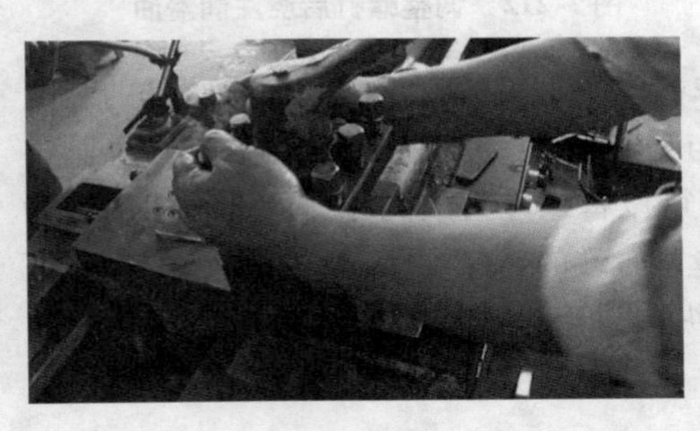
图7-217　横向扳动刀架检查中滑板丝杠间隙

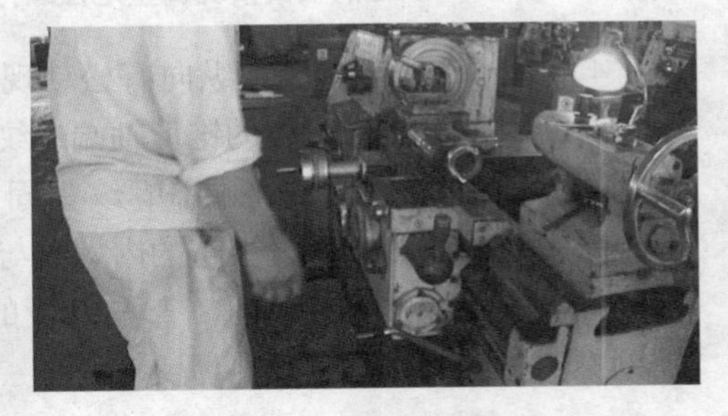
图7-218　完成车床维修后进行综合调试

1）开动车床，转动大手轮，控制床鞍沿导轨的移动，移动应当轻快、顺畅。

2）开动车床，手动调整中滑板的横向进刀及退刀、小滑板的纵向进刀及退刀。

3）开动车床，用快进按钮，控制床鞍的纵向（沿导轨）移动、控制中滑板带动小滑板、刀架的横向移动。

4）开动车床，推动尾座沿导轨移动，固定于某一位置。转动尾座手轮，查看尾座套筒伸出情况。

5）开动车床，变动各种转速，查看所换的单动卡盘的旋转有无异常。

9. 对维修所更换的主要零部件回顾

本次维修对车床的各零部件进行了调试和润滑，还进行了一些零部件的更换。掌握维修的内容及要点，清楚更换的零部件的种类及数量，是一名合格维修钳工必备的基本素质。

1）换下了自定心卡盘及卡盘扳手（两者配套），如图7-219所示。

2）换下的中滑板丝杠，如图7-220所示。

图7-219　换下的自定心卡盘及扳手

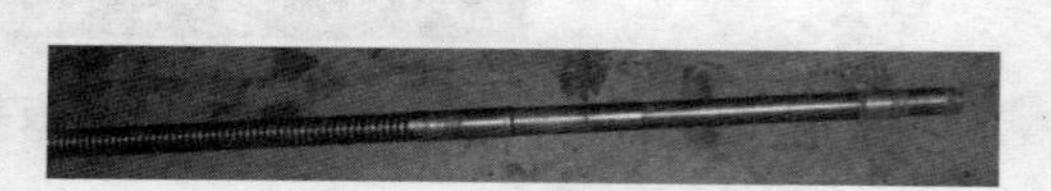

图7-220　换下的中滑板丝杠

3）换下的丝杠螺母、止推轴承（三片）、丝杠端盖（与丝杠的锥形轴端螺纹配合）、尾座旋转套（与尾座丝杠配合），如图7-221所示。

4）准备更换的新丝杠螺母（需要二次加工）、止推轴承、丝杠端盖、尾座旋转套，如图7-222所示。

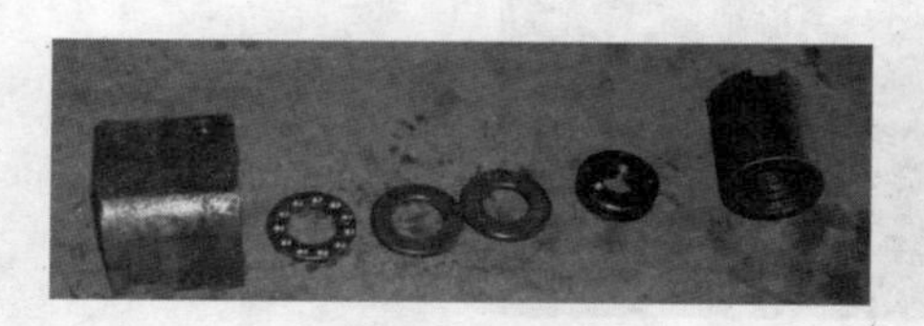

图7-221　换下的丝杠螺母、止推轴承、丝杠端盖、尾座旋转套

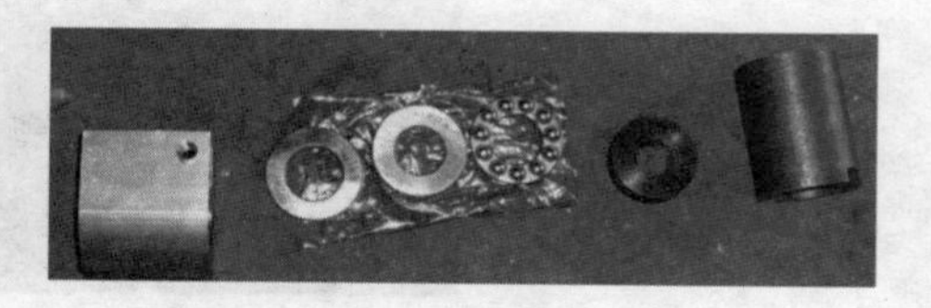

图7-222　新丝杠螺母、止推轴承、丝杠端盖、尾座旋转套

5）准备更换的新单动卡盘、夹盘扳手、中滑板丝杠，如图7-223所示。

图7-223　新单动卡盘、夹盘扳手、中滑板丝杠

10. 调试卡盘爪

卡盘爪通常采用正夹，当工件较大时，就要采用反爪装夹。

1）完成对维修的车床综合调试后，调试卡盘爪，将卡盘扳手的方榫插入卡盘外壳圆柱面的方孔中，按逆时针方向旋转，将卡爪退出，如图7-224所示。

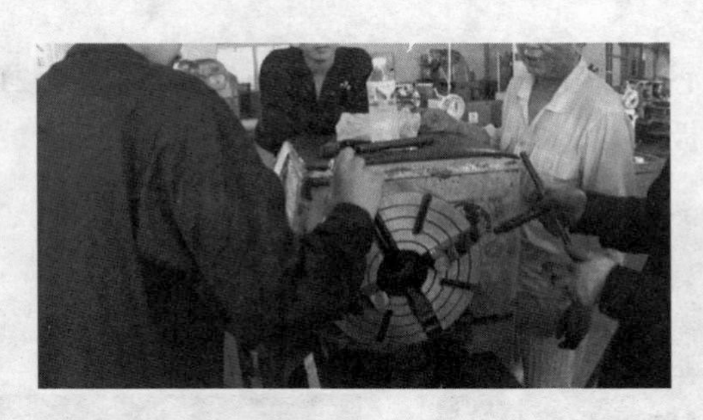

图7-224 用卡盘扳手将卡盘爪退出

2）将取出的卡爪调转180°插入壳体槽中，顺时针旋转卡盘扳手，将卡爪旋入。同样完成其他三个卡爪的调转，则卡盘爪呈反爪装夹状态，可以加工直径较大的工件，如图7-225所示。

图7-225 调转卡爪180°呈反爪装夹状态

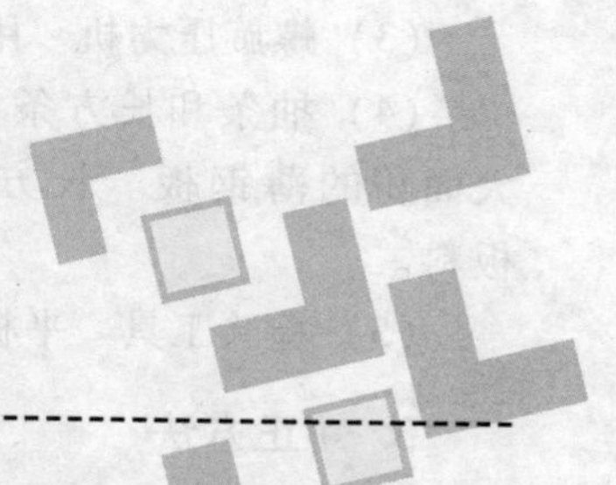

模块8

钳工必备的相关知识

阐述说明

钳工与其他工种相配合，才能进行产品的制造与维修。这些工种分别是气焊工、铣工、车工、镗工、冷作工、热处理工等。本模块将介绍一点矫正、弯曲、铆接及钣金制作知识。

项目1 矫　　正

1. 矫正的定义

消除条料、棒料、型钢或板料不应有的弯曲或翘曲变形等缺陷，这种操作称为矫正。

矫正的过程中，材料受到锤打，金属组织变得紧密，出现冷作硬化现象（材料表面的硬度增加，性质变脆）。给进一步的矫正或其他冷加工带来困难，必要时要进行退火处理，使材料恢复到原来的机械性能。

2. 手工矫正工具

手工矫正是利用锤子、平台、铁砧或台虎钳等工具，对变形的工件进行扭转、弯曲、延展和伸张等方法，使其恢复原来的形状。

（1）矫正平台或铁砧　平台用于矫正较大面积板料，铁砧用于敲打条料或角钢。

（2）软硬锤　矫正一般材料，通常使用大锤；矫正已加工表面、薄钢件或有色金属件，应使用软锤（铜锤、木锤和橡皮锤等）。

(3) 螺旋压力机　用于矫正较长的轴类零件或棒料。

(4) 抽条和长方条　抽条是用条状薄钢板制作的简易工具，用于抽打较大面积的薄钢板。长方条是用质地较硬的檀木制成的专用工具，用于敲打板料。

(5) 检验工具　平板、角尺、直尺。

3. 矫正方法

(1) 条料弯扭组合的矫正　先矫正条料的扭曲，将工件的一端装夹在台虎钳上，用类似扳手的工具（或活扳手）夹住工件的另一端，左手按住工具的上部，右手握住工具的末端，施力使工件扭转到原来的形状，如图 8-1 所示。

再矫正条料的弯曲，将条料靠近弯曲处夹入台虎钳，然后在它的末端用扳手朝相反的方向扳动，使其弯曲处初步扳直；或将条料的弯曲处放在台虎钳口内，利用台虎钳将它初步夹直，消除显著的弯曲现象，如图 8-2 所示。然后再放到平台上或铁砧上用锤子矫正，进一步矫直到所要求的平直度。

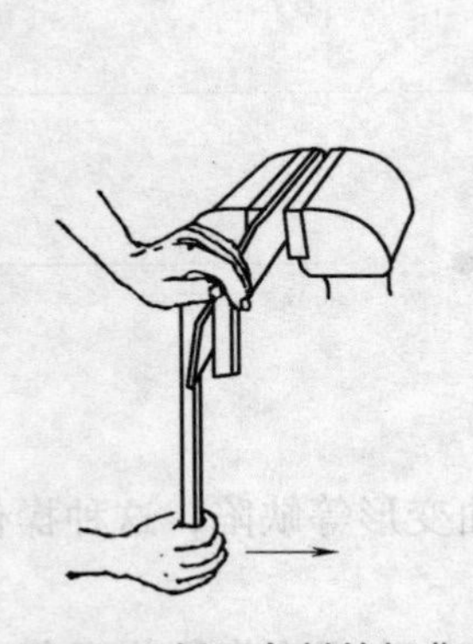

图 8-1　矫正条料的扭曲

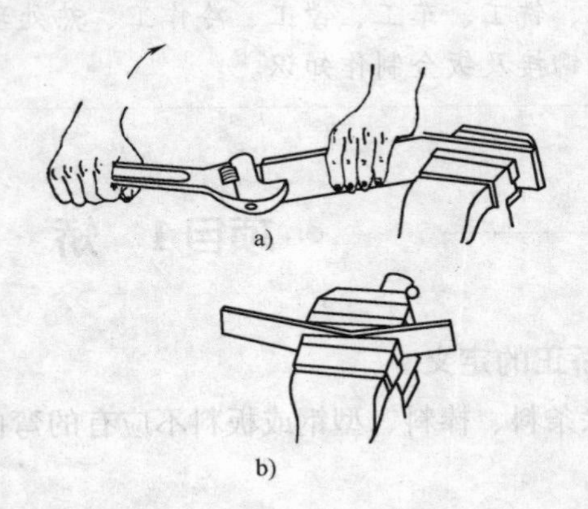

图 8-2　矫直条料

a) 用扳手初步矫直　b) 用台虎钳初步矫直

(2) 角钢扭曲矫正　应将平直部分放在铁砧上，锤击铁砧上面的角钢，锤击应由边向里、由重到轻，锤击一遍后，反过方向再锤击另一面，方法相同，锤击几遍可以使角钢矫直，如图 8-3 所示。

(3) 条料在宽度方向上弯曲矫正　先将条料的凸面向上放在矫正平台（或铁砧）上，锤击凸面，然后再将条料平放，用延展法来矫直，如图 8-4 所示。延展法矫直时，要锤打弯形弧短的一边材料（细线为锤击部位），经锤击后使下边材料伸长而变直，如果条料的断面薄而宽，则直接用延展法来矫直。

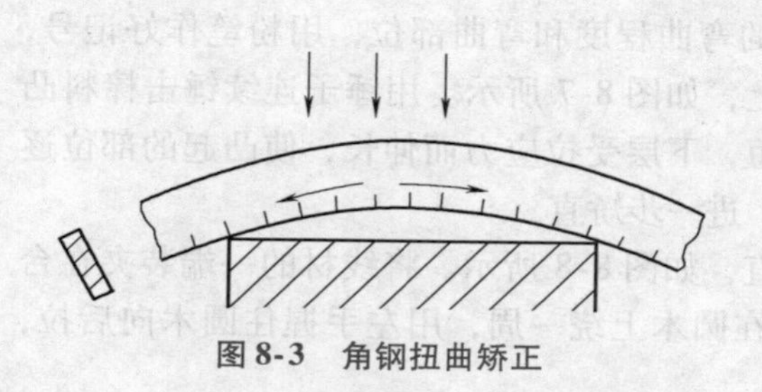

图 8-3　角钢扭曲矫正

图 8-4　用延展法矫正条料

（4）角钢的翘曲矫正　角钢的翘曲，一种向里翘（见图 8-5a），一种向外翘（见图 8-5b），不论是哪个方向的翘曲，都要将角钢翘曲的高处向上平放在砧座上。如果向里翘，应锤击角钢一条边的凸起处（见图 8-5c），由重到轻地锤击。角钢的外侧面会逐渐趋于平直。锤击时角钢不能歪倒，角钢与砧座接触的一条边必须与砧面垂直，否则要影响锤击效果。如果向外翘，应锤击角钢凸起的一条边（见图 8-5d），这样角钢的内侧面也会随着角钢的边一起逐渐平直。当翘曲现象基本消除后，可用锤子进行进一步调整。

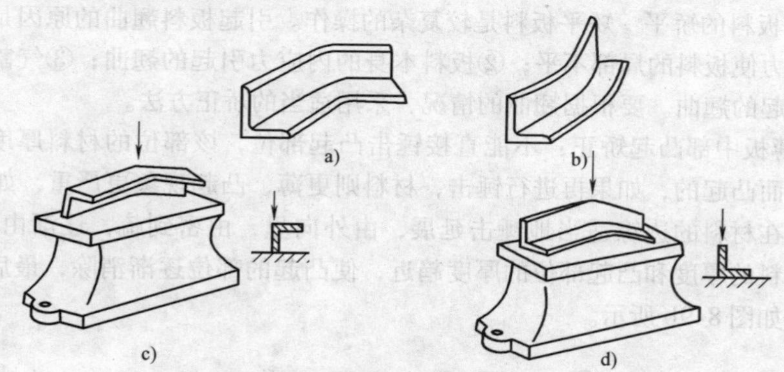

图 8-5　角钢翘曲矫正

a）角钢里翘　b）角钢外翘　c）角钢里翘的矫正　d）角钢外翘的矫正

（5）棒类、轴类的矫正　若采用螺杆压力机矫直，先将轴安装在两顶尖上，使轴转动，用粉笔画出弯曲的部位。矫直时，将轴放置在 V 形铁上，V 形铁之间的距离，可按需要来调节。使轴的凸部向上，转动螺杆使压块压在凸起部位。为了去除因弹性变形所产生的回翘，可以适当地压过头一些（矫枉过正），然后再用百分表检查轴的弯曲情况。边矫直、边检查，直至轴符合要求为止，如图 8-6 所示。

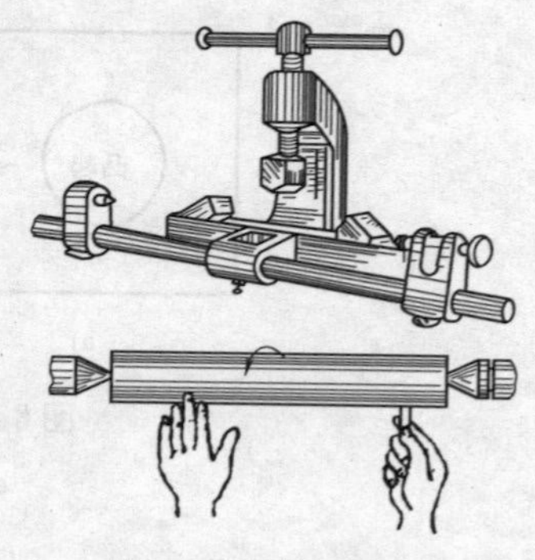

图 8-6　轴的矫直

若采用锤击法矫直，先检查棒料的弯曲程度和弯曲部位，用粉笔作好记号，然后把棒料的凸起部位向上放在平板上，如图 8-7 所示。用锤子连续锤击棒料凸起的部位，则棒料的上层受压力而缩短，下层受拉应力而伸长，使凸起的部位逐渐消除，再沿棒料的全长上轻轻锤击，进一步矫直。

弯曲的细长线材，用伸长法来矫直，如图 8-8 所示。将线材的一端装夹在台虎钳上，从钳口处的一端开始，把线在圆木上绕一周，用左手握住圆木向后拉，右手展开线材，把它拉直。

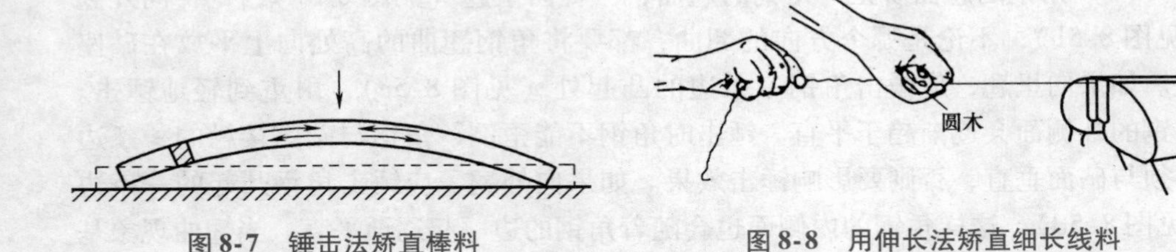

图 8-7　锤击法矫直棒料　　图 8-8　用伸长法矫直细长线料

（6）板料的矫平　矫平板料是较复杂的操作。引起板料翘曲的原因是多方面的：①外力使板料的局部不平；②板料本身的内应力引起的翘曲；③气割后的边缘受热引起的翘曲。要根据翘曲的情况，采用适当的矫正方法。

1）薄板中部凸起矫正：不能直接锤击凸起部位，该部位的材料厚度是受到外力变薄而凸起的，如果再进行锤击，材料则更薄，凸起现象更严重，如图 8-9a 所示。要在材料的边缘适当地锤击延展，由外向里，由密到疏，逐渐由重到轻。使边缘材料的厚度和凸起部位的厚度趋近，使凸起的部位逐渐消除，最后达到平整要求，如图 8-9b 所示。

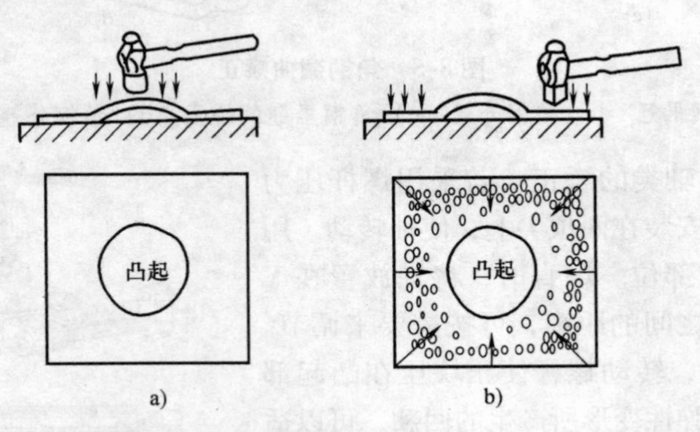

图 8-9　薄板中凸起的矫正方法

a）错误的　b）正确的

对表面上有几处凸起的板料，应先锤击凸起部位之间的地方，使所有分散的

凸起部分聚集成一个总的凸起部分，然后再用延展法使总的凸起部分逐渐达到平直。

2）薄板四周波浪的矫正：若板料的四周呈波浪形而中间平直，如图8-10所示，说明板料的四周变薄而伸长了。矫正时要由四角向中间锤打，近角应轻而疏，中间应重而密。经过反复多次锤打，使板料达到平整。

若板料薄而软（铜或铝），可用平整的木板，在平板上压推材料的平面，使其达到平整。有些装饰面料之类的铜、铝制品，不允许有锤击的痕迹时，可用木锤或橡皮锤锤击，如图8-11所示。

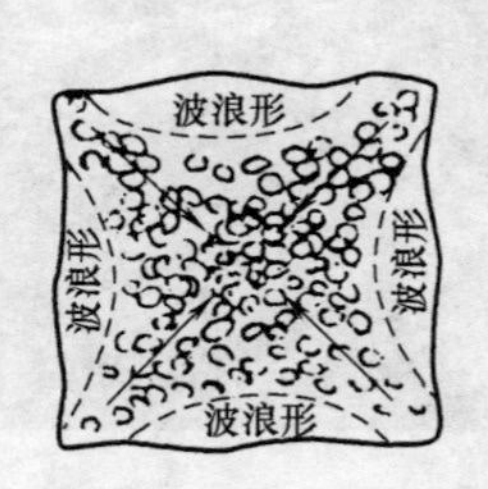

图8-10　矫正板料的波浪变形

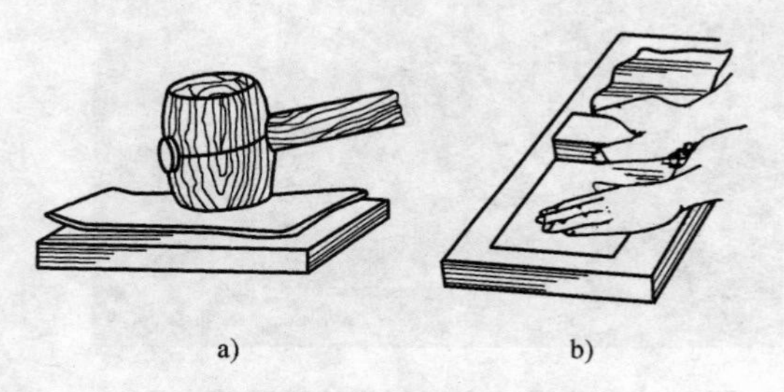

图8-11　薄板料的矫正方法

a）用木锤敲平　b）用平木板压推矫平

3）气割钢板及镀锌薄板的矫正：用氧-乙炔割下的板料，周围因为在气割过程中冷却较快，收缩较大，造成割下的板料不平。在这种情况下，要锤击周围气割处，使其得到适量的延伸。锤击时，应该是边缘重而密，第二、三圈应该是轻而疏，这样很快就能达到平整，如图8-12所示。

镀锌的薄板（0.5～0.75mm），上有微小的扭曲时，用抽条从左到右（或从右到左）顺序抽打平面，因抽条与板料接触面积较大，板料受力均匀，容易达到平整，如图8-13所示。

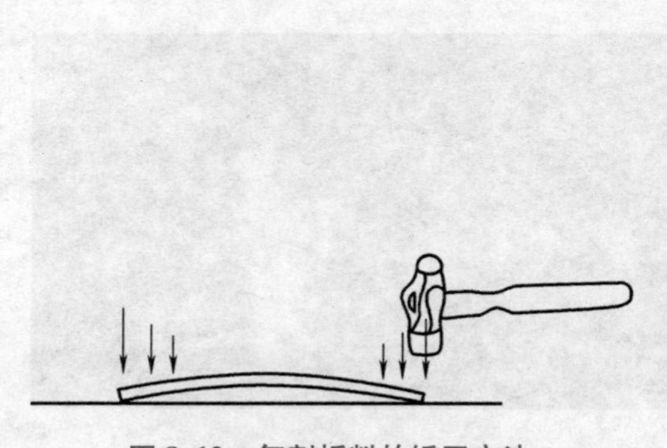

图8-12　气割板料的矫正方法

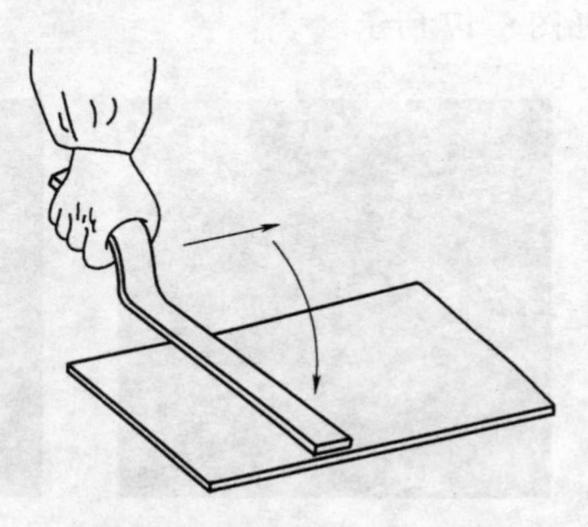

图8-13　用抽条抽平镀锌薄板

(7) 矫正小工件实例

1) 制作障碍管：学校里各工种之间的实训需要互相配合，这是为焊接障碍管所制作的夹具，如图8-14所示。两障碍管焊接到钢板上以后，要求其位置互相平行。夹持管（中间短管）、两障碍管均与钢板垂直、与夹持管相对的圆钢也与钢板垂直，若未达到需要进行矫正。

将障碍管的圆钢插入焊接管的T形管架中，拧紧螺栓固定障碍管，查看情况，完成最后的矫正，如图8-15所示。

图8-14 为焊接实训制作的障碍管夹具

图8-15 安装障碍管夹具

2) 制作夹持板：为焊接实训制作夹持板，焊接班学生实训时，要进行各种位置的练习，包括平焊、立焊、横焊、仰脸焊等。夹持板的结构如图8-16所示。它是由两块夹持面板（其中的一块上钻出两个孔、孔口焊接螺母，螺栓旋入螺母后，可以进入到两板构成的空间）、端面横板及圆钢（插入T形管架中）组成。

端面的横板及圆钢焊接后，焊接应力会使面板产生收缩变形，组对时平行的两面板发生变形（下宽上窄），需要对变形进行矫正。将夹持板的圆钢装夹在台虎钳中，向两板之间插入矫正钢板，用氧-乙炔火焰加热面板下部的一端，用扳手拧紧对侧面板上的螺栓，螺栓顶紧矫正钢板，扩大两面板之间的距离，如图8-17所示。

图8-16 制作焊接夹持板

图8-17 用火焰及扳手对夹持板一端矫正

同样加热面板下部的另一端，同时用扳手拧紧对侧面板的螺栓，如图 8-18 所示。

图 8-18 同样方法矫正另一端

• 项目 2 弯 曲 •

1. 弯曲的定义

将钢材弯成符合图样要求的有一定曲率、角度、形状的工件，称为弯曲成形。

2. 钢材弯曲过程

钢材的外层被拉伸、变长，内层被压缩、变短，中间层既不伸长也不缩短，称为中性层。无论是冷加工，还是热加工，塑性材料都遵循这个规律。

3. 钢材弯曲成形的特点

钢材弯曲成形首先是弹性变形，然后是塑性变形。当弯曲力要超过屈服强度时才能产生弯曲变形。超过变形能力材料会断裂（不允许）。弯曲成形的工件，弯曲力撤去后，工件都存在弹复现象（恢复原态），影响工件的质量。

4. 最小弯曲半径及影响因素

1）定义　钢材弯曲时，材料在不发生破裂的情况下，能弯曲的最小半径。

2）影响因素：

① 如果工件塑性好，则最小弯曲半径小。

② 若弯曲线垂直于纤维方向，则最小弯曲半径小，如图 8-19 所示。

③ 材料表面质量好，则最小弯曲半径小。

④ 薄板和窄条的最小弯曲半径小。

⑤ 加热材料后，最小弯曲半径变小。

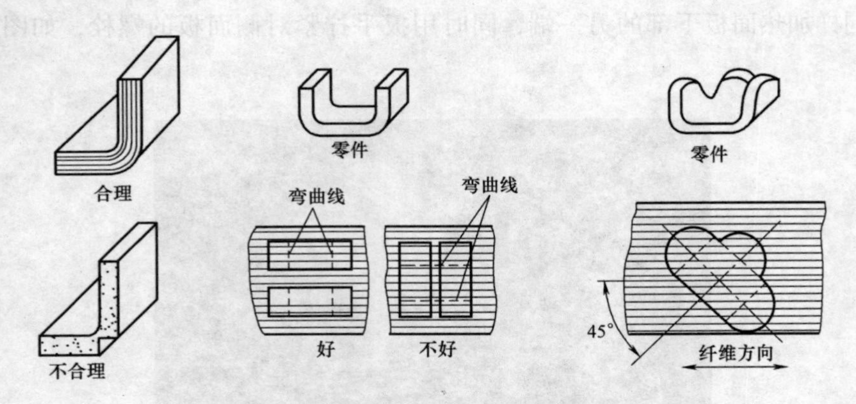

图 8-19　材料的纤维方向与弯曲线的关系

5. 加热对弯曲的影响

加热后材料的塑性提高，弯曲所需的力小，弹复消失，最小弯曲半径变小，但加热后材料易氧化、脱碳、过热、过烧、熔化且工作条件差。热弯时材料不同、加热和结束的温度不同（常用的碳钢加热到1000℃，弯曲结束时材料的温度是750℃）。

6. 典型零件的弯曲方法

例 1　凸形零件的弯曲方法如图 8-20 所示。

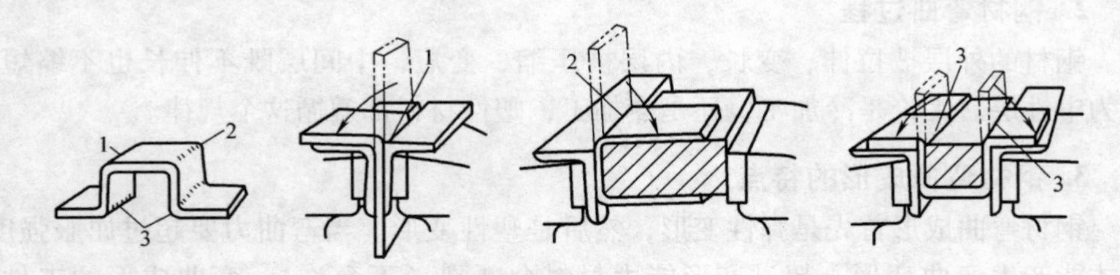

图 8-20　凸形零件的弯曲方法

弯曲方法如下：

1）零件共有四个弯角，首先在弯曲处画出弯曲线，作为弯角的基准。

2）先弯位置 1，然后用垫铁夹住，再用另一块垫铁，弯最后的两个角。

例 2　圆柱面的弯曲方法如图 8-21 所示。

1）弯曲目的：将板料弯成圆弧或圆管形。

2）弯曲特点：圆弧弯曲角小，比较容易。圆筒的弯曲角大且封闭，较麻烦。

3）弯曲方法：

① 先用石笔在板料上画出等分线，等分线与弯曲轴线平行，作为锤击基准。

② 在钢轨上预弯板料的两端（约1/4长），如果板料较厚，可将钢轨侧放进行预弯，预弯的曲率应比需要的弯曲半径略小，这样矫圆时比较方便。

③ 将预弯好的板料放在槽钢（或侧放在钢轨）上，用型锤进行中间部分敲圆，最后放在铁砧上继续敲圆。

④ 将敲圆的圆筒纵缝进行点焊，然后套在圆钢上矫圆。

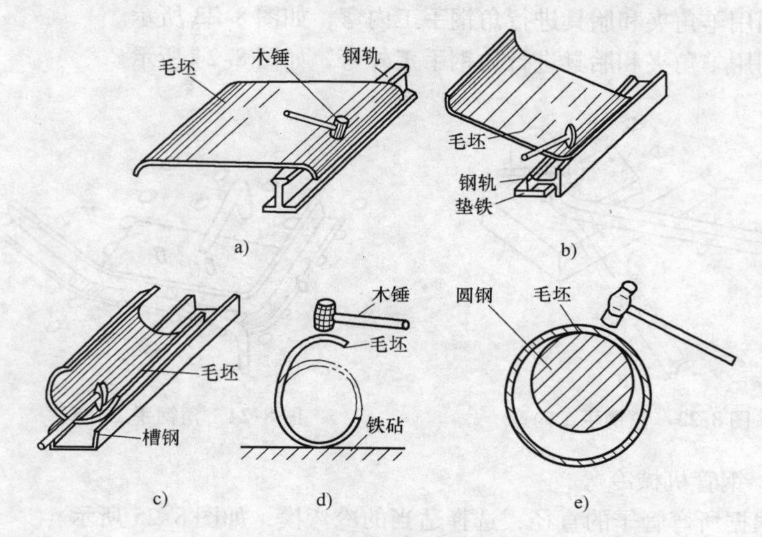

图8-21　圆柱面的弯曲

a）薄板预弯　b）较厚板预弯　c）型钢敲圆　d）敲成圆筒　e）矫圆

例3　板料角形弯曲如图8-22所示。

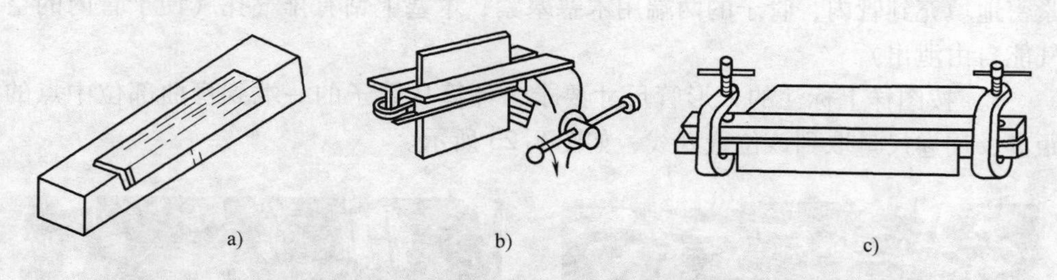

图8-22　板料角形弯曲

a）铁砧上弯曲　b）台虎钳上用角钢弯曲　c）弓形类弯曲

弯曲方法如下：

1）薄板的角形弯曲首先在弯曲处用石笔划出基准线，然后将板料放在铁砧或槽钢上，使所划的直线与铁砧的棱角对齐。一手压住板料，另一手用锤子，先把两端敲弯成一定的角度，以便定位，然后再全部敲弯成形。

2）厚而宽的板料可在台虎钳上用两根角钢将板料夹住，或用弓形夹夹住，用锤子敲弯。

3）零件尺寸不大时，可直接在台虎钳上弯曲。

例 4　角钢弯曲。

1）角钢弯曲在弯曲模上进行，小型角钢用冷弯，多数采用热弯。

2）利用羊角夹和胎具进行角钢手工内弯，如图 8-23 所示。

3）利用羊角夹和胎具进行角钢手工外弯，如图 8-24 所示。

图 8-23　角钢手工内弯

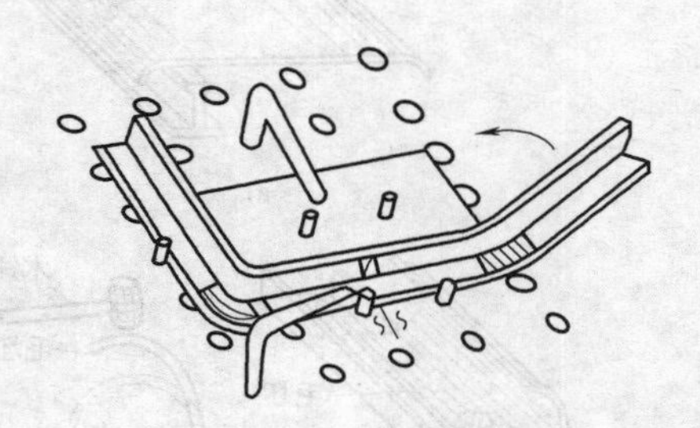

图 8-24　角钢手工外弯

例 5　钢管机械冷弯。

1）根据所弯管子的直径，选择适当的冷弯模，如图 8-25 所示。

2）管子要弯曲成 Z 形管，装配到换热器的内部用于热交换。管子在弯曲的过程中，外侧受到拉应力，管壁减薄，内侧受到压应力，管壁增厚，使管子在弯曲过程中，很容易发生压扁变形。因此弯管前，将沙子（已筛选、清洗、干燥）紧密地填充到管内，管子的两端用木塞塞紧，木塞上钻有排气孔（便于管内的空气能自由泄出）。

3）按图样上标注的 Z 形管尺寸要求，计算从管子的一端到弯曲部位中点的距离，用卷尺量取到该位置划线，如图 8-26 所示。

图 8-25　货架上摆放各种规格的弯曲模

图 8-26　按图样的要求对弯曲位置划线

4）管子划线后放入冷弯模的滚槽中，对弯曲部位进行找正、装夹（利用挡

铁、垫块将管子的弯曲部位与滚槽固定），接通电源，电动机带动冷弯模旋转，如图 8-27 所示。

5）挡块将管子（弯曲部位的前端）固定在冷弯模上，当冷弯模旋转时，弯曲部位后端地管子被靠模挤压。管子就被弯曲紧紧地缠绕在冷弯模槽内，如图 8-28 所示。

图 8-27　电动机带动冷弯模旋转

图 8-28　管子弯曲后紧贴在冷弯模槽内

6）取出弯曲成 U 形的管子，将管子上划线的部位与弯曲模对正，放好靠模及垫块，摇动丝杠绞手，顶紧靠模，准备弯曲 Z 形管，如图 8-29 所示。

7）电动机带动冷弯模旋转，将管子弯曲成符合图样要求的 Z 形管，如图 8-30 所示。松开顶紧靠模的丝杠，卸下靠模及垫块。取出 Z 形管后，要将管子里面的沙子倒出，用水清洗管子的内部，然后对管子进行水压试验，以便确定管子弯曲处是否能够达到设计压力。

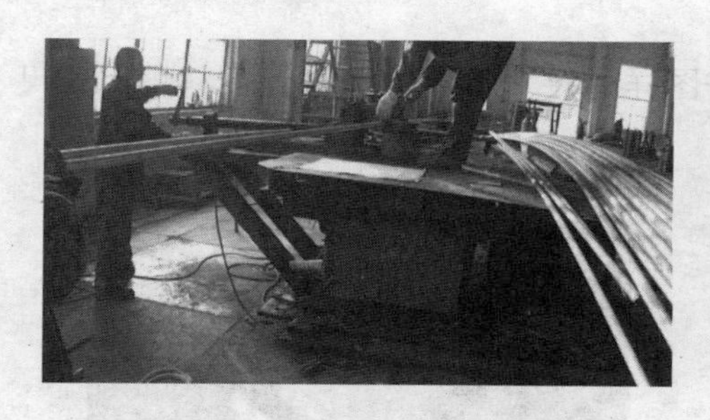

图 8-29　管子二次装夹准备弯曲 Z 形管

图 8-30　完成弯曲的 Z 形管

7. 弯曲件常见缺陷（见图 8-31）

（1）弯裂　弯裂是因为将板料质量差的一面放在了外面。

（2）回弹　回弹是因为弯曲时对材料的回弹量考虑不足。

（3）偏移　偏移是因为板料弯曲时未压紧，从而使板料弯曲过程中发生了偏移。

（4）弯边不平　弯边不平是因为材料弯曲时未压紧板边。

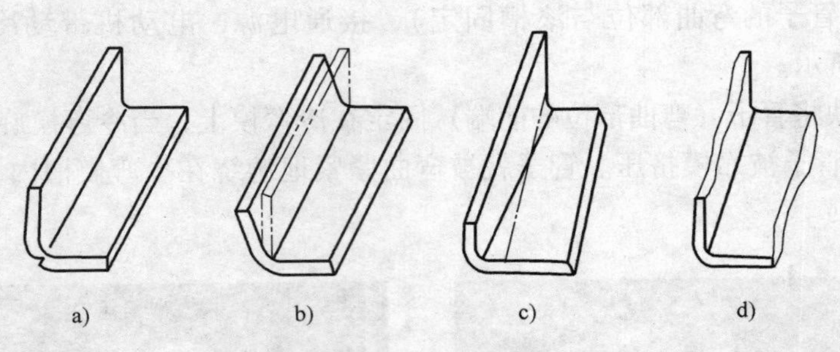

图 8-31　弯曲件常见缺陷

a）弯裂　b）回弹　c）偏移　d）弯边不平

• 项目3　钣金下料 •

阐述说明

钣金下料是指制作产品的过程中，不必考虑材料厚度的影响，如利用薄板、角钢、方管、槽钢等材料，制作产品及结构件。

制作台案及花架：

1）根据制作工件的尺寸、数量进行计算，准备各种规格的角钢、方管，如图 8-32 所示。

2）将待制作的产品划分成部件，按图样的尺寸、数量对方管下料，用卷尺及石笔画出加工位置，如图 8-33 所示。

图 8-32　依据图样的尺寸及数量进行备料

图 8-33　在方管上画出加工位置线

3）用无齿锯按划线的位置进行切割，如图 8-34 所示。

4）方管被切割后，端面得到需要的直口或45°斜口，如图 8-35、图 8-36 所示。

5）在装配平台上，按图样的尺寸组对框架，用卷尺检查框架的长与宽，还要检查框架的两对角线，如图 8-37、图 8-38 所示。要保证框架相邻的各边互相

垂直，然后定位焊。

图8-34 切割划线后的方管

图8-35 切割方管得到所需的直口

图8-36 得到所需45°斜口

图8-37 测量框架的长与宽

6）对框架上完全相同的部分可以复制，采用仿形复制法，先在用地样装配法装配出一部分，然后以此为模板，组对装配另一部分，如图8-39所示。

图8-38 测量框架的对角线长度

图8-39 用仿形复制法装配框架的另一部分

7）用方管作出框架后，切割图样要求的钢板，组对到框架上，焊接后成为钳工台案，如图8-40所示。

8）测量台案的尺寸后，进行除锈、喷漆，在台面上铺上黑胶皮，安装钳工台虎钳，如图8-41所示。还需要在台案的中间安装隔离防护网，完成最后的制作。

图 8-40 制作完成的钳工台案

图 8-41 测量尺寸安装台虎钳

9）按照图样的尺寸要求，用角钢制作四层阶台框架，组对焊接后，进行除锈及喷漆，在如图 8-42 所示。

10）制作的框架成为摆放花盆的花架，如图 8-43 所示。这些花架摆放于校园各处，既美化校园环境，又使学生看到自己的作品得到应用，心中会有自豪感。

图 8-42 用角钢制作四层阶台框架

图 8-43 制作的框架成为摆放花盆的花架

11）为学校的运动会所制作的终点计时台，如图 8-44 所示。实训的原则是“够用，实用”，为此将实训的项目与学校所需的物品结合，制作了足球门、篮球架、排球架、羽毛球架、毽球架、联欢晚会的舞台，各实验室所需的台案、工件箱等，既降低实习成本，又使学生学以致用。

12）制作的安全挡板框架，用在各铣床、各车床之间，在加工脆性材料时，防止飞出的切屑伤人，如图 8-45 所示。

图 8-44 为学校的运动会所制作的终点计时台

图 8-45 制作的安全挡板框架

13）框架是由角钢制作而成，上面需要安装防护网。将框架卧放，裁剪适当尺寸的防护网铺在角钢框内，上面压好钢条，用手电钻钻孔（钻透钢条及角钢），如图8-46所示。

14）在钢条上需要钻孔的位置划线并打好样冲眼，钻孔的距离要适当，这样能保证钢条与角钢对防护网夹持的可靠性，如图8-47所示。

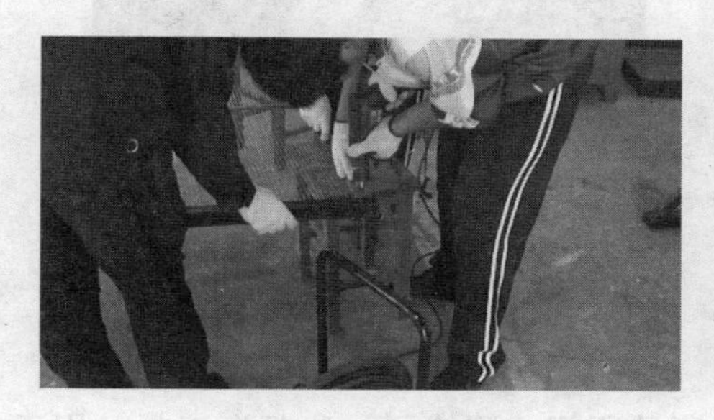

图8-46　框内铺防护网后钻孔

图8-47　钢条上钻孔的距离要适当

15）钻孔后，将适当直径的拉铆钉穿入孔径，利用拉铆枪挤压拉铆钉，将钢条及角钢铆接在一起，如图8-48所示。

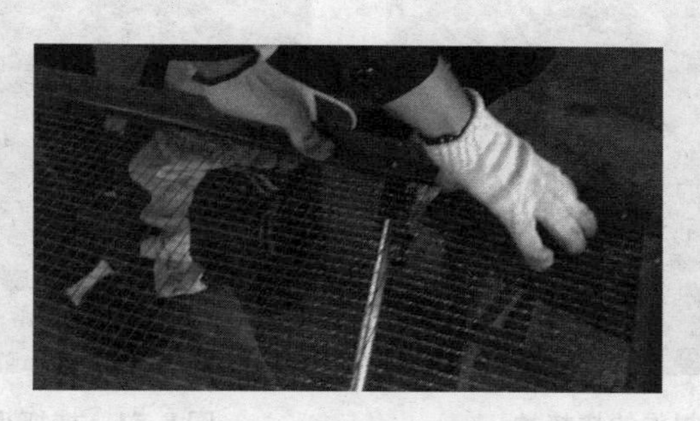

图8-48　将钢条及角钢铆接在一起

项目4　兴趣制作

阐述说明

学校的各专业都成立有兴趣小组，在每天有一节课（第七节）进行产品制作。制作的内容由学生自己设计，材料是利用实训时所剩余的边角余料，教师只是起督导的作用，对制作的内容不进行过多的干涉。各专业的学生可以联合进行制作。

1. 制作的箱体

1）制作的箱体经划线、剪切、组对、焊接、锉削等工序完成，可用作清洗工件的洗油槽，或用于盛放小工件（或小工具）的工具盒，如图8-49所示。

图8-49 制作的清洗箱（或工具盒）

2）制作的烧烤炉，经剪切、钻孔、组对、焊接等工序而成。可以用于学生篝火晚会或郊游时烧烤，如图8-50所示。

2. 制作的赶海工具

这是一所位于海边的学校，学生根据所见所闻，测绘了一些赶海工具，用于捕抓不同的贝类，如图8-51～图8-53所示。

图8-50 制作的烧烤炉

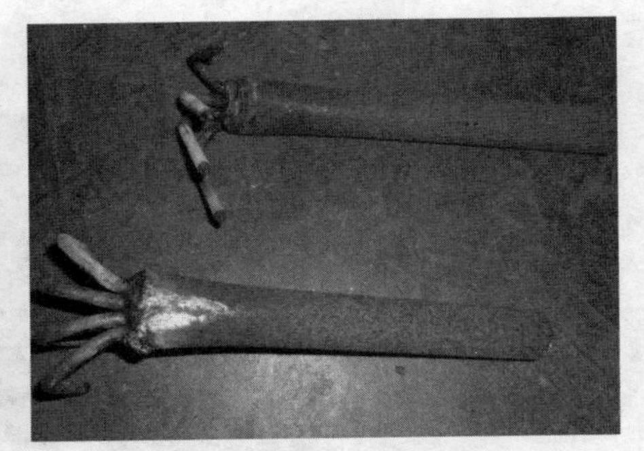

图8-51 捕抓小蛤蜊的工具

图8-52 五齿钉耙

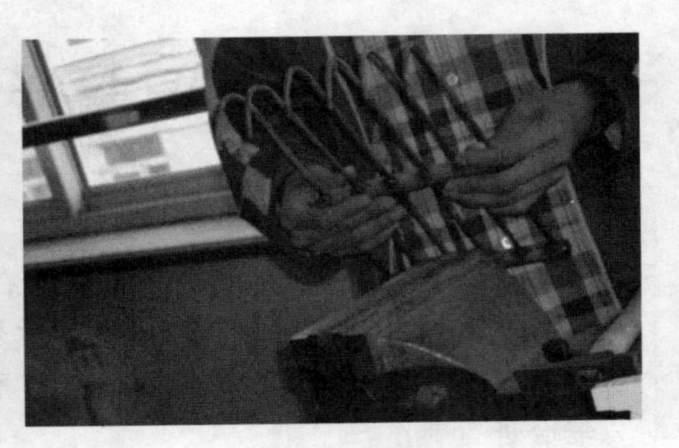

图8-53 长齿钉耙